統計学 大百科事典

仕事で使う 公式・定理・ルール113

石井俊全 Toshiaki Ishii

本書内容に関するお問い合わせについて

このたびは翔泳社の書籍をお買い上げいただき、誠にありがとうございます。弊社では、読者の皆様からのお問い合わせに適切に対応させていただくため、以下のガイドラインへのご協力をお願い致しております。下記項目をお読みいただき、手順に従ってお問い合わせください。

●ご質問される前に

弊社Webサイトの「正誤表」をご参照ください。これまでに判明した正誤や追加情報を掲載しています。

正誤表　https://www.shoeisha.co.jp/book/errata/

●ご質問方法

弊社Webサイトの「刊行物Q&A」をご利用ください。

刊行物Q&A　https://www.shoeisha.co.jp/book/qa/

インターネットをご利用でない場合は、FAXまたは郵便にて、下記“翔泳社 愛読者サービスセンター”までお問い合わせください。
電話でのご質問は、お受けしておりません。

●回答について

回答は、ご質問いただいた手段によってご返事申し上げます。ご質問の内容によっては、回答に数日ないしはそれ以上の期間を要する場合があります。

●ご質問に際してのご注意

本書の対象を越えるもの、記述個所を特定されないもの、また読者固有の環境に起因するご質問等にはお答えできませんので、予めご了承ください。

●郵便物送付先およびFAX番号

送付先住所　〒160-0006　東京都新宿区舟町５
FAX番号　03-5362-3818
宛先　（株）翔泳社 愛読者サービスセンター

※本書に記載されたURL等は予告なく変更される場合があります。
※本書の出版にあたっては正確な記述につとめましたが、著者や出版社などのいずれも、本書の内容に対してなんらかの保証をするものではなく、内容やサンプルに基づくいかなる運用結果に関してもいっさいの責任を負いません。

はじめに

統計学は日常にあふれている

19世紀末の統計学者カール・ピアソンは、「統計学は科学の文法である」といいました。21世紀初頭のいま、統計学の応用範囲は科学研究だけにとどまりません。

統 計男（すべる かずお、32歳、会社員）のある一日の日記を覗いてみましょう。

「iPhoneに話しかけて[1]、今日の天気を確かめる。渋谷区の午前中の降水確率[2]は20%だそうだ。傘を持たないで出かけたら、駅から会社までで雨に降られた。ついてない。会社に着いてパソコンを立ち上げYahoo!のポータルサイトでニュースをチェックする。脇にあるBEAMSのダウンコートのバナー[3]が気になりクリックしてしばらく見ていたが結局買わず。午前中ずっと頭痛がしていたので、セブンイレブン[4]でリポビタンDを買って飲んでみたけれど治らない。午後一で日赤病院に行くことにした。CTスキャン[5]を撮ったが、特に異常は見当たらないそうだ。頭が痛いのどうかしてくださいよと先生に泣きついたらロキソニン[6]を処方してくれた。それでも治らない。朝からついていない一日だ。大げさだが、運命とは何だろう[7]と考えてしまった。」

1：iPhoneが音声認識（自然言語処理）をするにはベイズ統計が使われています。

2：天気予報は過去のデータを統計処理して降水確率を割り出しています。

3：バナー広告ではABテストといって、ランダムにAパターン、Bパターンどちらかの広告を表示してどちらがより訴求力のある広告であるかを、統計学（検定）によって判断しています。

4：コンビニではPOSシステム（販売時点情報管理）を用いて、刻々と消費者の動向を記録し、他の情報と合わせて統計学を用いて予想販売額を計算しています。

5：CTスキャンの画像処理にはベイズ統計が使われています。

6：新薬開発には統計学の中でも推定・検定の考え方が使われています。

7：運命とは何か。運命は決定されているのか、それとも変えることができるのか。これも統計学が答えを出してくれます。運命とは、ベイズ更新するマルコフ過程です（と私は思います）。

というように、**統計学は、言語学、経営学、心理学、医学、経済学、……あらゆる分野に浸透して日常生活の基盤を支えています**。我々は統計学なくしては一日たりとも生きていくことができません。

効率的に統計学の全体像を把握したい方にぴったり

数ある統計学の本の中から、本書を手に取っていただき、ありがとうございます。本書は、

●統計学の全般を見渡したい方

●統計学の用語を調べたい方

●統計検定を受験する方

のために書かれています。あなたがもしも上のどれかに該当する場合は、ぜひとも手元に置いて可愛がっていただければと思います。

「大百科」とうたう本書の掲載範囲はずいぶんと広いものになります。小中高で習う「データの整理」「確率・統計」からはじまって、推定・検定、回帰分析、多変量解析……、そしてビッグデータの時代に欠かせないベイズ統計に至るまで、今日**統計学としてくくられるほぼすべての分野をカバーしています**。ですから、統計学の全体像を効率良く把握したいという方には、本書は力強い味方になるはずです。

テスラのCEOであるイーロン・マスクは、9歳のときブリタニカの百科事典を読破したといいます。こうして本書を手に取ったのも何かの縁です。あなた

にはこの「統計学大百科事典」を読破してほしいと思います。起業してロケットを飛ばせるようになることまでは保証しませんが、統計センスの身についたビジネスマンにはなれるでしょう。

みなさんの中には、用語を調べるだけであればネットで検索すれば良いとお考えの方がいるかもしれません。しかし、実際に用語をネット検索していると、うまい説明になかなかたどり着けなかったり、理解に到達するまでに時間がかかったりしてしまいます。それは、用語が出てくる分野、その用語の周辺知識が、ネット検索の結果からだけではわからないことが多いからです。

本書を使えば、用語が出てくる章のIntroductionと用語が掲載されている節の前後の節を読むことで、その分野における用語の周辺知識を押さえることができ、立体的に用語を理解することができます。

統計検定を受験しようとお考えの方は、まず自分が受験する級の出題範囲を確かめましょう。次に、出題範囲表に出てくる用語が掲載されている本書のページを読んでみましょう。本書では、学習項目をなるべく例題や具体例を挙げて説明しています。これを理解することが検定試験の問題を解く力に直結しています。出題範囲を本書でカバーしたあと、3年間分の過去問に当たっておけば、まず合格できるでしょう。なお、本書では主に検定2級・3級の出題範囲に相当する内容が書かれています。興味深い応用例があるものについては検定準1級以上の範囲であっても掲載しています。

本書の良いところは、ほぼ見開きで各項目が収められていて読みやすいことです。私も見開き完結の解説本を読んで勉強することがあり、勉強のリズムを取ることができて学習しやすかったという体験を持っています。検定試験のために本書を上手に活用していただければと考えます。

本書がみなさんの運命をより良い方向にベイズ更新してくれることを願っています。

2020年5月　石井俊全

目次

本書の特長と使い方

本書の想定読者

本書の中をパラっとご覧になった方は、それほど数式が使われてなくて簡単そうに見えるページと、ゴツイ数式が並んでいる難しそうなページがあることにお気づきになることと思います。本書は一体どのレベルの読者を想定して書かれているのかつかみかねるという第一印象を持ってしまったかもしれません。しかし、本書の使い方を考えると、ページごとの難易度が一見アンバランスであることに納得がいきます。

本書は事典ですから、**わからない用語、知りたい事柄を調べる**ことが本書の第1の目的です。「標準偏差」という言葉を調べる人と「ガウス-マルコフの定理」という言葉を調べる人では、その人の統計学のレベル、数式に対するリテラシーが異なって当然です。統計学の初学者は「ガウス-マルコフの定理」を調べることはしないでしょうし、統計学を少しかじった人にとっては「標準偏差」という用語は周知の事実です。

本書は、その言葉を調べたい人が持ち合わせていると想定される統計学のレベル・数式リテラシーに合わせて各項目が記述されています。それで一見、読者ターゲットがどこに定められているのか判然としないように見えるのです。

しかしこのことは、本書の利用価値を最大限に引き伸ばしているともいえます。もしもあなたが統計学の初心者であれば、統計検定1級合格（を目指すとして）まで本書を傍らにおいて重宝することになるでしょう。もしもあなたが統計学中級者であれば、本書を通して読むことで現代の統計学を俯瞰することができるでしょう。もしもあなたが統計学上級者であれば、初学者に質問を受けたときに本書の初学者用の説明を参考に解説してあげれば感謝されることでしょう。

本書は、どのレベルの人にとっても使い勝手の良い有益な本なのです。

初心者はまずIntroductionを読もう

推定、検定、回帰分析、多変量解析、ベイズ統計、……といったくくりでそれぞれのあらすじを知りたい場合には、特に本書の強みが生かされると思います。このような使い方をする読者のために構成に工夫を凝らしました。各章のタイトルになっている用語（推定、検定、回帰分析、多変量解析、ベイズ統計、……）を**はじめて聞いたという人のために、Introductionであらすじを説明し、章のはじめのほうの節で導入のための解説**をしています。ここが単なる用語集とは異なる本書の特徴です。

各章のIntroductionには、その章で用いられる用語の解説や、その章の読み方が書かれている場合もありますので、最初に読んでください。章ごとに、テーマを把握するために効率良く読む順番がある章なのか、羅列的な解説でどれから読んでも良い章なのか（たとえば、推定の種類ごとにその方法を述べる場合）が書かれています。

本来であれば、ノンパラメトリック検定、回帰分析、多重比較法、多変量解析、ベイズ統計などはそれだけで1冊の本になるような内容を含むテーマです。しかし、**本書を読めば統計学の全体像と勉強法がわかるでしょう**。

統計学は実用の要請から生まれた

「大百科事典」シリーズでは、Businessという見出しで理論がどのような場面で使われるかを解説しており、本書でもその見出しを踏襲しています。しかし、理論が先で応用が後からついてくる数学とは異なり、**統計学の理論はすべて実用の要請があって生まれたものです。**あえてBusinessというタグを使わずとも、ほとんどの項目に実用性があると認識していただいたほうが現状に即しています。

本書の使い方

本書の使い方を下に示します。星の数や概略を参考に、まずは細部でなく、概要をざっくり把握することを優先してください。知りたい項目だけを辞書的に調べる使い方でも良いですが、できれば一度通読していただくと、統計学の全体像がつかめて良いと思います。

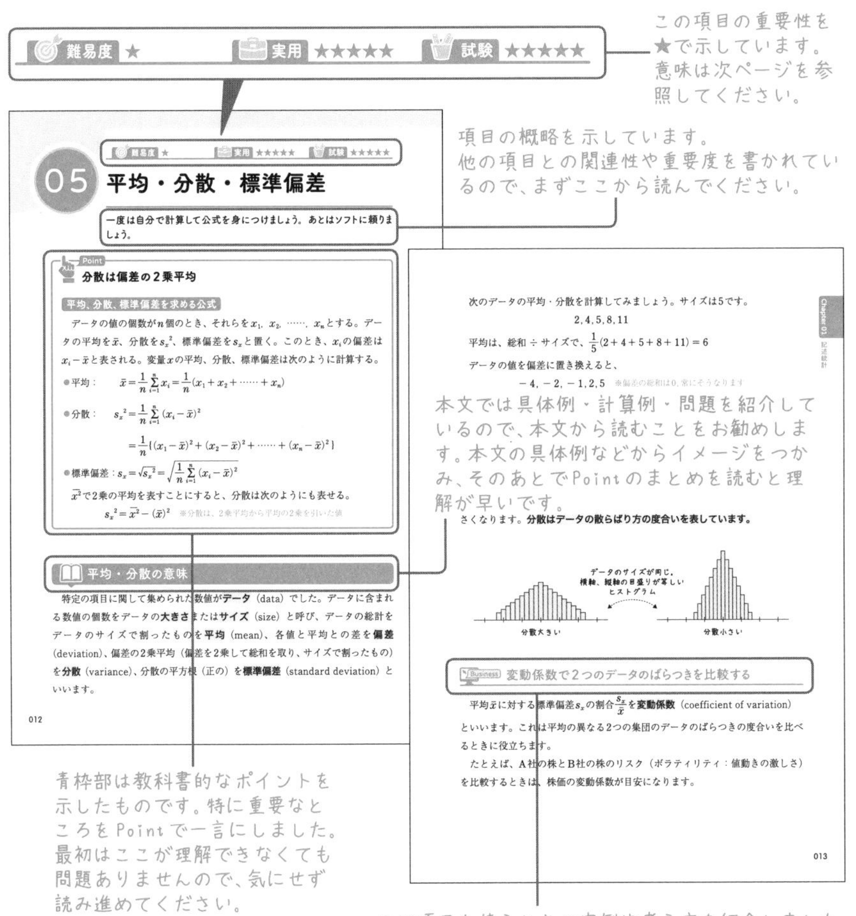

難易度 ★ 実用 ★★★★★ 試験 ★★★★★
この項目の重要性を★で示しています。意味は次ページを参照してください。
項目の概略を示しています。他の項目との関連性や重要度を書かれているので、まずここから読んでください。
05 平均・分散・標準偏差
一度は自分で計算して公式を身につけましょう。あとはソフトに頼りましょう。
Point 分散は偏差の2乗平均
平均、分散、標準偏差を求める公式
平均・分散の意味
本文では具体例・計算例・問題を紹介しているので、本文から読むことをお勧めします。本文の具体例などからイメージをつかみ、そのあとでPointのまとめを読むと理解が早いです。
Business 変動係数で2つのデータのばらつきを比較する
青枠部は教科書的なポイントを示したものです。特に重要なところをPointで一言にしました。最初はここが理解できなくても問題ありませんので、気にせず読み進めてください。
この項目を使うときの実例や考え方を紹介しました。統計学を使う「感覚」を身につけてください。

本書では、節で説明する項目ごとに、「難易度」「実用」「試験」と指標を立て、私の独断でランクを評価しています。

「難易度」の想定ターゲット

● **タイトルの用語についての難易度。★4以上は高校卒業レベルの数式リテラシーを想定しています。**

★1　読めばすぐに理解できるくらいに簡単。
★2　比較的理解しやすい考え方。
★3　じっくり読めば理解できる。中学数学まで必要。
★4　少し難しいが理解しておきたい。高校数学まで必要。
★5　考え方そのものが難しいまたは大学レベルの数学を使う。

「実用」の想定ターゲット

● **実際にデータ解析をする人にとっての重要度を表しています。**

★1　理論であり実践向きではない。
★2　使う機会がそれほどないが理論では重要。
★3　理論を押さえた上で実践できるようにしておきたい。
★4　データ解析で使うことがままある。
★5　データ解析で非常によく使われる手法である。

「試験」の想定ターゲット

● **★の数は統計検定の出題傾向にそって頻出であるかのおよその目安を示します。級が異なれば事情が異なりますから、詳しくは過去問に当たりましょう。**

★1　出題範囲から外れています。
★2　それほど出題されないので、落としても合否には影響しないでしょう。
★3　出題されるので理解しておきましょう。ここまでできれば合格点です。
★4　頻出です。過去問を繰り返し解くと身につきます。
★5　超頻出です。問題が解けるようにしておけば得点源になるでしょう。

■会員特典データのご案内

会員特典データは、以下のサイトからダウンロードして入手いただけます。

https://www.shoeisha.co.jp/book/present/9784798162805

●注意

※会員特典データのダウンロードには、SHOEISHA iD（翔泳社が運営する無料の会員制度）への会員登録が必要です。詳しくは、Webサイトをご覧ください。

※会員特典データに関する権利は著者および株式会社翔泳社が所有しています。許可なく配布したり、Webサイトに転載することはできません。

※会員特典データの提供は予告なく終了することがあります。あらかじめご了承ください。

Chapter 01

記述統計

統計学の歴史とは?

統計学は歴史的には記述統計からはじまりました。ここで統計学の歴史をざっと説明しておきましょう。

統計学を表す英語「statistic」の語源が、国（state）の状態を表す「status」にあることからもわかるように、統計学は統治のために国家の状態を把握する必要性から生まれました。

中国では二千数百年前から税を徴収するために人口調査を実施してきました。また、古代ローマ帝国でも紀元前より、センサス（census）と呼ばれる戸籍調査（家族調査、財産申告）が行われてきました。センサスという言葉は、現在でも農業・工業も含めた国勢調査を指す用語として使われています。

中国では常に統一国家が存在したので中世でも人口調査が行われていましたが、ヨーロッパではローマ帝国の崩壊のあとセンサスのような国勢調査の慣習はいったん途絶えます。ヨーロッパが再び統計と出会うのは、17世紀になってからです。

ピューリタン革命後のイギリスでは、人口・土地の大きさ・資産価値・生産高などの数量を通じて国力や国富を調査するようになりました。これをイギリスの統計学者であるペティ（1623－1687）は「政治算術」と名づけました。また、イギリスの小間物商であったグラント（1620－1674）が「死亡表についての自然的かつ政治的諸観察」で、女児より男児のほうが出生率の高いことを確かめました。さらに、死亡表は年金設計のための資料として使われはじめました。

また、三十年戦争に負けたことで経済発展が遅れたドイツでは、コンリング（1606－1681）が「国情論」という学問をはじめ、アッヘンヴァル（1719－1772）が『ヨーロッパ諸国の構造概要』を著しました。ドイツの「国情論」では、国家のための統計とはどうあるべきかを、人口・土地を中心に論じていて、イギリスの「政治算術」より観念的です。アッヘンヴァルの考えは、ペティが「統計は数量と重量と尺度によって表されるべきだ」と考えていたことと対照的です。お国柄が出ているといえます。

ともあれ、イギリスの「政治算術」も、ドイツの「国情論」も、単に国家の目的とは別に「統計」を学問として確立していったところが注目すべき点です。この2つとフランスで起こった「確率論」の3つが源流となって、統計学が生まれたといわれています。

データの整理に欠かせない記述統計

統計学は、大きく分けて、**データの特徴を捉えて表現するための記述統計**－「政治算術」「国情論」の流れ－と、**確率を用いて現状を判断したり未来を予測したりするための推測統計**－「確率論」の流れ－があります。この章では、前者の記述統計の中から基本的な用語・事項をまとめます。

なお、記述統計はこの章で紹介する事項だけではありません。10章の多変量解析では、データの次元を縮約して表現する、主成分分析、多次元尺度構成法などの手法を紹介しています。これらもデータを表現するという意味では記述統計の一種です。

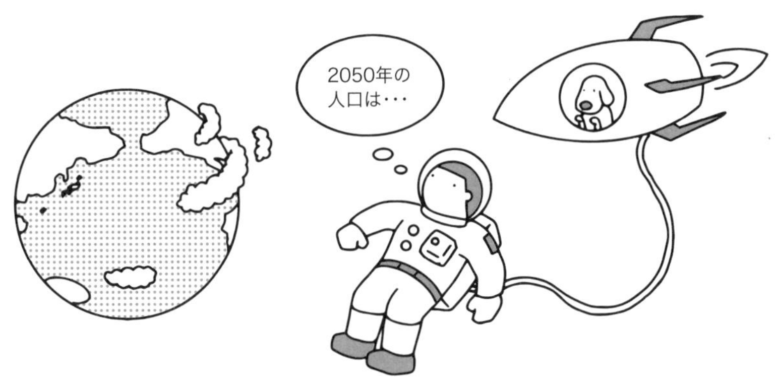

難易度 ★　実用 ★★★★★　試験 ★★★

01 データの尺度

統計手法を選ぶときにはデータの尺度が重要です。

Point

まずは量的データなのか、質的データなのか確認する

尺度水準の分類

尺度水準（level of measurement）には、

比率尺度、間隔尺度、順序尺度、名義尺度の4つがある。

尺度水準は4つに分類される

特定の項目に関する数値の集まりをデータ（data）といいます。はじめにデータの分類を紹介するわけは、データのタイプによって使える分析手法が異なってくるからです。アメリカの心理学者スティーブンスは下表のようにデータの尺度を4つに分類し、それに伴ってデータをタイプ分けしました。

量的データ	比率データ	比率尺度（ratio scale）
	間隔データ	間隔尺度（interval scale）
質的データ	順位データ	順序尺度（ordinal scale）
	カテゴリーデータ	名義尺度（nominal scale）

比率データは、長さ、質量、時間、絶対温度、……といった物理量やお金の多寡を数値で表したデータです。比率データを測るのが**比率尺度**です。m（メートル）、g（グラム）、s（秒）、K（ケルビン）、$（ドル）は、比率尺度です。これらの量は四則演算することができます。足し算と引き算に意味があるだけでなく、1,000円を2人で分けて500円というように、掛け算と割り算も意味を持ちます。

間隔データは、比率データのように数値で表されているデータですが、数値の値0が絶対的な意味を持たず、数値の差だけに意味があります。たとえば時刻は、8時から8時10分までの10分間と、9時から9時10分までの10分間は、物理的に同じ量です。しかし、8時、9時を表す8、9で、9÷8を計算しても意味はありません。間隔データを測るのが**間隔尺度**です。温度（℃、℉）や時刻といった物理量、年齢や知能指数は間隔尺度です。

順位データの例は、商品の満足度を5段階（大満足5、満足4、どちらでもない3、不満2、大不満1）で答えるアンケート結果などです。この場合の数字は大小関係だけが意味を持っています。順位データの測定尺度となるのが**順序尺度**です。一見、間隔尺度に似ていますが、順序尺度には間隔尺度ほどの客観性はないでしょう。たとえば、100gの水の温度（℃、間隔尺度）を10℃から20℃に上げるときと、20℃から30℃に上げるときでは、同じ熱量が必要です。一方、満足度（順序尺度）で、大満足と満足の差、満足とどちらでもないとの差が同じかどうかは測れません。順序尺度には、満足度、選好度などがあります。順位データは、主に心理学、経済学などの社会科学で扱われます。

これまでに挙げたデータ以外のデータはすべて**カテゴリーデータ**であるといって良いでしょう。カテゴリーデータは数値で表されていなくとも構いません。カテゴリーデータを表現するための分類基準が**名義尺度**です。性別、血液型といった属性、氏名、住所、電話番号、……といった個人情報は、すべて名義尺度です。男性を1、女性を2と表しても、このときの1と2には数値の意味はなく単なる記号として用いていますから名義尺度になっています。このように、区別したものに数字、名前を割り当てるのが名義尺度です。

Business スティーブンスのべき法則

スティーブンスはべき乗法則でも知られています。**スティーブンスのべき法則**とは、人間が知覚する強度（S）と物理的な刺激の強さ（I）の間には、

$$S = kI^a$$

（k：刺激の種類と単位による比例定数　a：刺激の種類による定数）

という関係があるという主張のことです。この式の左辺のSは順序尺度で、右辺のIは比率尺度です。この式に対する批判もありますが、客観的な尺度を持たない感覚に対するアプローチとしては興味深いものがあります。

難易度 ★　実用 ★★★★★　試験 ★★★★★

02 度数分布表とヒストグラム

用語（階級、階級値、度数など）をしっかり覚えましょう。

Point

度数分布表の作成はデータ整理の最初の手順

度数分布表

区間を複数個設定し、区間に入るデータの数値の個数を集計した表のこと。

データ整理の手順

①度数分布表をつくる　②ヒストグラムを描く

まずはデータを度数分布表にまとめる

データ整理で最初にすべきことはデータを度数分布表（frequency distribution table）にまとめることです。

たとえば40人の垂直飛びの記録を右のような表にまとめたとします。左欄に書かれている「50 cm以上60 cm未満」などの、データを整理するために用いる区間を**階級**（class）といいます。この表の場合、右欄の単位は人数ですが、一般には**度数**（frequency）といい、階級に含まれる数値の個数を表しています。このような区間による分類表のことを**度数分布表**と呼びます。

階級（cm）	度数（人数）
20以上30未満	3
30以上40未満	10
40以上50未満	13
50以上60未満	8
60以上70未満	6
計	40

階級の区間の幅である60－50＝10（cm）を**階級幅**（class width）、階級幅の真ん中の値（「50 cm以上60 cm未満」であれば（50＋60）÷2＝55（cm））を**階級値**（class value）といいます。

与えられたデータに対して度数分布表を作るとき、階級の個数を何個にしたら良いのかの目安になる式として、次の**スタージェスの公式**が知られています。

$$(\text{階級の個数}) \fallingdotseq 1 + \log_2(\text{データのサイズ})$$

度数分布表からヒストグラムを作成する

度数分布表をもとに**ヒストグラム**（histogram）を作ります。ヒストグラムとは、横軸にデータの値を取り、縦軸に度数を取った、階級ごとの長方形からなる柱状グラフのことです。

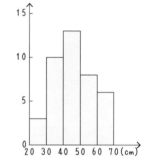

ヒストグラムは、「近代統計学の父」と呼ばれる、ベルギーの天文学者・統計学者であるアドルフ・ケトレー（1796－1874）が考案し、のちにカール・ピアソン（1857－1936）が命名しました。ヒストグラムは、「histos gramma」が語源で、「直立させて描いたもの」を意味しています。

ヒストグラムによってデータの分布の様子を視覚的に捉えることができます。階級幅を細かく取ると長方形の横幅が短くなり、ヒストグラムは下図のように山型に見えるようになります。

Business ヒストグラムで虚偽申告を見つけよ

ケトレーは、フランスの徴兵検査での10万人分の身長のデータをヒストグラムに起こし、通常であれば身長のヒストグラムは山が1つである（**単峰性**：unimodality）はずなのに、山が2つのヒストグラムが現れた（**多峰性**：multimodality）ことから、徴兵逃れのために身長を157cm以下であると虚偽申告している人が多数いることを突き止めました。

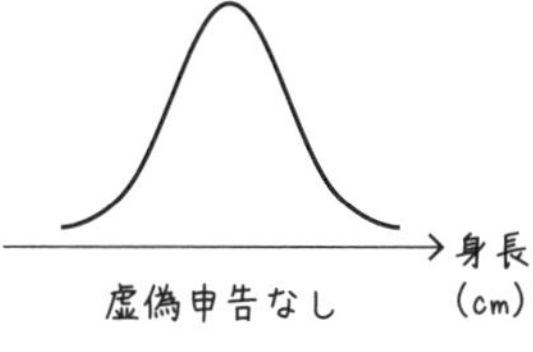

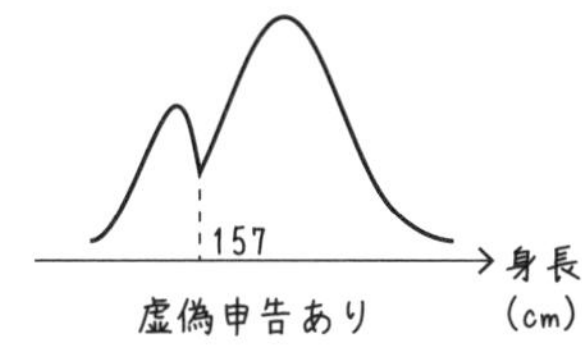

難易度 ★　実用 ★★★★★　試験 ★★★★

パレート図

一度自分で作ってみると仕組みがよくわかるでしょう。試験では読み取りの問題が出ます。

Point

降順に並べ直し　→　相対度数、累積相対度数　→　パレート図

相対度数（relative frequency）

度数を割合で表した値。(度数) ÷ (総計) と計算した値。

累積相対度数（cumulative relative frequency）

相対度数を表の上から順に足した値。

パレート図（Pareto chart）

項目を度数の降順に並べ直しヒストグラムを作り、その上に累積相対度数の折れ線グラフを重ねた図。

自分でパレート図を作ってみよう

相対度数、累積相対度数分布表からパレート図を作る

下の例は、100人のモニターアンケートで商品Aが好きな理由をまとめたものです。この表をもとにパレート図を作ってみましょう。

理由	人数
色がいい	10
使いやすい	50
香りがいい	15
持ちやすい	5
かわいい	20
計	100

➡

理由	人数	相対度数	累積相対度数
使いやすい	50	0.50	0.50
かわいい	20	0.20	0.70
香りがいい	15	0.15	0.85
色がいい	10	0.10	0.95
持ちやすい	5	0.05	1.00
計	100	1.00	–

降順とは値が小さくなっていく順序ということです。ですから**まずはじめに、度数の多い順に項目を並べ替えます。次に度数を相対度数に直します。**この場合の総計は100ですから、50であれば50÷100＝0.5と計算できます。

累積相対度数は、表の上から順に相対度数を足したものです。上から3番目の欄であれば、
0.5＋0.2＋0.15＝0.85と計算します。

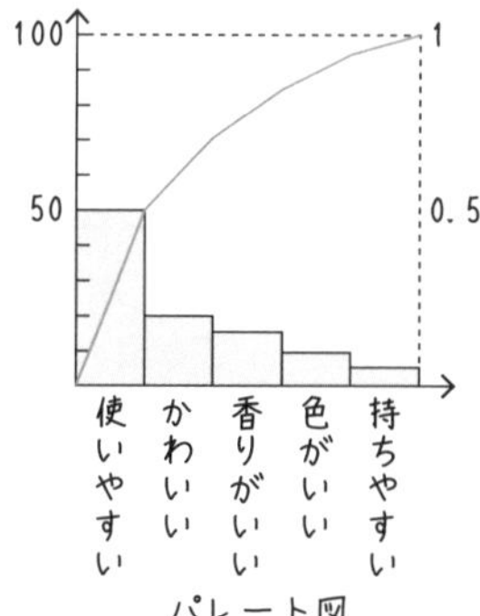

Business パレート図で不適合品ができた理由を分析する

工場では不適合品を作らないようにすることが課題の1つです。そのためには、**なぜ不適合品ができたか、その原因を調べることが重要です。このとき、原因を重大な順できちんと認識するために、その結果をパレート図にまとめることが推奨されています。**品質管理のことをQC（quality control）といいます。パレート図はQC7つ道具（パレート図、特性要因図、チェックシート、ヒストグラム、散布図、グラフ、管理図）の1つです。なお、QCのパレート図では、相対度数が大きい場合でも最後に「その他」を持ってきます（下左図）。

また、ABC分析（商品の売上構成の分析）にもパレート図を用います。下右図は、お茶の自動販売機の売上構成を表しています。

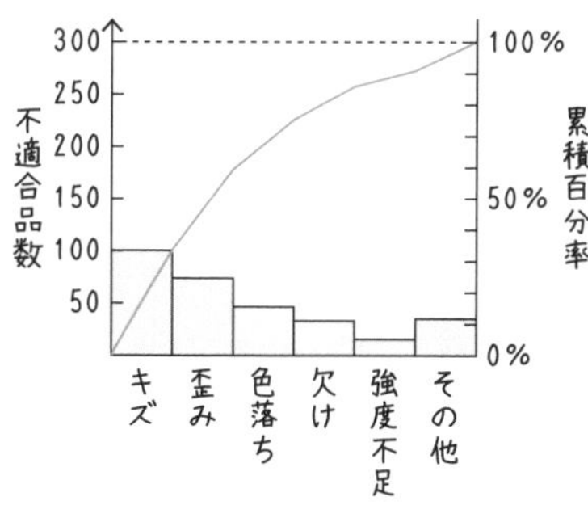

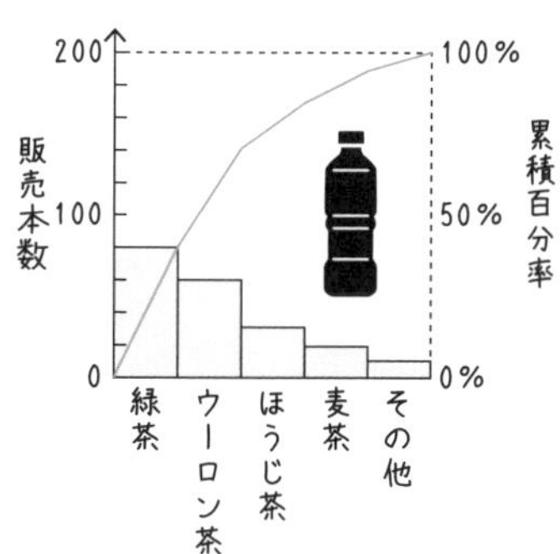

★

★★

★★★

04 添え字とシグマ記号

統計学に出てくる公式を表すときに必要な記法です。統計学では、添え字が2つつく場合のΣも出てきますから、高校で勉強した人も読みましょう。

Σx_i は総和を表す

添え字つき文字

$x_1,\ x_2,\ x_3,\ \cdots\cdots$

$$\begin{matrix} x_{11}, & x_{12}, & x_{13}, & \cdots\cdots \\ x_{21}, & x_{22}, & x_{23}, & \cdots\cdots \\ \vdots & \vdots & \vdots & \end{matrix}$$

シグマ記号（Σ）

総和を表す。　（Σは、シグマ記号と呼ばれ、「シグマ」と読む）

文字をたくさん作ることができる

x、y、z、……など、中学数学では数を文字で表すことを学びました。アルファベットは26文字しかありませんから、統計学では足りないんです。そこで、x_1、x_2、……というように文字の下に数字をつけて新しい文字だと思うことにしましょう。こうすればいくらでも文字を作ることができます。文字の下の字を**添え字**といいます。特に断りがない限り、x_1とx_2の間に関係はありません。単に別の文字を表しているだけです。x_2のほうがx_1より大きいというわけではありません。

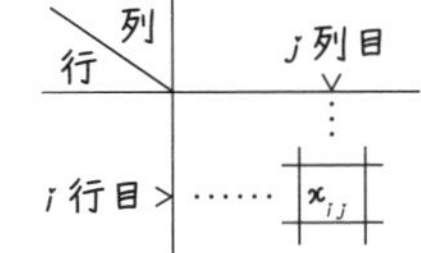

統計学では、データの値を並べて、i番目のデータをx_iで表します。たとえば、出席番号が1～5の5人の睡眠時間のデータであれば、

「睡眠時間をx（時間）とすると、$x_1 = 7$、$x_2 = 5$、$x_3 = 6$、$x_4 = 5.5$、$x_5 = 7$」

と表現できます。この場合、xは変量と呼ばれます。x_iは変量xのi番目のデータを表しているわけです。また統計学ではx_{ij}というように添え字が2つある表現も出てきます。これは、右上のような表中の上からi番目、左からj番目の数を表していると思うと良いでしょう。

Σを使うと、総和を短く表すことができる

x_1～x_4の文字の値を$x_1=2$、$x_2=4$、$x_3=1$、$x_4=3$と置いておきます。

例を挙げてシグマ記号Σの使い方について説明しましょう。

$$\sum_{i=1}^{4} x_i = \underset{\sim\sim\sim\sim\sim\sim\sim\sim\sim\sim}{x_1+x_2+x_3+x_4} = 2+4+1+3 = 10$$

このシグマ記号の意味は、x_iのiを1から4まで変化させて、x_1、x_2、x_3、x_4とし、それらの総和を取りなさい、という意味です。シグマ記号の下にiのはじめの数1を、上に最後の数4を書きます。x_iに値がありましたから計算することができて10になりました。**値を与えていなければ、波線までしか計算できません。**添え字の範囲指定の表現にはいろいろな方法があり、この場合シグマ記号の下に$1 \leqq i \leqq 4$と書いても構いません。

シグマ記号のあとには、x_iという文字だけでなく式を置くことも可能です。たとえば、$(x_i+1)^2$という式であれば、

$$\sum_{1 \leq i \leq 3} (x_i+1)^2 = (x_1+1)^2+(x_2+1)^2+(x_3+1)^2 = 9+25+4 = 38$$

このシグマ記号は式$(x_i+1)^2$の添え字iを1から3まで変化させて総和を取ることを表しています。

添え字が2つある場合のシグマ記号も見てみましょう。

x_{ij}が2×3のクロス集計表の表中の数を表しているものとします。

$$\sum_{\substack{1 \leq i \leq 2 \\ 1 \leq j \leq 3}} x_{ij} = x_{11}+x_{12}+x_{13}+x_{21}+x_{22}+x_{23}$$

	x_{11}	x_{12}	x_{13}
	x_{21}	x_{22}	x_{23}

このシグマ記号は、x_{ij}のiを1～2、jを1～3で変化させて総和を取ることを示しています。この場合、表中の数の総和を表しています。なお、この表記ではシグマ記号の下が暑苦しいので、i、jを動かす範囲がわかっている場合、本書では$\sum_{i,j} x_{ij}$と表現しています。

$$\sum_{i<j} x_{ij} = x_{12}+x_{13}+x_{23}$$

このシグマ記号はx_{ij}のうち、添え字について$i<j$を満たすようなもの（上の表の青点線で囲まれた部分）の総和を表しています。

要するに**シグマ記号$\sum_{\bigcirc}$は、添え字を〇の条件に合うように変化させた式の総和を取るという記号**なのです。

★

実用 ★★★★★

平均・分散・標準偏差

一度は自分で計算して公式を身につけましょう。あとはソフトに頼りましょう。

Point

分散は偏差の2乗平均

平均、分散、標準偏差を求める公式

データの値の個数がn個のとき、それらをx_1, x_2, ……, x_nとする。データの平均を$\bar{x}$、分散を$s_x{}^2$、標準偏差をs_xと置く。このとき、x_iの偏差は$x_i-\bar{x}$と表される。変量xの平均、分散、標準偏差は次のように計算する。

●平均：　$\bar{x}=\frac{1}{n}\sum_{i=1}^{n}x_i=\frac{1}{n}(x_1+x_2+\cdots\cdots+x_n)$

●分散：　$s_x{}^2=\frac{1}{n}\sum_{i=1}^{n}(x_i-\bar{x})^2$

$$=\frac{1}{n}\{(x_1-\bar{x})^2+(x_2-\bar{x})^2+\cdots\cdots+(x_n-\bar{x})^2\}$$

●標準偏差：$s_x=\sqrt{s_x{}^2}=\sqrt{\frac{1}{n}\sum_{i=1}^{n}(x_i-\bar{x})^2}$

$\overline{x^2}$で2乗の平均を表すことにすると、分散は次のようにも表せる。

$$s_x{}^2=\overline{x^2}-(\bar{x})^2$$

分散は、2乗平均から平均の2乗を引いた値。

平均・分散の意味

特定の項目に関して集められた数値が**データ**（data）でした。データに含まれる数値の個数をデータの**大きさ**または**サイズ**（size）と呼び、データの総計をデータのサイズで割ったものを**平均**（mean）、各値と平均との差を**偏差**（deviation）、偏差の2乗平均（偏差を2乗して総和を取り、サイズで割ったもの）を**分散**（variance）、分散の平方根（正の）を**標準偏差**（standard deviation）といいます。

次のデータの平均・分散を計算してみましょう。サイズは5です。

$$2, 4, 5, 8, 11$$

平均は、総和 ÷ サイズで、$\frac{1}{5}(2+4+5+8+11)=6$

データの値を偏差に置き換えると、

$$-4, -2, -1, 2, 5$$ 偏差の総和は0, 常にそうなります。

分散は、偏差平方和÷サイズで、$\frac{1}{5}\{(-4)^2+(-2)^2+(-1)^2+2^2+5^2\}=10$

標準偏差は分散の$\sqrt{}$を取り、$\sqrt{10}$になります。データの単位と、標準偏差の単位は同じになります。

分散の大小をヒストグラムで見るには、次の図が参考になります。データのサイズが同じで、横軸、縦軸の目盛りが同じ2つのヒストグラムを比べると、ヒストグラムが横に広がりのあるほうが分散は大きく、狭まっているほうが分散は小さくなります。**分散はデータの散らばり方の度合いを表しています。**

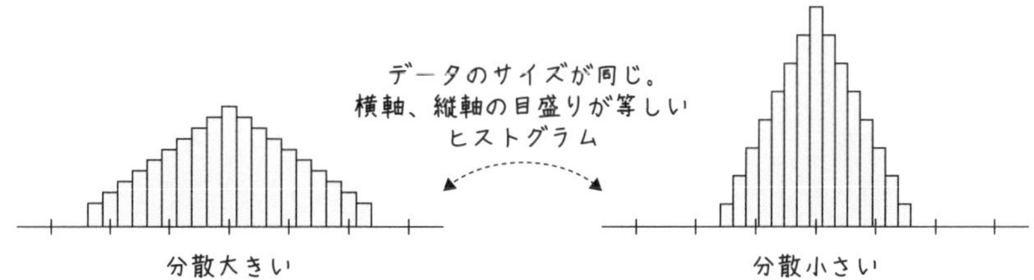

Business 変動係数で2つのデータのばらつきを比較する

平均$\bar{x}$に対する標準偏差s_xの割合$\frac{s_x}{\bar{x}}$を**変動係数**（coefficient of variation）といいます。これは平均の異なる2つの集団のデータのばらつきの度合いを比べるときに役立ちます。

たとえば、A社の株とB社の株のリスク（ボラティリティ：値動きの激しさ）を比較するときは、株価の変動係数が目安になります。

難易度 ★　実用 ★★★　試験 ★★★★

06 度数分布表と平均・分散

度数分布表にまとめずとも、ソフトで平均・分散を直接計算できる今となっては、実用面での価値は薄れました。理論として知っておきましょう。

Point

階級値の個体が度数個あると考える

度数分布表から平均と分散を求める公式

変量xの度数分布表、相対度数分布表が右のように与えられているとき、データの平均$\bar{x}$、分散$s_x{}^2$のおよその値は次のように計算できる。

度数分布表

階級値	度数
x_1	f_1
x_2	f_2
⋮	⋮
x_n	f_n
計	N

相対度数分布表

階級値	相対度数
x_1	p_1
x_2	p_2
⋮	⋮
x_n	p_n
計	1

●平均：$\bar{x}=\dfrac{1}{N}(x_1f_1+x_2f_2+\cdots\cdots+x_nf_n)$

$=x_1p_1+x_2p_2+\cdots\cdots+x_np_n$

●分散：$s_x{}^2=\dfrac{1}{N}\{(x_1-\bar{x})^2f_1+(x_2-\bar{x})^2f_2+\cdots\cdots+(x_n-\bar{x})^2f_n\}$

$=(x_1-\bar{x})^2p_1+(x_2-\bar{x})^2p_2+\cdots\cdots+(x_n-\bar{x})^2p_n$

階級値を用いて平均・分散を求める

度数分布表ではデータの真の値は消えて、データがどの階級に入っているかという情報しか残っていません。しかし、データの平均・分散のおよその値を計算することができます。ポイントは**階級値を用いる**ところです。

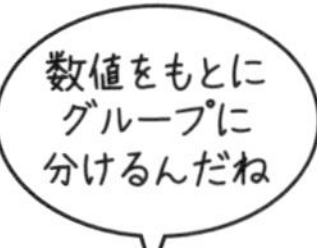

数値をもとに
グループに
分けるんだね

右の度数分布表は、02節で扱ったデータと同じで、40人についての垂直飛びのデータです。これを用いて平均・分散を計算してみ

階級（cm）	度数（人）	相対度数
20以上30未満	3	0.075
30以上40未満	10	0.250
40以上50未満	13	0.325
50以上60未満	8	0.200
60以上70未満	6	0.150
計	40	1.000

ましょう。たとえば、階級「20以上30未満」のところは度数が3なので、25 cmの人が3人いるとして計算するのです。すると、平均は、

$$(25\times 3+35\times 10+45\times 13+55\times 8+65\times 6)\div 40=46(\mathrm{cm})$$

と計算できます。分散は、偏差平方の平均ですから、上の式の25のところを、$(25-46)^2$というように偏差の2乗に置き換えれば計算できます。

$$\{(25-46)^2\times 3+(35-46)^2\times 10+(45-46)^2\times 13+(55-46)^2\times 8+(65-46)^2\times 6\}\div 40=134$$

また、相対度数を用いて平均・分散を計算する場合は、

$$25\times 0.075+35\times 0.250+45\times 0.325+55\times 0.200+65\times 0.150=46$$

$$(25-46)^2\times 0.075+(35-46)^2\times 0.250+(45-46)^2\times 0.325+(55-46)^2\times 0.200+(65-46)^2\times 0.150=134$$

とどちらでも同じ値になります。

真の値と度数分布表から求めた値には誤差がある

実際のデータから計算した平均・標準偏差を$\bar{x}$、s_x、度数分布表から計算した平均・標準偏差を$\hat{x}$、$\hat{s}_x$、階級幅をdとすると、

$$|\bar{x}-\hat{x}|\leqq\frac{d}{2}\qquad |s_x-\hat{s}_x|\leqq\frac{d}{2}$$

が成り立ちます。

この式からわかるように、階級幅が小さくなればなるほど、Pointの公式で計算した平均・分散は、データの真の平均・分散に近づいていきます。

データに外れ値があり、端の階級（○○以上という階級）の度数が小さい場合には、個別の値で計算した平均・分散よりも、**階級値を用いて計算した平均、分散のほうが、むしろ実態を表しているということもできます**。所得分布はその例です。

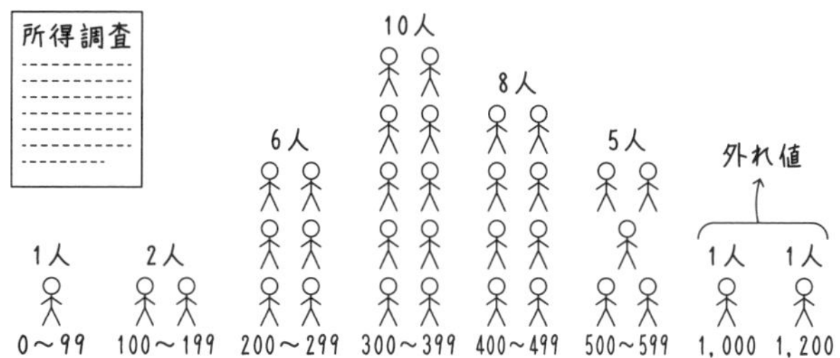

難易度 ★　実用 ★★★★★　試験 ★★★★★

07 代表値

データをひと言で表現するための値です。どの代表値を使えば良いかはデータの特性によります。

Point

データの特性により代表値を選ぼう

平均値（mean）

$x_1,\ x_2,\ \cdots,\ x_n$の平均値は、$\bar{x}=\dfrac{x_1+x_2+\cdots+x_n}{n}$

中央値（median）

データを大きさ順に並べたときの真ん中の値。

最頻値（mode）

度数の最も大きい値。

平均といっても実はいろいろある

統計学で扱う「データの平均」は通常Pointで示したように、データの総和を取り、データのサイズで割って計算します。

平均は他にもあり、たとえば株価が3年で1.331倍になるときは、$1.1^3=1.331$が成り立ちますから、1年当たり平均で1.1倍であるといえます。これを**幾何平均**といいます。**データの倍率に注目するときは幾何平均を用います。**

幾何平均に対してPointの平均は**算術平均**と呼ばれます。

中央値は2つのパターンがある

データを大きさの順に並べます。サイズが奇数のときは、真ん中の数は1つしかありませんからこれが**中央値**（median）です。サイズが偶数のときは、真ん中の数は2つありますから、その平均を取ります。

データに**外れ値**（他の大多数の値と比べて極端に大きいまたは極端に小さい

値）が含まれる場合、平均値はこの影響を受けますが中央値は影響を受けません。この場合は中央値のほうがデータの代表値にふさわしいです。このように外れ値のデータの影響を受けにくい性質を**頑健性**（**ロバストネス**）といいます。

最頻値はヒストグラムで一目瞭然

階級別の度数分布表では度数の一番大きい階級の階級値を**最頻値**（mode）といいます。ヒストグラムで一番高いところの横軸の目盛りが最頻値になります。**ヒストグラムに多峰性があるとき、最頻値は2個以上になる場合があります。**

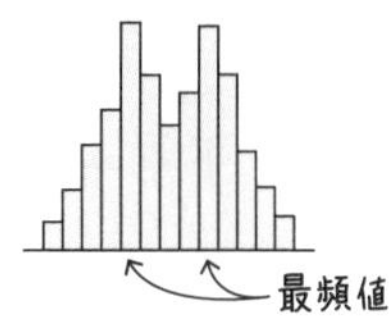

Business 所得の平均値に実感がない理由

日本人の所得の平均値は何万円くらいだと思いますか。厚生労働省の統計によれば、平均所得は約560万円です。実感よりも高いと感じる方が多いのではないかと思います。これは所得の分布のヒストグラムが高い方で尾を引いていることからもわかるように、高所得の人が平均値を押し上げているからです。平均値は外れ値に弱いんです。中央値で442万、最頻値で350万。あなたの実感に一番近い値はどれでしょうか。

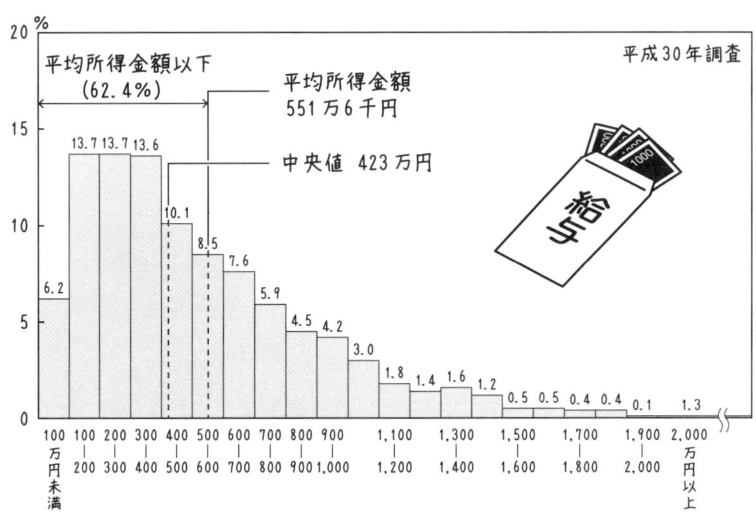

出典：厚生労働省「平成30年 国民生活基礎調査の概況」
（https://www.mhlw.go.jp/toukei/saikin/hw/k-tyosa/k-tyosa18/dl/03.pdf）

難易度 ★　実用 ★★★★★　試験 ★★★★★

08 変量の標準化

多変量解析では、標準化した変量を扱う場合が多いです。

Point

平均を0、分散を1にそろえる

標準化・中心化の公式

変量xの平均を$\bar{x}$、分散を${s_x}^2$とする。このとき、変量y、zを

$$y=\frac{x-\bar{x}}{s_x}\quad\left(\frac{\text{偏差}}{\text{標準偏差}}\right)\qquad\qquad z=x-\bar{x}$$

と定める。yを「xを標準化した変量」、zを「xを中心化した変量」という。

- 標準化した変量y：平均0、分散1になる
- 中心化した変量z：平均0になる

標準化した変量（standardized variable）を作る

05節の例で紹介したデータ、

$$2, 4, 5, 8, 11$$

の平均は6、標準偏差は$\sqrt{10}$でした。**データを標準化するには、偏差を標準偏差で割ります。**すると、

$$-\frac{4}{\sqrt{10}},\ -\frac{2}{\sqrt{10}},\ -\frac{1}{\sqrt{10}},\ \frac{2}{\sqrt{10}},\ \frac{5}{\sqrt{10}}$$

となります。平均が0、分散が1になることを各自確かめてください。

なお、変量を1次式で変換しても標準化した値は不変です。

変量xに対して新しい変量wを、1次式$w=ax+b$で定めます。

xの平均を$\bar{x}$、分散を${s_x}^2$、wの平均を$\bar{w}$、分散を${w_y}^2$とすると、

$$\bar{w}=a\bar{x}+b\quad\text{平均は同じ式}\qquad {s_w}^2=a^2{s_x}^2\quad\text{分散は}a^2\text{倍}\quad\cdots\cdots\ ①$$

という関係があります。これを用いるとwの標準化は、$a>0$のとき、

$$\frac{w-\bar{w}}{s_w}=\frac{(ax+b)-(a\bar{x}+b)}{as_x}=\frac{x-\bar{x}}{s_x}$$

というように変量xの標準化と一致します。

Business 偏差値には標準化が使われている

Aさんは、1学期の試験で70点、2学期の試験で60点でしたが、成績は上がっているといって喜んでいます。いったいどういうことでしょうか。

資格試験では70点以上で合格というように線引きされる場合がありますが、競争試験では自分の成績の全体の中での位置が重要になります。このようなとき、点数を標準化した値を比べると全体の中での自分の位置づけがわかります。

たとえば、Aさんの受けた1学期の試験の平均が60点、標準偏差が10点、2学期の平均が45点、標準偏差が12点である場合、Aさんの点数を標準化した値は、

1学期 $\dfrac{70-60}{10}=1$　　2学期 $\dfrac{60-45}{12}=1.25$

となりますから、2学期のほうがAさんの受験者全体での位置づけは上がった（たぶん、順位も上がった）と考えられます。ところで、偏差値は、

$$偏差値 = 標準化した値 \times 10 + 50 \quad \left(= \frac{点数 - 平均点}{標準偏差} \times 10 + 50\right)$$

と定義されています。Aさんの成績に関して、偏差値は次の通りです。

1学期 $1 \times 10 + 50 = 60$　　2学期 $1.25 \times 10 + 50 = 62.5$

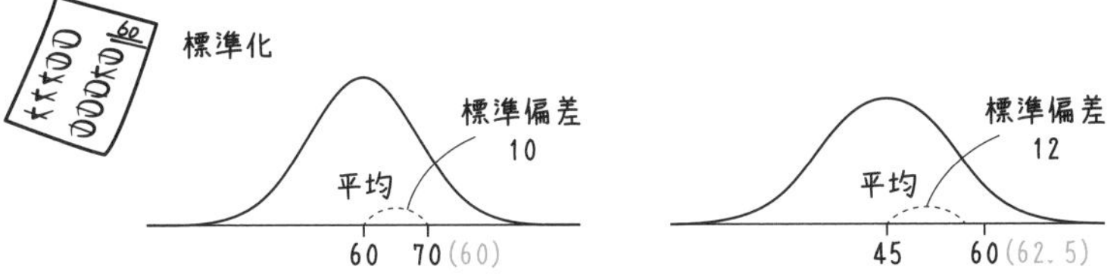

標準化した値の平均は0、分散は1ですから、ある試験の全員の点数を偏差値に置き換えたデータ（「偏差値データ」）に関しては、前ページ①の計算式を用いて、$a=10,\ b=50$とすると

「偏差値データ」の平均 $= 10 \times 0 + 50 = 50$

「偏差値データ」の分散 $= 10^2 \times 1^2 = 100$

となります。つまり、**偏差値とは、試験のデータを1次式で変換して、平均が50点、標準偏差が10点になるようにした値である**ということがいえます。

難易度 ★　実用 ★★★★★　試験 ★★★★★

09 歪度・尖度

わいど　せんど

ヒストグラムの形を知る客観的な目安になります。

Point

ヒストグラムの「非対称性」や「尖り具合・すそ野の長さ」の正規分布からのずれを表す指標

データの歪度・尖度を求める公式

サイズnの1変量データx_1, x_2, ……, x_nがある。

このデータの平均を$\bar{x}$、分散をs^2（標準偏差をs）とするとき、データの歪度・尖度は、次で定められる。

- 歪度：$\displaystyle \frac{1}{n}\sum_{i=1}^{n}\left(\frac{x_i-\bar{x}}{s}\right)^3=\frac{平均まわりの3次モーメント}{標準偏差の3乗}$
- 尖度：$\displaystyle \frac{1}{n}\sum_{i=1}^{n}\left(\frac{x_i-\bar{x}}{s}\right)^4-3=\frac{平均まわりの4次モーメント}{標準偏差の4乗}-3$

右辺を用いれば、確率変数についても定義できる。

歪度（skewness）はヒストグラムの歪みを表す指標

歪度は、データが対称性からどれだけ歪んでいるかを表す指標です。標準化した変量$\dfrac{x_i-\bar{x}}{s}$について、$\displaystyle \frac{1}{n}\sum_{i=1}^{n}\left(\frac{x_i-\bar{x}}{s}\right)^2=\left\{\frac{1}{n}\sum_{i=1}^{n}(x_i-\bar{x})^2\right\}\div s^2=1$

が成り立ちます。この式で2乗を、3乗にしたものが歪度、4乗にして3を引いたものが尖度です。ヒストグラムは、歪度が正のとき右裾が長くなり、歪度が負のとき左裾が長くなります。

正規分布

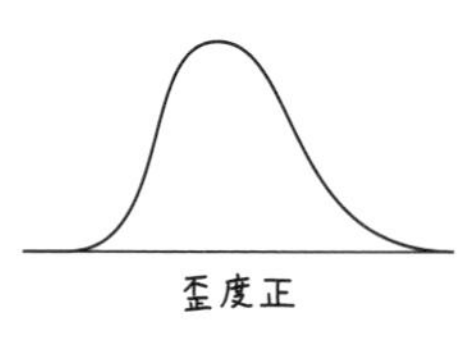

歪度正

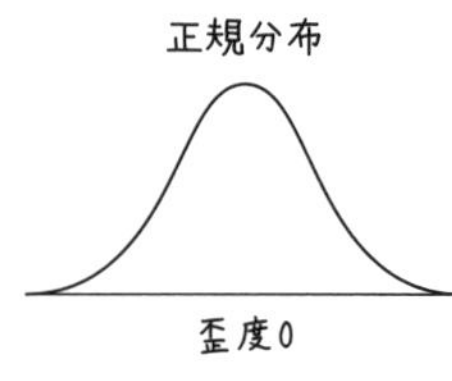

歪度0

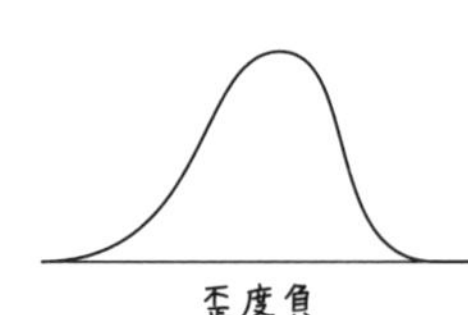

歪度負

尖度（kurtosis）はヒストグラムの尖り具合を表す指標

尖度が正のとき、ヒストグラムは正規分布に比べて中心が尖りすそ野が長くなります（富士山）。尖度が負のとき、ヒストグラムは正規分布に比べて中心が平らですそ野が短くなります（荒船山）。尖度は、中心の尖り具合と裾野の長さを表す指標です。

なお、尖度を求める式で3を引いているのは、データが正規分布に従うときに0になるようにするためです。－3をつけないで尖度を定義する流儀もあります。

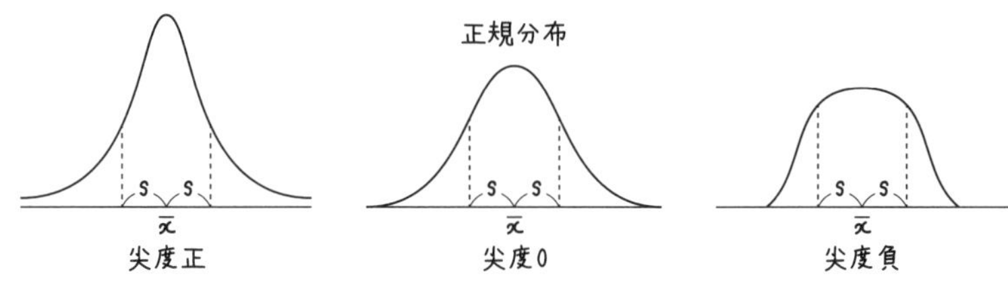

なお、尖度を**超過係数**（coefficient of excess）と呼ぶことがあります。歪度も尖度もPointの式からわかるように標準化した値をもとに定義されていますから、歪度、尖度は、変量の1次変換で不変です。変量xに対して変量yを$y=ax+b$で定めたとき、yの歪度・尖度はxの歪度・尖度に一致します。

Business 正規分布と比べて異常を見つけ出そう

数学者のポアンカレは、毎日購入しているパンの重さの統計を取り、それが正規分布になっていないことから、パン屋が口うるさいポアンカレに大きめのパンを渡していたことを突き止めました。データの分布が正規分布から外れていることから、異常が起こっていることを察知することができるのです。

品質管理（QC）の現場では、規格品のチェックに正規分布を用いています。工業製品の特性値のデータが正規分布になるか否かはその前提として重要です。尖度・歪度はデータが正規分布に近いか否かの指標として用いられます。

★

★★

★★★★★

四分位数・箱ひげ図

箱ひげ図は、2021年度の学習指導要領から中学2年生で学びます。

Point

これも散らばりを表す重要な指標

範囲（range）

データについて、「最大値 − 最小値」を**範囲**という。
引き算

中央値（median）

データを小さい順に並べて、真ん中にある値を**中央値**という。

- サイズnが奇数のとき、小さい方から$\dfrac{n+1}{2}$番目の値
- サイズnが偶数のとき、小さい方から$\dfrac{n}{2}$番目の値と$\dfrac{n}{2}+1$番目の値の平均

サイズnが奇数のとき
n個
○○○○○○○○○
↑
$\dfrac{n+1}{2}$番目

サイズnが偶数のとき
n個
○○○○○○○○○○
$\dfrac{n}{2}$番目と$\dfrac{n}{2}+1$番目の平均

四分位数（quartile）

データを小さい順に並べて、真ん中で2つに分ける。前半の中央値を**第1四分位数**、後半の中央値を**第3四分位数**という。データ全体の中央値を**第2四分位数**、「第3四分位数 − 第1四分位数」を**四分位範囲**という。
引き算

サイズnが奇数の場合
$\dfrac{n-1}{2}$個　○　$\dfrac{n-1}{2}$個
↑第1四分位数　↑第3四分位数

サイズnが偶数の場合

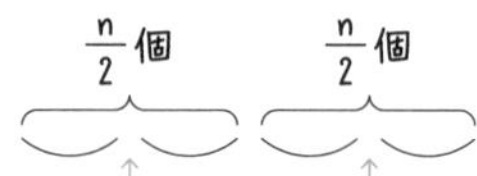

↑第1四分位数　↑第3四分位数

四分位数の定義にはいくつかあります。

四分位数を求めてみる

(例1) nが奇数　　3, 5, 6, 8, ⑧, 10, 11, 13, 14
前半　　後半

第1四分位数　$(5+6)\div 2=5.5$　　第2四分位数　8

第3四分位数　$(11+13)\div 2=12$

(例2) nが偶数　　2, 3, 5, 7, 8, | 9, 11, 13, 14, 16
前半　　後半

第1四分位数　5　　第2四分位数　$(8+9)\div 2=8.5$

第3四分位数　13

ヒストグラムから箱ひげ図（box-and-whisker plot）が書ける

データの散布度（散らばり具合；dispersion）はヒストグラムを見るのが一番よくわかります。散らばりを1つの数で表すには分散・標準偏差が用いられます。しかし、これよりももう少し散らばりの具体的な情報がほしい場合は、データの最小値、最大値、第1四分位数、第2四分位数、第3四分位数が参考になります。これら5つの数でデータの散らばりを表すことを**5数要約**といいます。

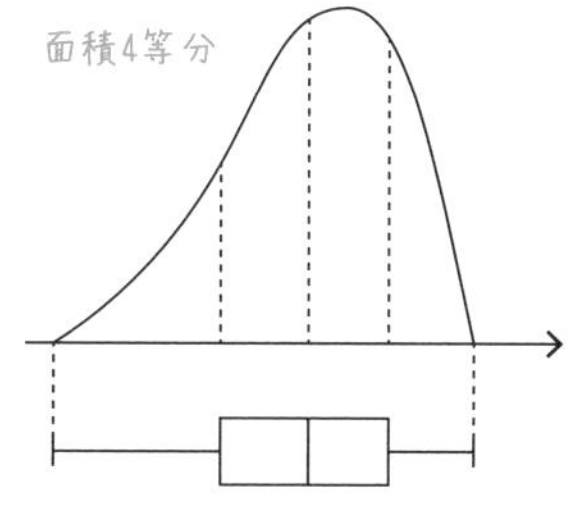

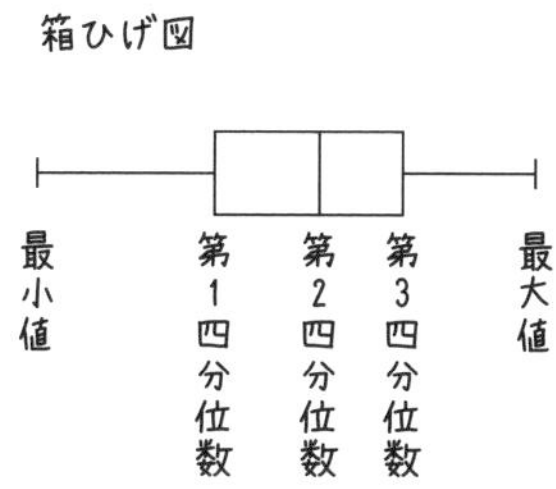

5数を用いて描いた右図を**箱ひげ図**といいます。ヒストグラムを見るとおよその箱ひげ図を描くことができます。第1四分位数、第2四分位数、第3四分位数でヒストグラムの面積がほぼ4等分されます。箱ひげ図は、統計学者のテューキーが考案しました。

難易度 ★　実用 ★★★★★　試験 ★★★★★

11 クロス表

アンケートの集計などでお世話になります。各部の名前を覚えておきましょう。

Point

2つの質的変量間の関係を調べたいときに用いる

クロス表

2次元の質的変量に対する度数をまとめた表。

行、列、表側、表頭、周辺度数、総度数という用語に慣れよう

1次元の量的データに関しては度数分布表にまとめますが、2次元の質的変量を持つデータは**クロス表**（クロス集計表ともいう）にまとめると分析がしやすくなります。

下の表では、男女50人に性別と好きな色を選んでもらう（3択）質問に回答してもらったアンケートの結果です。男性か女性かで1次元、赤、青、黄で1次元、計2次元の質的データとなります。

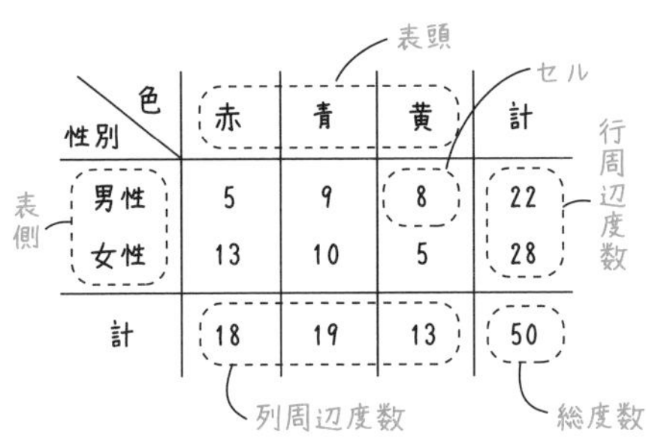

性別＼色	赤	青	黄	計
男性	5	9	8	22
女性	13	10	5	28
計	18	19	13	50

セル：度数が表されている1つひとつの枠
表側：表の左のカテゴリー欄
表頭：表の上のカテゴリー欄
　表の横方向を行、縦方向を列といいます。
行周辺度数：横方向の合計度数
列周辺度数：縦方向の合計数
総度数：データの度数

3重クロス表で職場の雰囲気を良くする

人事担当のAさんは、「働き方とライフスタイルの変化に関する全国調査(2007年)」のクロス表を見ながらこう考えました。「男性のほうが正規雇用が多く（表1)、正規雇用のほうが仕事の満足度が高い（表2)。男性のほうが仕事に満足しているんだろう」

表1　性別と従業上の地位の2重クロス表

数値：%、(　) 内は実数

	正規	非正規	計
男性	83.1 (1011)	16.9 (206)	100.0 (1217)
女性	58.9 (610)	41.1 (425)	100.0 (1035)
計	72.0 (1621)	28.0 (631)	100.0 (2252)

データ元：「働き方とライフスタイルの変化に関する全国調査（2007年)」

表2　従業上の地位と仕事満足度の2重クロス表

数値：%、(　) 内は実数

	満足	不満	計
正規	45.0 (730)	55.0 (891)	100.0 (1612)
非正規	36.0 (227)	64.0 (404)	100.0 (631)
計	42.5 (957)	57.5 (1295)	100.0 (2252)

データ元：「働き方とライフスタイルの変化に関する全国調査（2007年)」

しかし、表3の**3重クロス表**を見てみると、男性の場合、非正規雇用の不満の割合が多いことに気づきました。

表3　従業上の地位・性別・仕事満足度の3重クロス表

数値：%、(　) 内は実数

従業上の地位	性別	仕事満足度		計
		満足	不満	
正規雇用	男性	43.9 (444)	56.1 (567)	100.0 (1011)
	女性	46.9 (286)	53.1 (324)	100.0 (610)
	計	45.0 (730)	55.0 (891)	100.0 (1612)
非正規雇用	男性	27.2 (56)	72.8 (150)	100.0 (206)
	女性	40.2 (171)	59.8 (254)	100.0 (425)
	計	36.0 (227)	64.0 (404)	100.0 (631)

出典：「働き方とライフスタイルの変化に関する全国調査（2007年)」
※表は、神林博史・三輪哲『社会調査のための統計学』(技術評論社）より転載。

難易度 ★　実用 ★★★★★　試験 ★★★★★

12 円グラフ・帯グラフ・折れ線グラフ

グラフの基本です。表計算ソフトで作ることができるようにしておきたいです。

Point

グラフの特性を生かそう

- 円グラフ・帯グラフ：主に割合を表すときに用いる
- 折れ線グラフ：時系列のデータを表すときに最適

グラフを読み取ってみる

円グラフ：無償労働の男女別家事時間の構成比。女性の家事時間の半分は食事作りや皿洗いです。園芸が入っていますが、家事労働というより趣味ではないでしょうか。

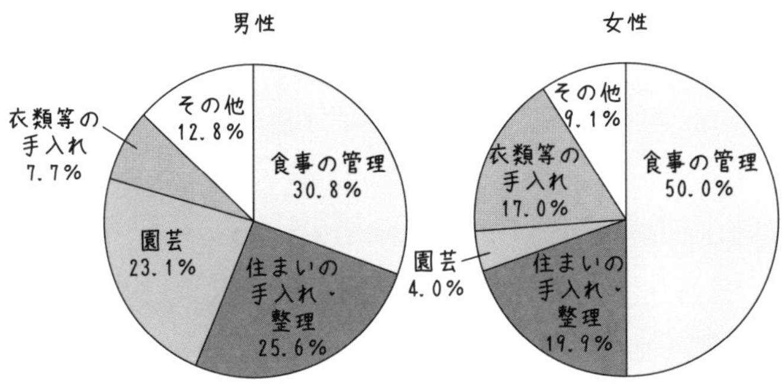

総務省「平成28年社会生活基本調査結果」

帯グラフ：2人以上の世帯の1か月の平均消費支出額。通信費の他にエンゲル係数（食費の割合）が高くなっています。

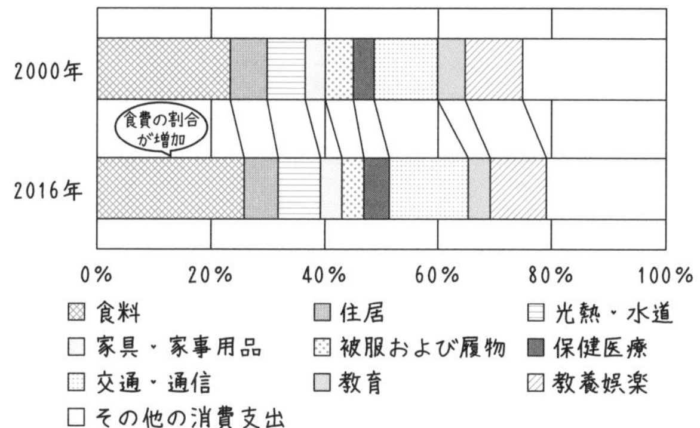

出典：総務省統計局「家計調査結果」のデータをもとに作成した『日本統計学会公式認定 統計検定 3級・4級 公式問題集〈2016～2018年〉』（実務教育出版）掲載の図を引用

折れ線グラフ：男子が「大人になったらなりたいもの」。1997年からの20年は野球選手とサッカー選手で合わせて約20～30％です。そのシェアの奪い合いという感じですね。

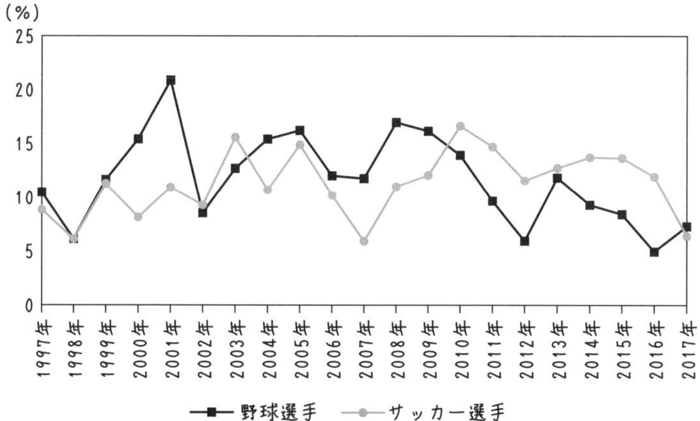

出典：第一生命「2017年 第29回『大人になったらなりたいもの』アンケート調査」より一部抜粋『日本統計学会公式認定 統計検定 3級・4級 公式問題集〈2016～2018年〉』（実務教育出版）掲載の図を引用

モザイク図：帯グラフの2次元版。発展形です。どちらでもないというのは芸術系でしょうか。就きたい職業は絞られてきますね。

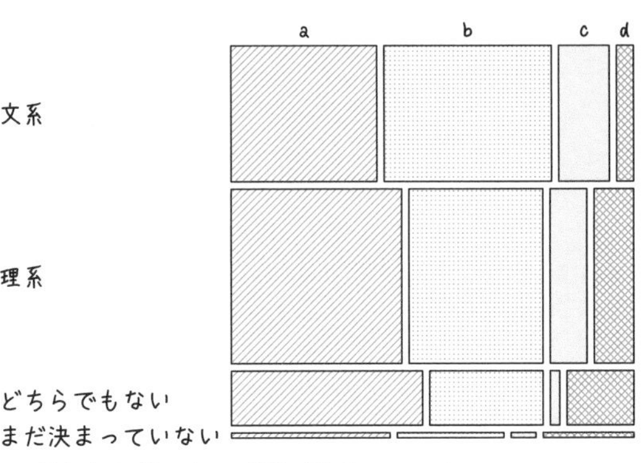

a：具体的に就きたい職業が決まっている、
b：職業までは決まっていないが働きたい業界・分野のイメージはある、
c：就きたい職業も働きたい業界・分野も決まっていない、
d：そもそも働くイメージがない

出典：マイナビ進学「高校生のライフスタイル・興味関心調査」のデータをもとに作成した『日本統計学会公式認定 統計検定 3級・4級 公式問題集〈2016〜2018年〉』（実務教育出版）掲載の図を引用

レーダーチャート（下左図）：商品特性、能力評価、性格診断などをまとめるときに多用されるレーダーチャート。値段が高くてもカッコいいA商品を選びたいものです。

二重ドーナツグラフ（下右図）：分類が2段階のときには重宝します。練り切は意外に人気がありますね。

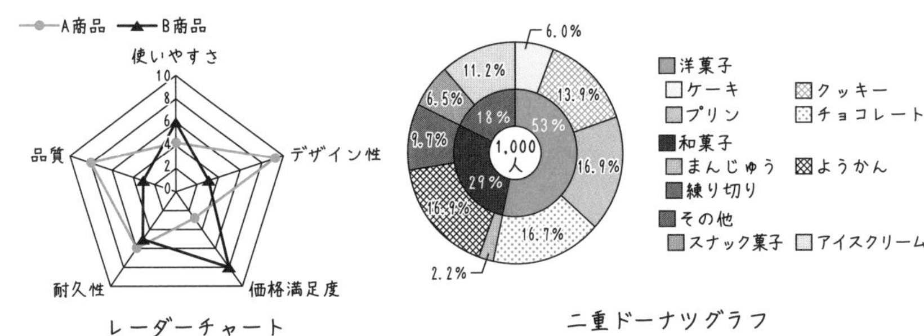

レーダーチャート

二重ドーナツグラフ

Business ナイチンゲールは独創的なグラフで衛生環境の悪さを訴えた

クリミア戦争のとき、ナイチンゲールは英国軍の病院で看護にあたりました。そこで彼女は、戦闘による負傷で死んだ英国兵士よりも、伝染病が原因で死んだ英国兵士のほうが多いことに気づき、軍病院の衛生環境を改善すべきであると考えました。

戦地より本国に帰ったナイチンゲールは、1,000ページもある報告書を書き上げます。この報告書の中で有名なのが、下図のような**コウモリの翼**（Bat's Wing）と呼ばれるグラフです。右の円グラフの9時に当たるのが1854年4月で、30度進むごとに1か月分進みます。水色の部分が伝染病による死亡率、青の部分が負傷その他による死亡率です。このグラフを見ると伝染病による死亡率が高いことが一目でわかります。円グラフは割合を表すのに用いると上で書きましたが、グラフも達人の域に達するとそう型にはまったものでもありません。

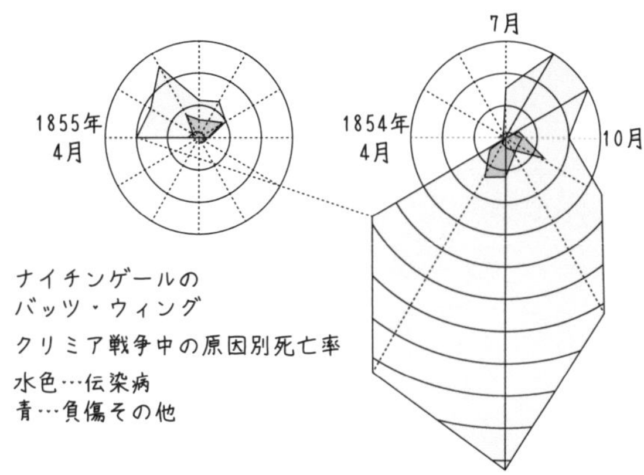

出典：丸山健夫『ナイチンゲールは統計学者だった！』（日科技連出版社）

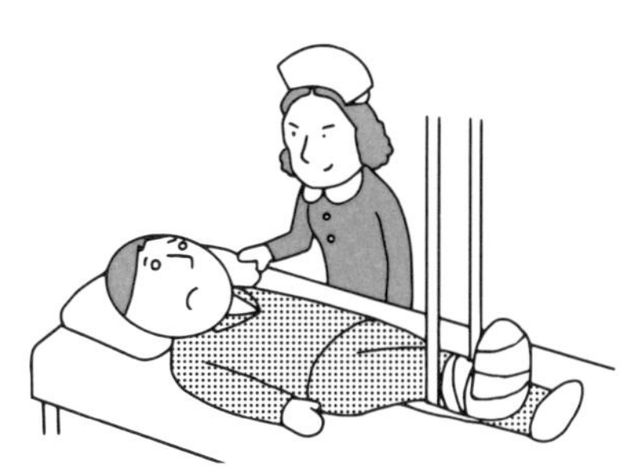

★

★★★★★

★★★★★

13 散布図

作成・読み取りができるようにしておきましょう。

2次元データのグラフ

座標平面上に2次元データ(x_i, y_i)の点を打った図。

まずは散布図に落とし込んでみよう

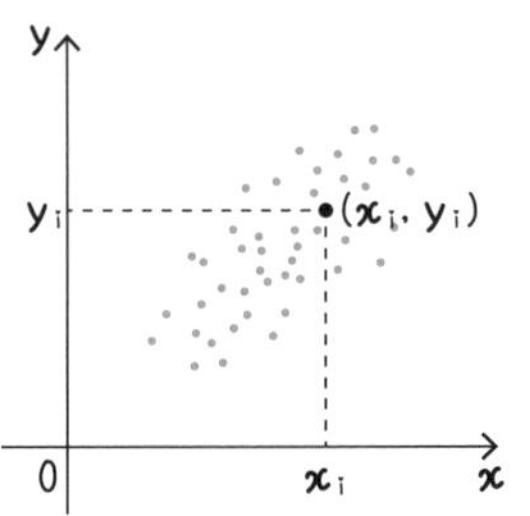

2変量のデータ（x, y）があるとき、各データの値（x_i, y_i）に対して座標平面上に点を打って作った図が**散布図**です。

2次元データを表現するとき基本となる図です。相関関係、外れ値の有無など多くのことを読み取ることができます。

図1では、xの値が増えると、yの値が増える傾向があることが読み取れます。また、図2では、xの値が増えると、yの値が減る傾向があることが読み取れます。このようなときは、変量xとyの間に何らかの関係があることが予想できます。特に散布図が直線に近いときは、強い関係性を示唆しています。一方、図3ではそのようなことはありません。

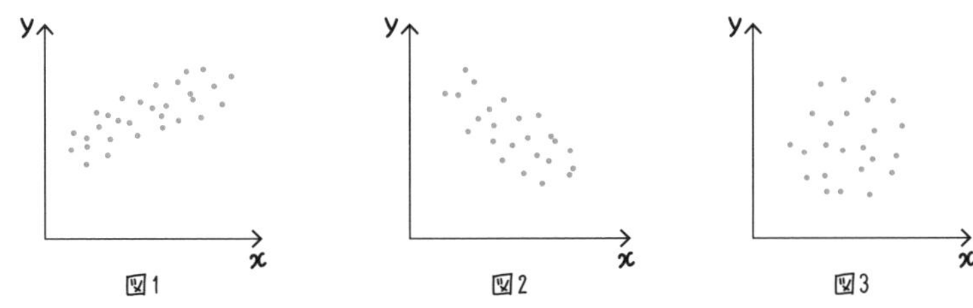

図1　図2　図3

Business 散布図を用いて世界戦略を立てる

S社は日本で大きなシェアを占めている警備会社です。経営するI氏は次にどこの国に進出するかの戦略を練っています。I氏は、国連地域間犯罪司法研究所（UNICRI）と国連薬物犯罪事務所（UNODC）によって実施された「国際犯罪被害者調査」をまとめた散布図を手にしています。そこからは、日本は犯罪率が低いにもかかわらず治安への不安度が高いことが読み取れました。日本でのS社の成功はこのような土壌があったからなのだとI氏は分析しました。「次の海外進出はまずスペイン・ポルトガルあたりだな」とI氏は考えました。

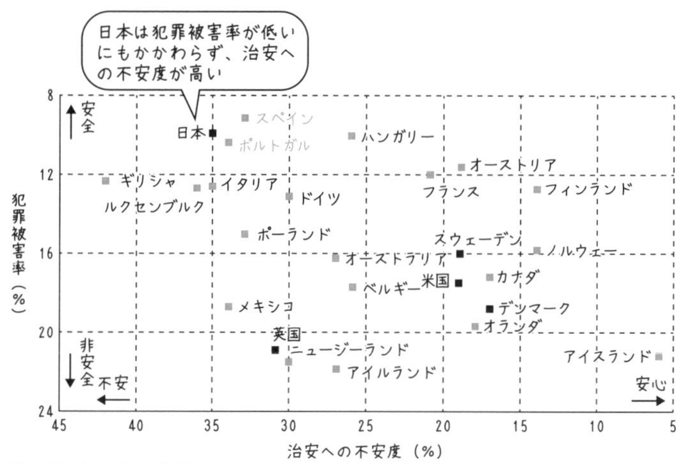

※いずれも2005年の数値。
※OECD（2009）"OECD Factbook 2009" により作成。

出典：「平成21年版 情報通信白書」（総務省）

Business 女性進出を散布図行列で占う

会社ごとに、部長職、課長職、一般社員に女性の占める割合を調査した統計があります。これは3次元のデータですからそのままでは散布図になりません。そこで、部長職と課長職、部長職と一般社員、課長職と一般社員の3つの散布図と、部長、課長、一般社員のそれぞれの1次元データのヒストグラムをまとめて並べました。このような図を**散布図行列**と呼びます。

部長職の女性比率が高いと課長職の女性比率が高いのはわかりますが、部長職・課長職の女性比率と一般社員の女性比率には関係がなさそうに見えます。女性社員が多ければ上司も女性が多くなっていっても良いのではないでしょうか。

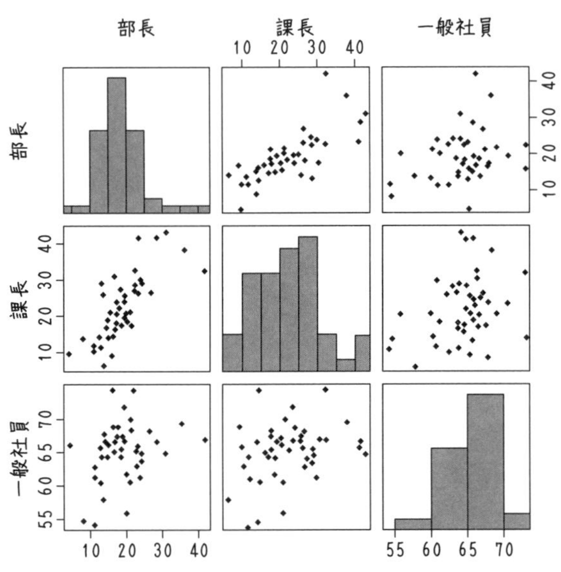

Business お金持ちは長生きする

世界的ベストセラー『FACTFULNESS』（日経BP）の見返し（表紙を開けたすぐのページ）には、横軸に国民の平均所得、縦軸に国民の平均寿命、円の大きさ（面積）で国の人口を表すグラフ（世界保健チャート）が掲載されています。このようなグラフを**バブルチャート**といいます。

まずこれを見て気づくことは、裕福な国は国民の寿命が長いということです。裕福である国家は医療や福祉に予算をかけているのでしょう。

この図は2017年の統計をもとにしていますが、1800年からのグラフが時系列を追って動く動画も公開されています。この動画を見ると、この約200年間で世界は豊かになり、人類の寿命が長くなったことがわかります。あと望むのは調和と平和ですね。

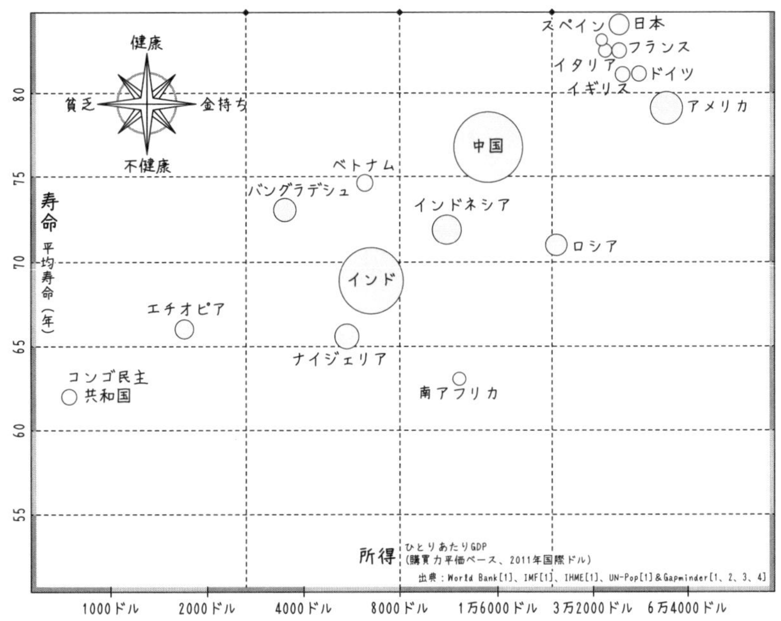

出典：ハンス・ロスリング、オーラ・ロスリング他『FACTFULNESS』（日経BP）から一部抜粋して作成
データ元：https://www.gapminder.org/tools/#$state$time$value=2019;;&chart-type=bubbles

実用 ★★★★★

ローレンツ曲線

ジニ係数とともに覚えておきましょう。2級の試験範囲です。

Point

累積相対度数のグラフ

ローレンツ曲線（Lorenz curve）

所得のデータから度数分布表を作り、横軸に累積相対度数、縦軸に所得の累積相対度数を取って描いた曲線。

ジニ係数

ローレンツ曲線と均等分配線で囲まれた部分の面積を直角三角形の面積で割った値。貧富の差の激しさを表す。

お小遣いのデータでローレンツ曲線を書いてみる

経済学者のローレンツは国ごとの貧富の差を調べるために**ローレンツ曲線**を考案しました。

ここではお小遣いの度数分布表を用いてローレンツ曲線を描いてみましょう。

まず、人数（度数）の横にその人数の全体に対する割合、相対度数を書き込みます。

全体の人数（データのサイズ）が40ですから、度数22に対して、相対度数は22÷40＝0.55と計算します。

次に累積相対度数の欄を計算しましょう。累積相対度数は、その階級までの相対度数を足して求めます。2,000～2,999の階級であれば、0.550＋0.225＋0.150＝0.925と計算します。

小遣い総計の欄は、たとえば1,000～1,999の階級であれば、9人が階級値1,500円をもらっていると考えて、1.5千円×9＝13.5千円となります。

小遣い（円）	度数（人）	相対度数	累積相対度数	小遣い総計（千円）	累積小遣い（千円）	累積小遣い相対度数
0~999	22	0.550	0.550	11.0	11.0	0.22
1,000~1,999	9	0.225	0.775	13.5	24.5	0.49
2,000~2,999	6	0.150	0.925	15.0	39.5	0.79
3,000~4,000	3	0.075	1.000	10.5	50.0	1.00
計	40	1.000	—	50.0	—	—

累積小遣いはその階級までの総計を記入します。2,000~2,999の階級であれば、11＋13.5＋15＝39.5といった具合です。累積小遣い相対度数は累積小遣いを相対度数に直したものを記入します。

同じ階級の累積相対度数と累積小遣い相対度数をプロットすると、次のようになります。この線をローレンツ曲線といいます。

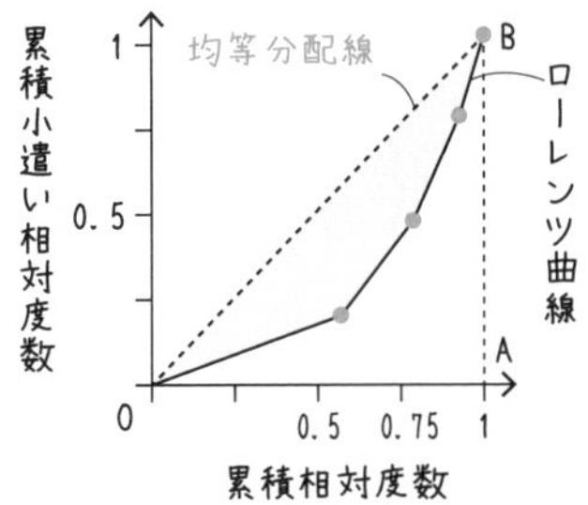

全員のお小遣いが等しいとき、ローレンツ曲線は上のグラフで直線OBになります。OBを均等分配線といいます。**ジニ係数**は、(網目部の面積)÷(△OABの面積)で計算します。上の例で計算すると、0.393です。

Business ジニ係数で国家の安定性を占う

全員の所得が等しいとき、ローレンツ曲線は均等配分線に一致し、網目部の面積は0になりますからジニ係数は0です。所得を独り占めしている人がいるとき、網目部は△OABになりますからジニ係数は1です。ジニ係数が高いほうが所得分配に不均衡がある、すなわち貧富の差が激しいといえます。日本のジニ係数は0.339（2019年）で、OECDが調べた38か国の中では大きいほうから14位です。ジニ係数が0.4以上では国民の不満が溜まり社会混乱を招く、0.6以上では暴動が起きてもおかしくないレベルといわれています。

難易度 ★★★★　実用 ★★★★　試験 ★★★★

15 Q-Qプロット

特に、正規Q-Qプロットの使い方を知っておきましょう。

Point

2つの分布のずれをグラフにする

Q-Qプロット

2つの累積分布関数$F_X(x)$と$F_Y(y)$に対して、$F_X(x)=F_Y(y)$を満たす(x, y)をプロットしたグラフを**Q-Qプロット**（quantile-quantile plot）という。

正規Q-Qプロットで正規分布からのずれを視覚化

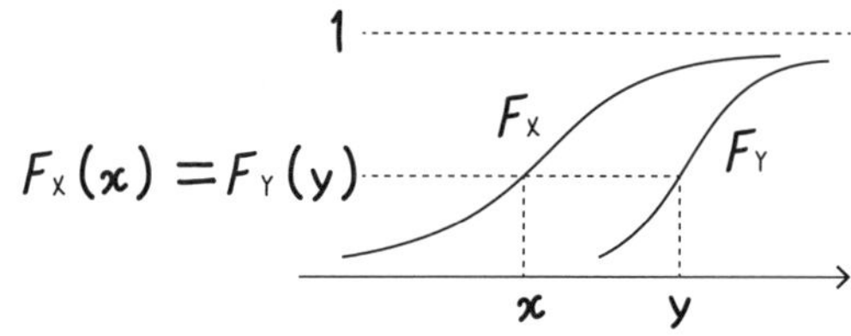

2つの累積分布関数$F_X(x)$と$F_Y(y)$（03章05節）の値が等しくなるようなxとyをプロットしていくことによって、2つの累積分布関数のずれを視覚化することができます。

累積分布関数の代わりに累積相対度数分布表を用いれば、2つのデータの分布の形のずれを表現することができます。

x階級	累積相対度数	y階級	累積相対度数
1	0.05	3	0.25
2	0.10	5	0.50
3	0.25	7	0.75
4	0.50	9	0.85
5	0.75	11	0.95
6	1.00	13	1.00

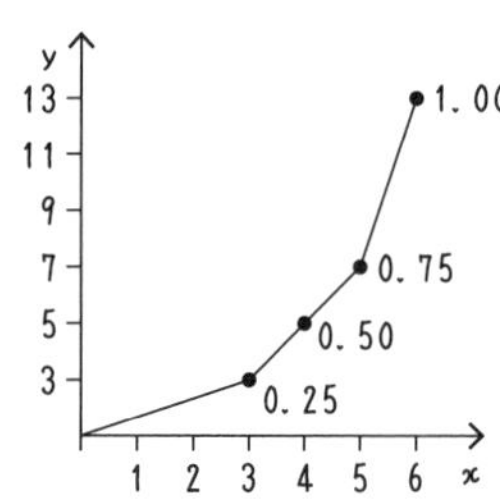

確率変数XとYの間に$Y = aX + b (a > 0)$という1次の関係があるとき、

$$P(X \leqq x) = P(aX + b \leqq ax + b) = P(Y \leqq y)$$

ですから、Q-Qプロットは直線になります。X、Yがともに正規分布である場合、XとYには1次の関係があるので、Q-Qプロットは直線になります。

Business 正規Q-Qプロットで、正規分布として見て良いか確かめる

Xを正規分布の累積分布関数に取ったときを**正規Q-Qプロット**（normal Q-Qplot）といいます。これによりYが正規分布と比べてどうずれているかを視覚化することができます。

たとえば、正規Q-Qプロットで下図のように左で直線より下に外れるようであれば、Yの分布が正規分布よりも左すそが長い分布であることを示しています。

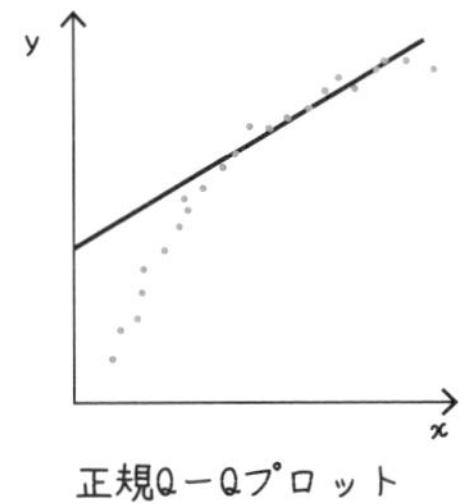

正規Q－Qプロット

品質管理（QC）の現場では、規格品のチェックに正規分布を用いています。正規Q-Qプロットは、工業製品の特性値のデータが正規分布になるかのチェックに役立ちます。

直線よりずれが大きい場合、外れ値を除外することを検討すべきです。また、正規Q-Qプロットがそもそも直線にならないような分布については、正規分布を仮定した推定・検定を見送るべきでしょう。

幹葉図からデータの代表値を読み取る

統計検定でも扱われる、1次元データの図示法の1つである幹葉図（stem-and-leaf diagram）を紹介しましょう。統計検定では、幹葉図からデータの代表値（平均値、中央値、最頻値）を読み取る問題などが出題されます。

たとえば、

21, 23, 23, 25, 33, 33, 35, 36, 36, 38, 39, 44, 44, 45, 48, 48

という2桁で表されるサイズ16の1次元データであれば、幹葉図は次のようになります。

幹	葉	度数
20	1　3　3　5	4
30	3　3　5　6　6　8　9	7
40	4　4　5　8　8	5

データには、20〜29までの数が、21、23、23、25と4個あります。21であれば、これを20と1に分けて、20を「幹」、1を「葉」に見立てます。21、23、23、25に対して、その「幹」が20のところに、「葉」を1、3、3、5と書き込むわけです。同じ数字（23）が複数あれば、その個数（2個）だけ書きこみます。

20〜29、30〜39、40〜49のどの階級の度数が一番多いかは、幹葉図から一目瞭然です。しかも幹葉図は元のデータの値まで読み取ることができますから、ヒストグラムより多くの情報量を持っています。

幹葉図も、箱ひげ図と同様、統計学者のテューキーが使用して広く知られるようになりました。

なお、幹葉図は「かんようず」とも読みます。

Chapter 02

相関関係

相関とは何か？

日本全国729の市に関して、人口（x万人）と市立小学校の数（y校）を調べたデータ（x, y）を想像してみてください。当然、市の人口（x）が多ければ、小学校の数（y）も多いことでしょう。また、スマホを見る時間（x時間）とテストの成績（y点）のデータ（x, y）であれば、時間（x）が多ければ成績（y）は下がるでしょう。このように2変量のデータ（x, y）について、xの増減とyの増減に何らかの関係性が認められる場合、この関係性を**相関**（correlation）といいます。

2次元データは、散布図に表すとデータを視覚的に把握することができます。相関関係も散布図を見ると一目瞭然です。

図1ではxが増えるとyも増える傾向が、図2ではxが増えるとyが減る傾向が読み取れるでしょう。図3では、ドットが図全体に散在していますから、xが増えることからyの振る舞いを予測することはできません。

図1、図2のようにxの増減に関してざっくりとyの増減がわかる場合、xとyの背後には何らかの関係性が潜んでいるのではないか、「相関がある」のではないかと予想できます。図3の場合は茫洋として傾向をつかむことはできませんからxとyは「相関がない」といえます。

図1　図2　図3

しかし、見た目の印象で相関がある、ないと判断していたのでは客観性がありません。そこで、相関関係の指標として考案されたのが**相関係数**です。相関係数に単位はなく、−1から1までの値または0から1までの値を取ります。

一番スタンダードな相関係数はピアソンの相関係数ですが、相関係数の計算法は他にもいくつかあります。データの種類や特徴によって使い分けていくと良いでしょう。なお、**ピアソンの相関係数は量的データでしか使えませんから、**

順位データ・カテゴリーデータの場合には他の相関係数を使いましょう。

相関係数は2変量の相関を表す指標ですから、記述統計の1種であるといえますが、ここでは1つの章を設けて詳しく説明します。

相関関係で注意すべきこと

相関係数を調べて結果を解釈するときに注意すべきことは、**相関関係が強い場合であっても、2つの変量の間に因果関係があるとは限らない**ということです。相関関係と因果関係は別物であると思ったほうが良いです。

たとえば、各年度の8月のアイスクリームの売上をx、8月のエアコンの売上をyとして統計を取ると、xとyの間には相関が認められるでしょう。容易に想像できるように、暑い夏にはアイスクリームもエアコンもよく売れ、涼しい夏には売上が伸びないという傾向があります。アイスクリームがよく売れたということが原因になって、エアコンがよく売れるという結果が導かれたわけではありません。

この場合は、xとyの他に8月の平均気温（z）という変量があって、zの高低が原因で、x、yの多寡が結果という因果関係になっているわけです。xとyには相関関係はあっても、直接の因果関係はありません。このような相関を**見かけの相関**または**疑似相関**（spurious correlation）といいます（図4）。

また、**相関係数で測ることができる関係性は直線的な関係性に限る**ということも、相関係数を扱うときに注意すべき点です。図5の散布図のようにドットが曲線状に分布するとき、相関係数は低くなります。しかし、xとyの関係性はあるといえるでしょう。このような場合は、変数変換を伴った回帰分析をするとxとyの関係性を数量的に把握することができます。

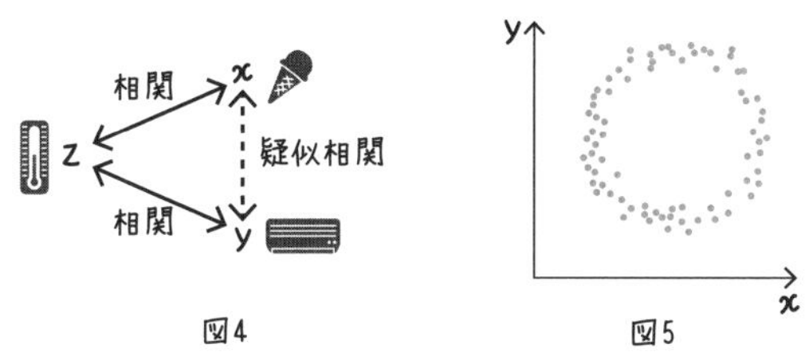

図4　図5

難易度 ★　実用 ★★★★★　試験 ★★★★★

01 ピアソンの相関係数

中高で習う統計学の相関係数はこれですが、他の相関係数もあります。

Point

共分散を2つの標準偏差の積で割る

2変量の量的データ (x, y) のサイズが n のとき、

● 共分散：$s_{xy} = \frac{1}{n}\sum_{i=1}^{n}(x_i - \bar{x})(y_i - \bar{y})$

（ピアソンの）**相関係数**：$r_{xy} = \frac{s_{xy}}{s_x s_y}$

ここで、$s_x{}^2$ は x の分散（s_x は x の標準偏差）、$s_y{}^2$ は y の分散（s_y は y の標準偏差）、s_{xy} は x, y の共分散。

r_{xy} は常に、$-1 \leqq r_{xy} \leqq 1$ を満たす。

量的データの相関性を相関係数で判断する

本章では他の相関係数も紹介しますが、**一般に相関係数といえばこのピアソンの相関係数（correlation coefficient）のことを指しています。**ピアソンの相関係数は量的データの場合に計算することができます。

次のデータで相関係数を計算してみましょう。

						計	
x	2	1	3	5	4	15	$\bar{x} = 15 \div 5 = 3$
y	5	1	2	9	3	20	$\bar{y} = 20 \div 5 = 4$
$x - \bar{x}$	−1	−2	0	2	1	0	
$(x - \bar{x})^2$	1	4	0	4	1	10	$s_x{}^2 = 10 \div 5 = 2$
$y - \bar{y}$	1	−3	−2	5	−1	0	
$(y - \bar{y})^2$	1	9	4	25	1	40	$s_y{}^2 = 40 \div 5 = 8$
$(x - \bar{x})(y - \bar{y})$	−1	6	0	10	−1	14	$s_{xy} = 14 \div 5 = 2.8$

※積率相関係数（moment correlation coefficient）ともいいます。

これを用いて、$r_{xy}=\dfrac{s_{xy}}{s_x s_y}=\dfrac{2.8}{\sqrt{2}\sqrt{8}}=\dfrac{2.8}{4}=0.7$

相関係数と散布図

相関係数が、正のときは右肩上がり、負のときは右肩下がりの散布図になります。

相関係数の絶対値が、1に近いとき散布図は直線に近くなり、0に近いときに散布図は面的になります。

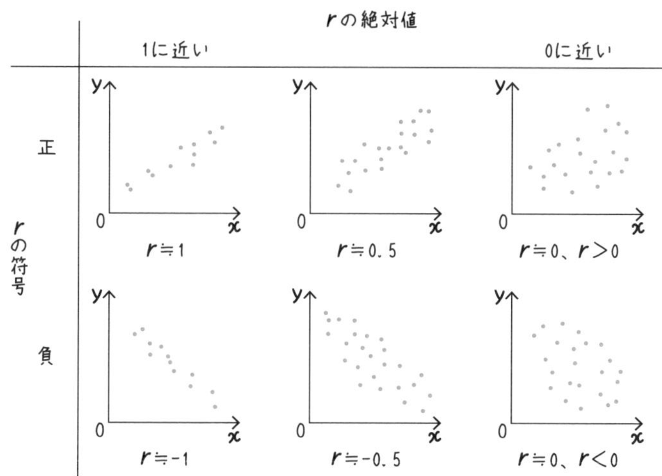

Business 散布図に立ち返ることも忘れずに

男女合わせてデータを取ったとき、相関係数が小さくても散布図が左図のようになっていて、男女別に見れば相関関係がある場合もあります。逆に、相関係数が大きくても右図のような場合、男女別に見れば相関係数が低い場合があります。相関係数だけで判断せずに、散布図でも確認するようにしましょう。このようなときグループ分けをすることを**層別**といいます。

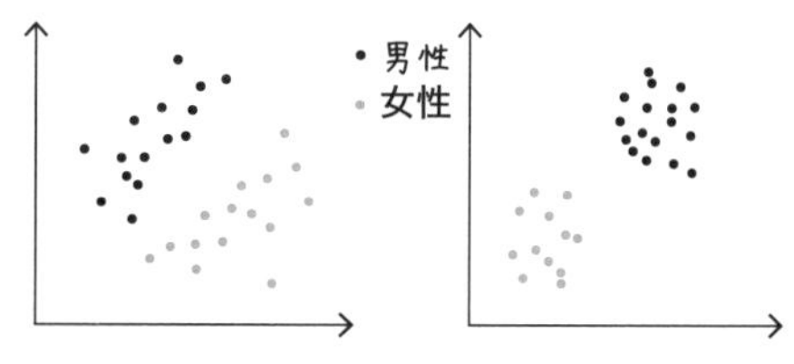

難易度 ★★　実用 ★★★★★　試験 ★★★★★

02 スピアマンの順位相関係数

同順位がない場合だけでも知っておきましょう。

Point

順位に直してから相関係数を計算する

スピアマンの順位相関係数の公式

サイズnの2変量のデータ（x_i, y_i）がある。

x_iがn個のx_1, ……, x_nの中で大きいほうからa_i番目

y_iがn個のy_1, ……, y_nの中で大きいほうからb_i番目

であるとする（同順位はないものとする。ある場合はBussinessで）。このとき、

$$\rho = 1 - \frac{6\{(a_1 - b_1)^2 + \cdots + (a_n - b_n)^2\}}{n(n^2 - 1)}$$

を**スピアマンの順位相関係数**（Spearman's rank correlation coefficient）という。

ρの値は、$-1 \leqq \rho \leqq 1$を満たす。

スピアマンの順位相関係数の解釈

xが大きくなればyが大きくなる傾向があるときρの値は正で、xが大きくなるとyが小さくなる傾向にあるときρの値は負になります。

すべてのiで$a_i = b_i$（x_iとy_iで順位が一致）となるとき$\rho = 1$となり、すべてのiで$b_i = n + 1 - a_i$（x_iとy_iで順位は逆順）となるとき$\rho = -1$になります。

正規分布を仮定しないデータ、外れ値があるデータであっても有効な相関係数を得ることができます。

スピアマンの順位相関係数を求めてみる

以下の例でスピアマンの順位相関係数を計算してみましょう。

左のデータ（x_i, y_i）を順位に直すと右のデータ（a_i, b_i）になります。

x	4	10	13	7	5
y	8	15	7	4	14

a	5	2	1	3	4
b	3	1	4	5	2

定義式を用いると、次のように計算できます。

$$\rho = 1 - \frac{6\{(5-3)^2 + (2-1)^2 + (1-4)^2 + (3-5)^2 + (4-2)^2\}}{5(5^2-1)} = -\frac{1}{10} = -0.1$$

データを順位に直して同順位がない場合、(x_i, y_i) のスピアマンの順位相関係数は、これを順位に直した (a_i, b_i) のピアソンの相関係数に一致しています。

Business 労働時間と睡眠時間の関係を探る

次の表は企画課の6人について $(x,\ y)=$(労働時間, 睡眠時間) をまとめたものです。

同順位がある場合、同順位の対象となる順位の平均を順位とします。たとえば、下のデータでxの9は同順2位ですが、$(2+3)\div 2 = 2.5$（位）とします。

x	10	9	9	8	8	8
y	6	7	8	8	7	6.5

a	1	2.5	2.5	5	5	5
b	6	3.5	1.5	1.5	3.5	5

分母の$n(n^2-1)$ にも調整が必要です。T_xとして、

$$T_x = \frac{1}{12}\{n(n^2-1) - \sum_k c_k({c_k}^2-1)\}$$

を計算します。ここでc_kは同順位の組に含まれるデータの個数です。xでは、9、9で$c_1=2$、また8、8、8で$c_2=3$となります（T_yも同様）。T_x、T_y、$\sum_{i=1}^{6}(a_i-b_i)^2$ を計算すると、

$$T_x = \frac{1}{12}\{6(6^2-1) - 2(2^2-1) - 3(3^2-1)\} = 15$$

$$T_y = \frac{1}{12}\{6(6^2-1) - 2(2^2-1) - 2(2^2-1)\} = 16.5$$

$$\sum_{i=1}^{6}(a_i-b_i)^2 = (1-6)^2 + (2.5-3.5)^2 + (2.5-1.5)^2 + (5-1.5)^2 + (5-3.5)^2 + (5-5)^2 = 41.5$$

これらを用いて、　同順位があるときの公式です。

$$\rho = \frac{T_x + T_y - \sum_{i=1}^{n}(a_i-b_i)^2}{2\sqrt{T_xT_y}} = \frac{15+16.5-41.5}{2\sqrt{15\times 16.5}} = -0.32$$

難易度 ★★　実用 ★★★★★　試験 ★★

03 ケンドールの順位相関係数

量的データだけでなく、順序尺度のデータの場合にも使えます。

正の相関で1、負の相関で－1として総和を計算する

サイズnの2変量のデータ (x_i, y_i) がある。

n個のうちから2個を選ぶ。それを (x_i, y_i)、(x_j, y_j) とする。

$(x_i - x_j)(y_i - y_j) > 0$のとき、$a_{ij} = 1$

$(x_i - x_j)(y_i - y_j) < 0$のとき、$a_{ij} = -1$

と定める。このとき、

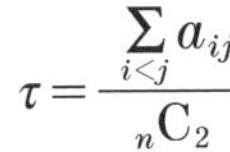

Σは、n個の
うちから異なる
2個を選んだ組
(i, j) に
ついての総和

$$\tau = \frac{\sum_{i<j} a_{ij}}{{}_n\mathrm{C}_2}$$

を**ケンドールの順位相関係数** (Kendall's rank correlation coefficient) という。

τの値は、$-1 \leqq \tau \leqq 1$を満たす。

ケンドールの順位相関係数の解釈

xが大きくなればyが大きくなる傾向があるときτの値は正で、xが大きくなるとyが小さくなる傾向にあるときτの値は負になります。

$x_i - x_j$と$y_i - y_j$の符号は、データ (x_i, y_i) を各変量のn個の中での順位に置き換えて計算しても変わりませんから、各変量を順位に置き換えてτを計算してもτの値は同じになります。それで、順位相関係数という名前がついているのです。

(x_i, y_i) を順位に置き換えたとき、x_iの順位とy_iの順位がすべてのiについて一致するとき$\tau = 1$になります。また、順位が逆転しているとき、すなわちすべてのiについて (x_iの順位)＋(y_iの順位)$= n + 1$が成り立つとき$\tau = -1$になります。

前ページ上の表でケンドールの順位相関係数を求めてみましょう。$a_{ij} = 1$となる (i, j) の組が4個、$a_{ij} = -1$となる (i, j) の組は6個であり、

$$t = \frac{1 \times 4 + (-1) \times 6}{{}_5\mathrm{C}_2} = \frac{-2}{10} = -0.2$$

と計算できます。スピアマンの相関係数とは異なる値になりました。

同順位がある場合は分母を調整

同順位がある場合、すなわち$x_i = x_j$、または$y_i = y_j$の場合はa_{ij}を0とし、分母を${}_n\mathrm{C}_2 = \frac{1}{2}n(n-1)$の代わりに、

$$\sqrt{\left\{{}_n\mathrm{C}_2 - \frac{1}{2}\sum_i c_i(c_i-1)\right\}\left\{{}_n\mathrm{C}_2 - \frac{1}{2}\sum_i d_i(d_i-1)\right\}}$$

に置き換えます。ここでc_iはxの同順位の組に含まれるデータの個数、d_iはyの同順位の組に含まれるデータの個数です（本章02節参照）。式の意味としては、同順位（データはc_i個）の中では$(x_i - x_j)(y_i - y_j) = 0$となりますから、同順位で作る組み合わせの個数${}_{c_i}\mathrm{C}_2 = \frac{1}{2}c_i(c_i-1)$を引いて補正したわけです。

同じデータでも、スピアマンの順位相関係数とケンドールの順位相関係数は異なる値を持ちます。特に使い分けはありません。

Business ケンドールの順位相関係数で労働時間と睡眠時間の相関を探る

02節と同じ労働時間と睡眠時間のデータでケンドールの順位相関係数を求めてみましょう。

i	1	2	3	4	5	6
x	10	9	9	8	8	8
y	6	7	8	8	7	6.5

添え字の組（i, j）についてa_{ij}の値を調べてみます。

$(x_2 - x_6)(y_2 - y_6)$
$= (9-8)(7-6.5) > 0$
$\Rightarrow \ a_{26} = 1$

$a_{ij} = 1$　(2, 6)、(3, 5)、(3, 6)

$a_{ij} = -1$　(1, 2)、(1, 3)、(1, 4)、(1, 5)、(1, 6)、(2, 4)

$a_{ij} = 0$　(2, 3)、(2, 5)、(3, 4)、(4, 5)、(4, 6)、(5, 6)

${}_6\mathrm{C}_2 - \frac{1}{2}2(2-1) - \frac{1}{2}3(3-1) = 11$、${}_6\mathrm{C}_2 - \frac{1}{2}2(2-1) - \frac{1}{2}2(2-1) = 13$

$$\tau = \frac{3-6}{\sqrt{11 \times 13}} = -0.25$$

難易度 ★★　実用 ★★★★★　試験 ★★

04 クラメールの連関係数

カテゴリーデータのクロス集計表で使えます。余裕がある人は07章03節も読みましょう。

Point

χ^2統計量を0から1までの数になるように調整する

カテゴリーデータが$k \times l$のクロス集計表にまとめられている。このとき、

	B_1 ⋯ B_l	計
A_1 ⋮ A_k	x_{11} ⋯ x_{1l} ⋮ ⋱ ⋮ x_{k1} ⋯ x_{kl}	a_1 ⋮ a_k
計	b_1 ⋯ b_l	n

$$V=\sqrt{\frac{\sum_{i,j}\frac{{x_{ij}}^2}{a_i b_j}-1}{\min(k,l)-1}}=\sqrt{\frac{\chi^2}{n\{\min(k,l)-1\}}}$$

$\min(k,l)$でkとlのうち小さいほうを表す。Σはiとjのすべての組み合わせ（kl個）についての総和。χ^2はカイ2乗統計量。

を**クラメールの連関係数**（Cramér's coefficient of association）という。Vの値は、$0 \leqq V \leqq 1$を満たす。

Vの値が1のときは関連性が高く、0のときは関連性が低い

関連性が一番高い場合は、表1のようにA_iのカテゴリーが決まるとB_jのカテゴリーが決まる場合です。このとき連関係数は1になります（このとき、$b_3=0$になるので$\frac{{x_{i3}}^2}{a_i b_3}$は計算できませんから、これを外して計算します）。

関連性が一番低いのは、表2のようにB_jのカテゴリーによらず、A_iのカテゴリーに属する個体数の比が一定である場合です。このとき、連関係数は0になります。表2のような場合を、「A_iの分類とB_jの分類は独立である」といいます。

	B_1	B_2	B_3	計
A_1	10	0	0	10
A_2	0	10	0	10
計	10	10	0	20

表1　連関係数1

	B_1	B_2	B_3	計
A_1	5	10	15	30
A_2	10	20	30	60
計	15	30	45	90

表2　連関係数0

Business 若者と中年で音楽の趣味は異なるのか？

若者100人、中年200人に、演歌、ジャズ、ポップスのうちから好きな歌のジャンルを1つ選んでもらいました。結果は次のようになりました。

	演歌	ジャズ	ポップス	計
若者	11	17	72	100
中年	49	73	78	200
計	60	90	150	300

年齢層と好きな歌のジャンルに関連性があるのか、まずは第1の定義式を用いて連関係数を求めてみましょう。Vの公式でΣの部分を計算すると、

$$\sum_{i,j}\frac{{x_{ij}}^2}{a_i b_j}=\frac{11^2}{60\cdot100}+\frac{17^2}{90\cdot100}+\frac{72^2}{150\cdot100}+\frac{49^2}{60\cdot200}+\frac{73^2}{90\cdot200}+\frac{78^2}{150\cdot200}$$
$$=1.09681\cdots\cdots$$

$\min(k,l)=\min(2,3)=2$ですから、

$$V=\sqrt{\frac{\displaystyle\sum_{i,j}\frac{{x_{ij}}^2}{a_i b_j}-1}{\min(k,l)-1}}=\sqrt{\frac{1.09681-1}{2-1}}=\sqrt{0.09681}=0.311$$

Vの値は0から1までを取るので0.311は関連が薄いほうかと思われますが、07章03節の検定では年齢と好きな音楽のジャンルは関係性があるという結論が得られます。

次に第2式を用いて、クラメールの連関係数を求めてみましょう。χ^2はカイ2乗統計量と呼ばれ、07章03節ではTとして計算しました。

$$V=\sqrt{\frac{T}{n\{\min(k,l)-1\}}}=\sqrt{\frac{\chi^2}{n\{\min(k,l)-1\}}}=\sqrt{\frac{29.045}{300(2-1)}}=\sqrt{0.09681}$$
$$=0.311$$

と同じ値になります。

 ★★★★ 実用 ★★★★★ 

05 相関係数の推定・検定

アウトラインを押さえたら、ソフト頼りで良いでしょう。推定・検定をまだ知らない方は、5章・6章を読みましょう。

Point

相関係数（ピアソン）を推定・検定する

2変量の母集団から、サイズnの標本データを取り出した。母集団の相関係数をρ、標本データの相関係数をrとする。

推定

母集団の**相関係数ρの95％信頼区間**は、

$$\frac{e^{2a}-1}{e^{2a}+1} \leqq \rho \leqq \frac{e^{2b}-1}{e^{2b}+1}$$

ただし、

$$a=\frac{1}{2}\log\frac{1+r}{1-r}-\frac{1}{\sqrt{n-3}}\times 1.96、b=\frac{1}{2}\log\frac{1+r}{1-r}+\frac{1}{\sqrt{n-3}}\times 1.96$$

検定

$\rho=0$のとき、

$$T=\frac{r\sqrt{n-2}}{\sqrt{1-r^2}}$$

は、**自由度$n-2$のt分布に従う**ことから棄却域を定める。

推定の式はとても煩雑だが……

区間推定の式は煩雑すぎてとても頭に入ってきませんが、95％信頼区間を求めるのに1.96（正規分布の2.5％点）を用いていますから、正規分布に関係がありそうです。実際、ここを正規分布のα％点に変えることによって、母相関係数ρの$(100-2\alpha)$％信頼区間を作ることができます。この信頼区間は、一度フィッシャー変換で正規分布で近似できる統計量を作っておき、そこでの95％信頼区間を逆フィッシャー変換で元に戻すことで作られています。

 そもそも相関関係があるのかを無相関検定で確かめる

帰無仮説、対立仮説を、

$$H_0 : \rho = 0 \qquad H_1 : \rho \neq 0$$

とし、検定統計量Tを用いて検定することを**無相関検定**といいます。

Tの値が棄却域に入るとき、母相関係数ρは0でない、すなわち母集団には相関関係があると有意にいえることになります。そもそも標本から相関係数を求めても、その値が確率的な揺らぎにすぎない場合も考えられます。そこで無相関検定をして、母集団に相関関係があるか否かを確認しておくわけです。

注意しなければならないのは、**相関関係の強弱と無相関検定の結果は必ずしも一致しないことがある**ことです。すなわち、相関係数$r = 0.5$のデータと$r = 0.3$のデータがあるとき、$r = 0.5$の相関関係には統計的有意が認められず$r = 0.3$のほうには認められることがあります。

前者のほうが強い相関を示しているので有意性が高いだろうと判断するのは早計です。

Business 各社の売上の相関関係の信頼度を調べる

ある業界の大手6社に関して、営業所数と売上の相関関係を調べたところ0.65という値を得ました。この相関係数が信頼のおけるものであるか［$\rho = 0$（無相関）であるか］をTの値を用いて検定してみましょう。$n = 6$、$r = 0.65$としてPointの式に代入してみると、

$$T = \frac{r\sqrt{n-2}}{\sqrt{1-r^2}} = \frac{0.65 \times \sqrt{6-2}}{\sqrt{1-0.65^2}} \fallingdotseq 1.71$$

となります。自由度$6 - 2 = 4$のt分布の2.5％点は2.78だから、帰無仮説は棄却できない、すなわち無相関ということです。0.65という値は相関があることを示しているかもしれませんが、標本のサイズが小さすぎて、そもそも相関があるとは有意にいえない状態なのです。

難易度 ★★★★　実用 ★★★★★　試験 ★★

06 自己相関係数

時系列解析の基本です。コレログラムが読めるようになりましょう。

Point

時系列データの異時点$\{y_i\}$と$\{y_{i-k}\}$の相関係数

y_1, y_2, ……, y_Tを時系列データとする。$\bar{y}$を、

$$\bar{y}=\frac{1}{T}(y_1+y_2+\cdots\cdots+y_T)$$

とする。$\{y_i\}$と$\{y_{i-k}\}$の相関係数

$$\gamma_k=\mathrm{Cov}[y_i, y_{i-k}]=\frac{1}{T}\sum_{i=k+1}^{T}(y_i-\bar{y})(y_{i-k}-\bar{y})$$

を**ラグkの自己共分散**（autocovariance）という（γ_0は$\{y_i\}$の分散）。また、

$$\rho_k=\frac{\gamma_k}{\gamma_0}$$

を**ラグkの自己相関係数**（autocorrelation coefficient）という。ρ_kをkの関数として見たとき、$\rho(k)$を**自己相関関数**（autocorrelation function）、$\rho(k)$のグラフを**コレログラム**（correlogram）という。

※$\bar{y}$, γ_kはTで割っています。総和の個数である$T-k$で割る流儀もあります。

自己相関係数の計算の仕組みと解釈

時系列のデータに関しても平均や相関係数からデータを解析することができます。

たとえば，各年の柿の収穫量のデータ$\{y_t\}$が12年分あるとします。このとき12年の平均を$\bar{y}$とします。現在のデータと2年前のデータを組みにして2変量データとし、平均$\bar{y}$を用いて計算した共分散を、$\{y_t\}$のラグ2の自己共分散といいます。

具体的には、下の□の部分を2変量のデータとして見ているわけです。

y_1	y_2	y_3	y_4	y_5	y_6	y_7	y_8	y_9	y_{10}	y_{11}	y_{12}
		y_1	y_2	y_3	y_4	y_5	y_6	y_7	y_8	y_9	y_{10}	y_{11}	y_{12}

$\Rightarrow$ (y_3, y_1), (y_4, y_2), (y_5, y_3), ……, (y_{12}, y_{10})

ラグ2の自己相関係数が1に近ければ、現在と2年前の収穫量に大きな正の相関があることになります。すなわち、収穫量が大きい年の2年後にはまた収穫量が大きくなり、収穫量が小さい年の2年後にはまた収穫量が小さくなるという傾向が認められるということです。収穫量には2年の周期性があると予想できます。

時系列モデル$\{Y_t\}$の自己共分散

時系列モデルを$\{Y_t\}$として、実際のデータ$\{y_t\}$を$\{Y_t\}$の実現値であるとみなします。$\{Y_t\}$において、Y_tの期待値を$\mu_t = E[Y_t]$とすると、Y_tとY_{t-k}の共分散は、

$$\mathrm{Cov}[Y_t, Y_{t-k}] = E[(Y_t - \mu_t)(Y_{t-k} - \mu_{t-k})]$$

となります。

$\{Y_t\}$が弱定常という条件（$E[Y_t]$、$\mathrm{Cov}[Y_t, Y_{t-k}]$が$t$に依存しない）のもとで、$\{Y_t\}$のラグ$k$の自己共分散$\gamma_k$、ラグ$k$の自己相関係数$\rho_k$は、

$$\gamma_k = \mathrm{Cov}[Y_t, Y_{t-k}] = E[(Y_t - \mu)(Y_{t-k} - \mu)] \qquad \rho_k = \frac{\gamma_k}{\gamma_0}$$

となります。

データの値$\{y_t\}$から計算した平均、ラグkの自己共分散、自己相関係数をそれぞれ$\hat{\mu}$、$\hat{\gamma}_k$、$\hat{\rho}_k$とします。$\{y_t\}$を時系列モデル$\{Y_t\}$からの標本とすれば、$\hat{\mu}$、$\hat{\gamma}_k$、$\hat{\rho}_k$は、標本平均、標本自己共分散、標本自己相関係数です。$\hat{\mu}$、$\hat{\gamma}_k$、$\hat{\rho}_k$は、μ、γ_k、ρ_kの推定値になります。$\hat{\rho}_k$を用いて時系列データにラグkの自己相関があるかどうかを検定するには、帰無仮説、対立仮説を、

$$H_0 : \rho_k = 0 \qquad H_1 : \rho_k \neq 0$$

とします。$\{Y_t\}$が独立で同じ分布に従うとき($i.i.d.$)、$\hat{\rho}_k$は漸近的（$T \to \infty$のとき）に平均0、分散$\dfrac{1}{T}$の正規分布$N(0, 1/T)$に従うことを使って棄却域を定めます。

Business コレログラムで売上の周期性を見つける

スーパーの仕入れ課のK氏は、カップ麺の売上（月別）の時系列分析をして右のようなコレログラムを得ました。これから、カップ麺の売上は10か月の周期がある、売上のピークは2か月は続くと予想しました。

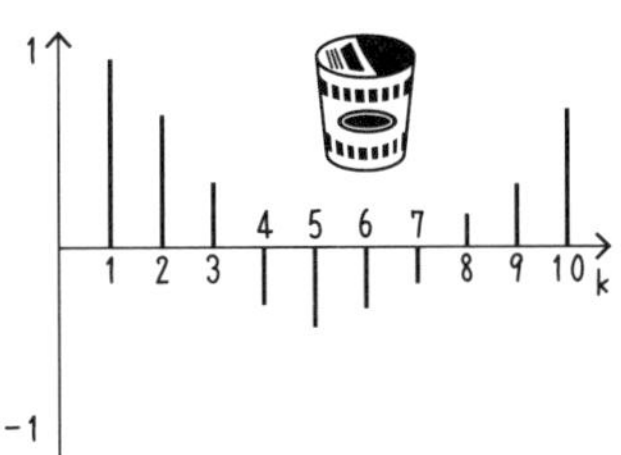

Column

疑わしい相関はいくらでもある

『サザエさんと株価の関係 ― 行動ファイナンス入門』（吉野貴晶著、新潮社）という書籍が2006年に出版されました。この書籍では、2003年1月から2005年9月までのアニメ「サザエさん」の視聴率（26週の移動平均）と株価（TOPIXの26週移動平均）の相関係数を計算したら、負の相関（相関係数－0.86）があったと書かれています。つまり、サザエさんの視聴率が高いと株価は下がり、サザエさんの視聴率が低ければ株価は高くなるというのです。

これには、

サザエさんの視聴率が高い ➡ 日曜日の夕方の在宅率が高い
➡ 休日に家でのんびりすると消費につながらない ➡ 景気が悪い

というもっともらしい理由がつけられています。

本章のIntroductionでもコメントしましたが、相関関係があることがそのまま因果関係であるとはいえません。

「tylervigen.com」（https://www.tylervigen.com/spurious-correlations）というWebページには、どう考えても結びつきそうもない2つの事柄が実は相関があるという例が、グラフを用いて多く紹介されています。どれも10年間の年ごとのデータを調べたものです。

「ミスアメリカの年齢と、蒸気・熱煙など熱いものによる殺人件数」
「1人当たりのマーガリンの消費量とメーン州の離婚率」
「プールに落ちておぼれた人数と、ニコラス・ケイジの映画出演回数」

これらは、とても関連があるとは思えません。このような結果が出るポイントは、10年間の時系列解析だからでしょう。10年間のグラフの増減のパターンは$2^9=512$通りです。513個の統計を取れば同じ増減のパターンを持つものが1組はあることになります。その中には相関係数が高いものもあるでしょう。もっとも、上記の例のうちで合理的な理由がつけられるものもあるかもしれませんが……。

Chapter 03

確率

Introduction

賭博からはじまった確率の歴史

統計というと、数表や棒グラフ、円グラフを思い浮かべる方も多いでしょう。記述統計しか知らない人は、なぜ統計学のために確率を学ばなければならないのかと思うかもしれません。しかし、**事柄を予測・判断する推測統計では確率的な考え方を用いなくては何もできません**。確率の歴史を駆け足でたどりながら、確率がどのようにして統計学と結びついてきたのかを説明してみましょう。

16世紀にはカルダーノ（1501－1576）の『偶然のゲームについて』という書籍もありますが、本格的な確率論のはじまりは、フランスの科学者・哲学者であるパスカル（1623－1662）とフェルマー（1607－1665）の賭け事の分配金について論じた往復書簡にあるとされています。本章の01節で紹介する、根元事象を同様に確からしいとした確率の計算が扱われています。

その後、物理学者のホイヘンス（1629－1695）が2人の理論を発展させて『運任せゲームの計算』という本を著します。ここでは賭け事の「価値」の考察を通して、本章の06節で紹介する期待値の考え方が見られます。と、ここまでは確率は賭博のための理論でした。

ホイヘンスの期待値の考え方を終身年金の価格決定に応用したのがオランダの政治家であるデ・ウィットでした。デ・ウィットは生命表にもとづき経年後の生存確率を求め期待値を計算することで終身年金の適正価格を求めました。このとき、記述統計（生命表）と確率論が結びついたのです。

古典的確率論の完成

確率論のほうは、ヤコブ・ベルヌーイ（1654－1705）が「観測数を大きくすれば、予測が正確になる」ということを数学的に表現した大数の法則を証明し、ド・モアブル（1667－1754）が二項分布の近似として正規分布を求め、数学的基盤を固めて発展していきました。そして、ラプラス（1749－1827）の『確率の解析的理論』によって古典的確率論はその完成を見ます。

統計学と確率論の発展で、数理統計学の基礎ができた

次に、統計学と確率論が結びつきを深くしていったのは、カール・ピアソン（1857－1936）と、フィッシャー（1890－1962）、ネイマン（1894－1981）、エゴン・ピアソン（1895－1980）らの功績です。

カール・ピアソンは相関係数など記述統計の業績で知られていますが、想定した分布がデータと整合性があるかを調べる**カイ2乗適合度検定**を作りました。ここでは想定した確率分布のもとで実測値が起こる確率によって、分布の適合度を判定する検定の考え方が見られます。

統計学と確率論を決定的に結びつけ、数理統計学の基礎を広く体系づけたのはフィッシャーです。フィッシャーのF分布、フィッシャー情報量という彼の名前を冠する用語が多いことからもわかるように、フィッシャーは史上最強の数理統計学者であるといえます。フィッシャーは、研究対象を**母集団**（実験などの無限母集団も含む）とし、観測したデータ（**標本**）は母集団から無作為抽出したものであると考えました。この**無作為抽出というところで確率論が入り込んできます**。

推定・検定を定式化したのは、ネイマンとエゴン・ピアソンです。母集団の分布に未知のパラメータを含んだ確率分布を仮定し、そのもとで標本（実測値）を取り出したとき、標本の値からある式（**統計量**）の値を求めます。そして、統計量の確率分布と実測値から未知のパラメータをある幅で予測するのが**区間推定**、統計量の分布から実測値が起こる確率を求め小さい確率であれば仮定を棄却するのが**仮説検定**です。

母集団分布から統計量の式を求めるところでは、確率の理論（03章）や確率分布（04章）の知識が必要となります。また、結論を出すためには、具体的に確率を求める計算や確率分布の具体的な値（確率分布表）が必要です。

このように、推測統計学（推定・検定など）を原理から理解するためには、確率の理論や各々の確率分布の性質をしっかり学ぶ必要があります。統計ソフトを使うだけの人でも、確率の理論を知っておくことで解釈に深みが増します。

難易度 ★　実用 ★★★★★　試験 ★★★★★

01 事象と確率

まずは確率の定義（頻度確率）を押さえておきましょう。高校で習うレベルです。

Point

起こる回数の全体に対する割合が確率

確率（probability）の定義

サイコロ投げのように、同じ条件のもとで何回も繰り返すことができ、その結果が偶然によって決まる観察や結果のことを**試行**（trial）といい、試行の結果起こる事柄を**事象**（event）という。

ある試行Tで起こりうる事象の全体をUで表し、Uで表される事象を**全事象**（sure event, whole event）、空集合ϕで表される事象を**空事象**（empty event）という。ここでUは有限個の要素を持つものとする。すべての事象はUの部分集合である。特に、Uの1個の要素からなる部分集合で表される事象を**根元事象**（elementary event）という。どの根元事象も同程度に起こると期待できるとき、**同様に確からしい**（equally possible）という。

根元事象が同様に確からしいという仮定のもとで、事象Aの確率は

$$P(A) = \frac{n(A)}{n(U)} = \frac{\text{事象}A\text{の起こりうる場合の数}}{\text{起こりうるすべての場合の数}}$$

と表される。$n(A)$ は、Aに含まれる根元事象の個数を表す。

任意の事象Aに対して、$0 \leqq P(A) \leqq 1$

空事象ϕ、全事象Uに対して、$P(\phi) = 0$、$P(U) = 1$

※この確率の定義をラプラスの定義と呼ぶことがあります。

確率の基本知識と事象の意味

$A \cap B$と表記する**積事象**（product event）は、「AとBがともに起こる」という事象のことです。反対に、AとBが同時に起こらないとき（$A \cap B = \phi$）に、AとBは排反である、もしくは**排反事象**（exclusive events）であるといいます。$A \cup$

Bと表記する**和事象**（sum event）は、「AまたはBが起こる」という事象のことです。

確率に関して、

$$P(A \cup B) = P(A) + P(B) - P(A \cap B)$$

特にAとBが排反のとき、次が成り立ちます。

$$P(A \cup B) = P(A) + P(B)$$

加法定理

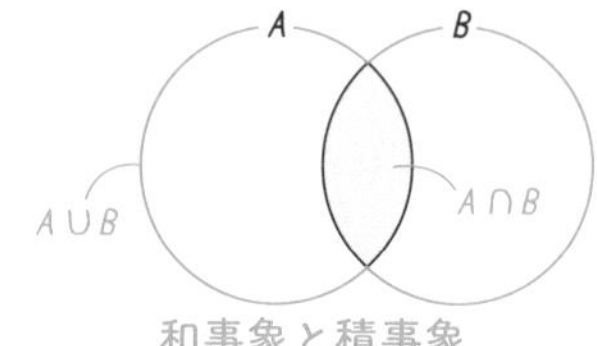

和事象と積事象

全事象Uの中でAが起こらないという事象を**余事象**（complementary event）といい、$\bar{A}$と表記します。

確率に関して、$P(\bar{A}) = 1 - P(A)$ が成り立ちます。

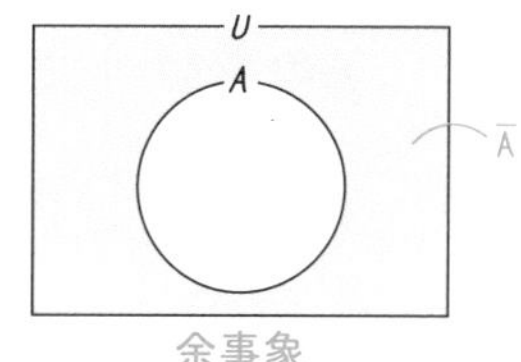

余事象

サイコロの例で確率と事象を考えてみる

サイコロを1回振るときで考えてみます。奇数が出る事象をA、3以下が出る事象をBとすると、

$U = \{1, 2, 3, 4, 5, 6\}$、$A = \{1, 3, 5\}$、$B = \{1, 2, 3\}$

積事象　$A \cap B = \{1, 3\}$　和事象　$A \cup B = \{1, 2, 3, 5\}$

余事象　$\bar{A} = \{2, 4, 6\}$

AとBは排反ではありません。

Business ポーカーの役の確率

52枚のトランプカードから5枚を取り出したとき、ポーカーの手役がそろう確率は下の表の通りです。

役	例	確率
ノーペア	役なし	50.12%
ワンペア	◇2 ♡2 ○ ○ ○	42.26%
ツーペア	◇3 ♡3 ♠4 ♡4 ○	4.75%
スリーカード	◇8 ♡8 ♠8 ○ ○	2.11%
ストレート	◇2 ♡3 ♠4 ◇5 ◇6	0.39%

役	例	確率
フラッシュ	◇2 ◇4 ◇6 ◇7 ◇9	0.20%
フルハウス	◇6 ♡6 ♠6 ◇8 ♡8	0.14%
フォーカード	◇5 ♡5 ♠5 ♣5 ○	0.02%
ストレートフラッシュ	◇2 ◇3 ◇4 ◇5 ◇6	0.00139%
ロイヤルストレートフラッシュ	◇10 ◇J ◇Q ◇K ◇A	0.00015%

難易度 ★★★★★　実用 ★★　試験 ★★★★

02 包含と排除の原理

少々マニアックな公式ですが、統計検定1級の範囲にあるので挙げておきます。

Point

Σの前は＋と－が交互になる

包含と排除の原理（包除原理、inclusion-exclusion principle）

事象$A_1, A_2, \cdots\cdots, A_n$に対して、次の式が成り立つ。

$$P(A_1 \cup A_2 \cup \cdots\cdots \cup A_n)$$
$$= \sum_{i=1}^{n} P(A_i) - \sum_{i<j} P(A_i \cap A_j)$$
$$+ \sum_{i<j<k} P(A_i \cap A_j \cap A_k) -$$
$$\cdots\cdots + (-1)^{n-1} P(A_1 \cap A_2 \cap \cdots\cdots \cap A_n)$$

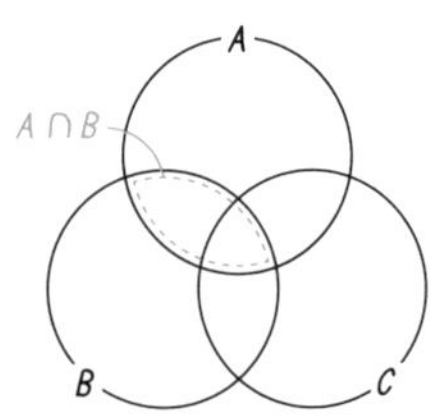

包含と排除の原理の証明

n＝2のときは和事象の公式です。$n=3$、4のときを書き下すと、

$$P(A \cup B \cup C) = P(A) + P(B) + P(C)$$
$$- P(A \cap B) - P(A \cap C) - P(B \cap C) + P(A \cap B \cap C)$$

$$P(A \cup B \cup C \cup D) = P(A) + P(B) + P(C) + P(D)$$
$$- P(A \cap B) - P(A \cap C) - P(A \cap D) - P(B \cap C) - P(B \cap D) - P(C \cap D)$$
$$+ P(A \cap B \cap C) + P(A \cap B \cap D) + P(A \cap C \cap D) + P(B \cap C \cap D)$$
$$- P(A \cap B \cap C \cap D)$$

Pointの式の右辺の左からm番目のΣは、n個のA_1、……、A_nのうちからm個を取り出し、積事象を作ってその確率の総和を取っています。m番目のΣは、${}_n\mathrm{C}_m$個の確率Pを足すことになります。

[証明]　右辺の式でA_i（$i=1, \cdots\cdots, k$）が起こり、A_i（$i=k+1, \cdots\cdots, n$）が起こらない事象$B = A_1 \cap \cdots\cdots \cap A_k \cap \bar{A}_{k+1} \cap \cdots\cdots \cap \bar{A}_n$の確率$P(B)$が、$\Sigma$で足される

とき何回カウントされるかを数えます。1番目の$\sum$では${}_kC_1$回、2番目の$\sum$では${}_kC_2$回、……、j番目の$\sum$では${}_kC_j$回カウントされます（$1 \leqq j \leqq k$）。$k+1$番目以降の$\sum$ではカウントされませんから、$\sum$の前の＋、－を考慮すると、Bは、

$$ {}_kC_1 - {}_kC_2 + {}_kC_3 - \cdots\cdots + (-1)^{j-1}{}_kC_j + \cdots\cdots + (-1)^{k-1}{}_kC_k $$

$$ = 1 - \{ {}_kC_0 - {}_kC_1 + \cdots\cdots + (-1)^j{}_kC_j + \cdots\cdots + (-1)^k{}_kC_k \} = 1 - (1-1)^k = 1\text{(回)} $$

カウントすることになります。他のA_1, ……, A_nのうちいくつかが起こり、それ以外が起こらないとして作った事象についても同様に**1回だけカウントすることが示せます**。左辺はこれらの確率の合計なので等式が示されました。

Business プレゼント交換がうまくいくときの確率を求める

n人でくじ引きによってプレゼントを交換する際に、自分のプレゼントをもらう人が1人もいない確率を求めたいとします。

n人を①、②、……、ⓝとします。ⓘが、自分のプレゼントをもらう事象をA_iとします。A_1、A_2、……、A_nからk個取った積事象（(i_1)、(i_2)、……、(i_k)は自分のプレゼントをもらう）の確率は、

$$ P(A_{i1} \cap A_{i2} \cap \cdots\cdots \cap A_{ik}) = \frac{(n-k)!}{n!} $$

$$ \sum P(A_{i1} \cap A_{i2} \cap \cdots\cdots \cap A_{ik}) = {}_nC_k \cdot \frac{(n-k)!}{n!} = \frac{n!}{k!(n-k)!} \cdot \frac{(n-k)!}{n!} = \frac{1}{k!} $$

（$\sum$はn個の事象からk個選ぶすべての組み合わせについて和を取る）

自分のプレゼントをもらう人が少なくとも1人いる事象の確率は、①がもらうまたは②がもらうまたは…ⓝがもらう確率なので包除原理を用いて、

$$ P(A_1 \cup A_2 \cup \cdots\cdots \cup A_n) = \sum_{i=1}^{n} P(A_i) - \sum_{i<j} P(A_i \cap A_j) $$

$$ + \sum_{i<j<k} P(A_i \cap A_j \cap A_k) - \cdots\cdots + (-1)^{n-1} P(A_1 \cap A_2 \cap \cdots\cdots \cap A_n) $$

$$ = 1 - \frac{1}{2!} + \frac{1}{3!} - \cdots\cdots + (-1)^{k-1}\frac{1}{k!} + \cdots\cdots + (-1)^{n-1}\frac{1}{n!} = \sum_{k=1}^{n} (-1)^{k-1}\frac{1}{k!} $$

自分のプレゼントをもらう人が1人もいない事象はこれの余事象で、確率は、

$$ \frac{1}{2!} - \frac{1}{3!} + \frac{1}{4!} - \cdots\cdots + (-1)^n\frac{1}{n!} $$

$n \to \infty$のとき、$\frac{1}{e} = 0.3678\cdots\cdots$

この問題は、**攪乱順列**（かくらん）または**モンモールの問題**といわれています。青字より、人数が多いときはプレゼント交換の成功率は約3分の1ということになります。

難易度 ★　実用 ★★★★　試験 ★★★★★

03 離散型確率変数

試験頻出です。期待値・分散の計算ができるようにしておきましょう。

Point

確率的状況は、変数で捉える

確率的な状況においてXを定める。Xの値を1つ決めると、それに対応する確率が決まるとき、Xを**離散型確率変数**（discrete random variable）という。

X	x_1	x_2	……	x_n
P	p_1	p_2	……	p_n

この表は、$X=x_i$となるときの確率の値がp_iとなることを表している。

これを$P(X=x_i)=p_i$と表す。p_iを確率質量、$P(X=\square)$を**確率質量関数**（probability mass function）という。上の表を**確率分布**と呼ぶことがある。

上の表では、$p_1+p_2+\cdots\cdots+p_n=\sum_{k=1}^{n}p_k=1$が成り立っている。

離散型確率変数の例：コイン投げで出る表の枚数

確率変数は確率的に起こる事柄に対して定めます。離散型の確率変数は、Xの値に対して確率の値を返してくる仕組みと思うと良いでしょう。離散とは“とびとび”のという意味です。（04章Introduction参照）

たとえば、大中小3枚のコインを投げたとき、表が出る枚数をXと置くと、Xは離散型の確率変数になっています。

大中小3枚のコインの表裏の出方のパターンは、全部で次の8通りあります。各コインの表裏の出る確率が等しいときどのパターンになる確率も等しくなります。

大	○	○	○	×	○	×	×	×
中	○	○	×	○	×	○	×	×
小	○	×	○	○	×	×	○	×

○……表
×……裏

$X=1$（表の枚数が1）となる確率(　　)は、$\frac{3}{8}$です。確率質量関数を用いると、$P(X=1)=\frac{3}{8}$と表せます。確率変数Xが取りうる値は0、1、2、3とあるのでそれぞれの確率を表とグラフにまとめると、次のようになります。グラフは、理論的には棒グラフで表すのが適当ですが、ヒストグラムのように描く場合もあります。

X	0	1	2	3
P	$\frac{1}{8}$	$\frac{3}{8}$	$\frac{3}{8}$	$\frac{1}{8}$

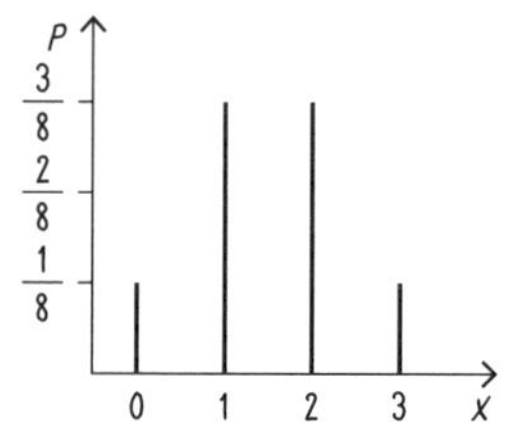

Business 宝くじを確率分布の表にしてみる

1枚の宝くじを買ったとき、その宝くじでもらえる賞金をX（万円）とします。Xは離散型の確率変数になります。第2462回東京都宝くじ（1枚100円）を例に取ってXの確率分布を表にしてみましょう。この宝くじには2桁の組番号と、100000～199999の6桁の番号が書かれています。組番号が01～16までで全部で160万枚（本）が販売されました。

	1等	1等前後	2等	1等組違い	3等	4等	5等	6等
本数	1	2	16	15	160	1600	16000	160000
賞金	1000	250	30	10	5	0.5	0.1	0.01

上の当選金額と本数から確率分布表を作ると次のようになります。

X	1000	250	30	10	5	0.5	0.1	0.01	0
P	0.0000625%	0.000125%	0.001%	0.0009375%	0.01%	0.1%	1%	10%	89%

難易度 ★★　実用 ★★★★★　試験 ★★★★★

04 連続型確率変数

連続型確率変数の理解には、微分積分の知識が必要になってきますが、有名なものについては表で済ますことができます。

Point

連続型はグラフでイメージしよう

確率的な状況において確率変数Xを定める。Xが連続した値を持ち、範囲を決めるとそれに対応する確率が決まるときのXを**連続型確率変数**(continuous random variable) という。

連続型確率変数Xに対しては、連続関数※$f(x)$があり、Xがa以上b以下となる確率を$P(a \leqq X \leqq b)$ で表すと、

$$P(a \leqq X \leqq b) = \int_a^b f(x)dx$$

と表される。このような$f(x)$を**確率密度関数**(probability density function) という。$f(x)$は、

$$\int_{-\infty}^{\infty} f(x)dx = 1$$

曲線$y=f(x)$ とx軸で囲まれた部分の面積は1。

を満たす。

連続型確率変数の例：時計の針が止まる位置

右図は、時計の文字盤に1本の針がついているおもちゃです。針は自由に動かすことができ、針に勢いをつけて回すとしばらく回ってからどこかに止まります。

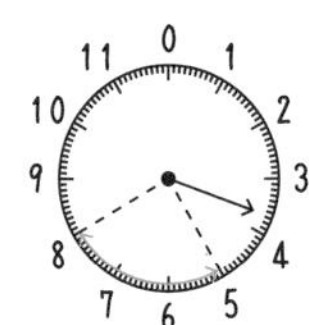

文字盤の縁には0以上12未満の数の目盛りが細かくふってあり、針が指す値を確率変数Xとします。Xの値は0以上12未満の実数になります。

ただし、針が止まる位置は、回しはじめの位置によらず均等であるものとします。

※区分的に連続であれば構いません。

このとき、Xは次のような確率密度関数$f(x)$を持つ連続型確率変数になります。

$$f(x)=\begin{cases}0 & (x<0)\\ \dfrac{1}{12} & (0\leqq x<12)\\ 0 & (12\leqq x)\end{cases}$$

このおもちゃの針を回して、5以上8以下の値で止まるときの確率、すなわち$P(5\leqq X\leqq 8)$は、

$$P(5\leqq X\leqq 8)=\int_5^8 f(x)dx=\int_5^8 \frac{1}{12}dx=\left[\frac{1}{12}x\right]_5^8=\frac{8}{12}-\frac{5}{12}=\frac{1}{4}$$

と計算できます。5から8までに止まるのは円周の4分の1なので、針の止まる位置が均等であるとき、確率が4分の1になることは納得がいくでしょう。

このように確率密度関数が一定区間で定数でそれ以外では0になる確率分布を、**一様分布**といいます。

Business 量子力学の世界には目に見える確率密度関数がある

電子銃から電子を1つずつ発射し、スリットのある壁の向こうに感光紙を置いて受け止めます。感光紙は電子が当たった地点に印がつきます。1個の電子はどこに到達するか予想はできませんが、多くの電子を発射すると感光紙に濃淡のある模様ができます。確率の高いところは濃く（点の密度が大きい）、確率の低いところは薄く（点の密度が小さい）なります。結果は、意外にも2つのスリットの中央の正面が最も濃く、その上下に一定の幅で縞模様が現れます。電子の描く模様はまさに目に見える確率密度関数といって良いでしょう。実際、量子力学では波動関数の絶対値の2乗を定積分して量子の存在確率を計算します。

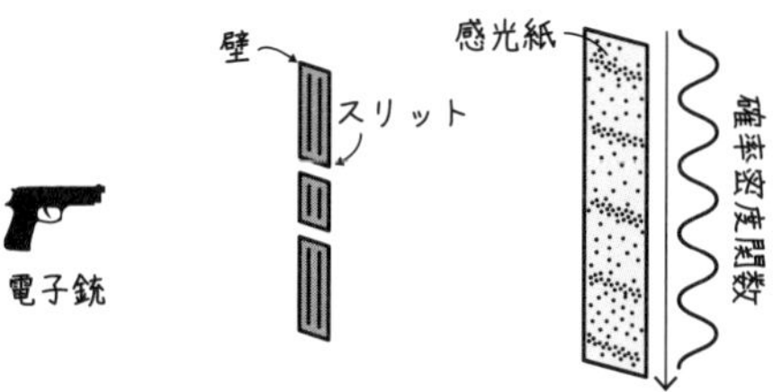

難易度 ★★　実用 ★★★★★　試験 ★★★

05 累積分布関数

推測統計を使う人は％（パーセント）点の意味を押さえておきましょう。

Point

小さいほうから確率を足していく

確率変数Xに対して、

$$F(x)=P(X\leqq x)$$

を**累積分布関数**（cumulative distribution function）という。

累積分布関数の求め方

単に分布関数という場合もありますが、「確率分布を表す関数」、すなわち確率質量関数や確率密度関数と取り違えてしまう人もいるので、累積分布関数と呼ぶことにします。

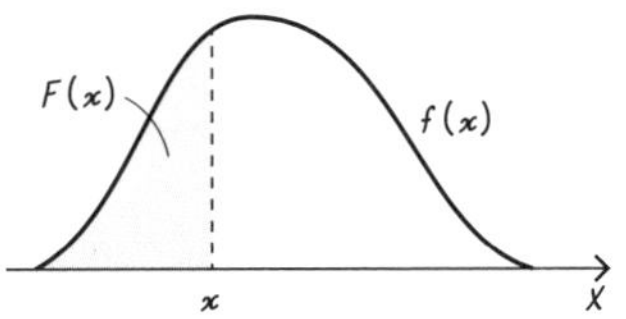

データの累積相対度数に相当するものが確率変数の累積分布関数です。

離散型でも連続型でも上の式で定義されます。それぞれ、

$$F(x)=\sum_{x_i\leqq x}P(X=x_i)$$

離散型（確率質量関数は$P(X=\square)$）

$$F(x)=\int_{-\infty}^{x}f(t)dt$$

連続型（確率密度関数は$f(x)$）

と計算します。この求め方からわかるように、連続型の場合、$F'(x)=f(x)$ が成り立ちます。連続型の場合は右上図の水色部分の面積を表しています。

それぞれの場合で、例を挙げてみましょう。

X	1	2	4
P	$\frac{1}{3}$	$\frac{1}{6}$	$\frac{1}{2}$

離散型

$$f(x)=\begin{cases}-\frac{3}{4}(x^2-1) & (\ |x|\leqq 1)\\ 0 & (\ |x|\geqq 1)\end{cases}$$

連続型

これをもとにそれぞれの累積分布関数のグラフを描くと次のようになります。

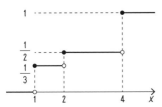

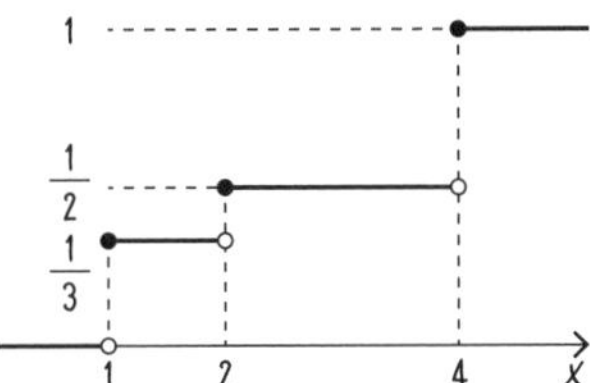

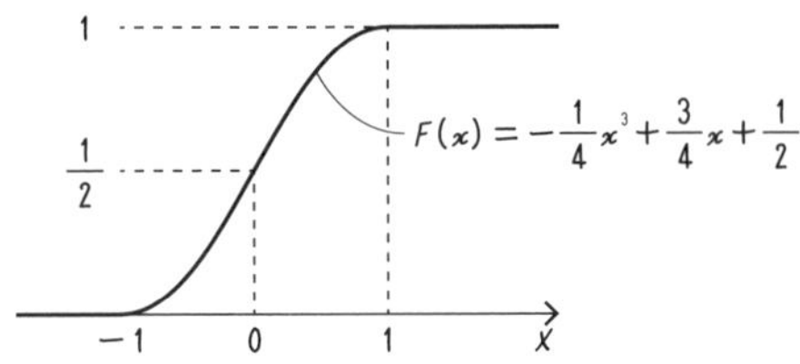

累積分布関数を$F(x)$とします。上の例からわかるように、Xが離散型の場合、$F(x)$は$X = x_i$で不連続になります。一方、Xが連続型の場合、$F(x)$は実数全体で連続になります。

離散型でも、連続型でも、任意の点aで右連続

$$\lim_{x \to a+0} F(x) = F(a)$$

であることはいえます。また、どちらの場合でも、$F(x)$は単調増加になり、$F(-\infty) = 0$、$F(\infty) = 1$を満たします。

確率密度関数のグラフで、網目部の面積がそれぞれa%のとき、座標軸の値をそれぞれ**上側a%点、下側a%点**といいます。ビジネスで多数応用されている推測統計ではこの値がキモとなります。**正規分布、t分布、χ^2分布、F分布については表にまとめられています。**

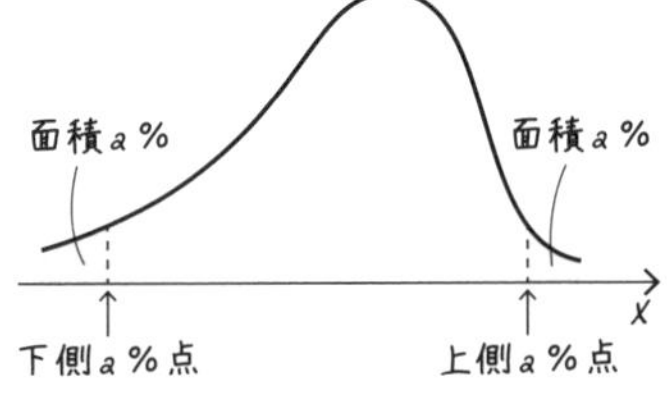

Business 累積分布関数で30年以内に地震が起こる確率を表してみよう

地震が起こる確率は、BPT（Brownian Passage Time）分布という右図のような確率密度関数のグラフを持つ確率分布に従います。この確率密度関数の累積分布関数を$F(x)$、現在時をTとすると、今後30年以内に地震が起こる確率は、

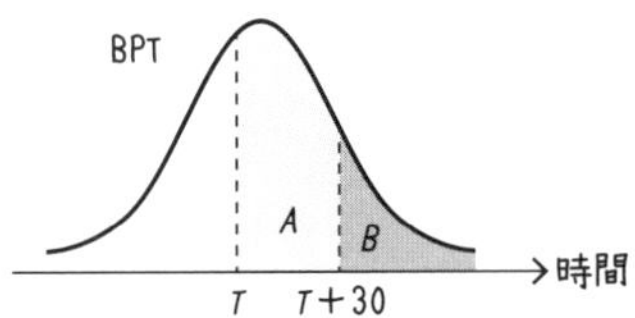

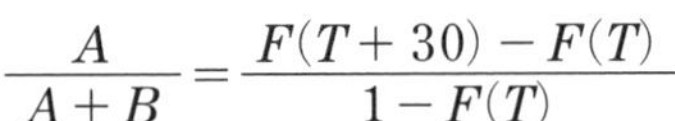

$$\frac{A}{A+B} = \frac{F(T+30) - F(T)}{1 - F(T)}$$

南海トラフ地震が30年以内に起こる確率（約80%）は、このように計算されています。

難易度 ★　実用 ★★★★★　試験 ★★★★

期待値・分散

離散型を押さえてから、連続型を理解するようにしましょう。

Point

Σを$\int$に、pを$f(x)$にすると連続型になる

確率変数Xに対して、**期待値（平均）**$E[X]$、**分散**$V[X]$、**標準偏差**$\sigma(X)$などを以下のように計算する。

離散型確率変数の期待値・分散

X	x_1	x_2	……	x_n
P	p_1	p_2	……	p_n

という確率分布のとき、

- 期待値：$E[X]=x_1p_1+x_2p_2+\cdots+x_np_n=\sum_{k=1}^{n}x_kp_k$
- $g(X)$の期待値：$E[g(X)]=g(x_1)p_1+g(x_2)p_2+\cdots+g(x_n)p_n=\sum_{k=1}^{n}g(x_k)\,p_k$
- 分散：$V[X]=E[(X-E[X])^2]=E[(X-m)^2]$　　$E[X]=m$と置きました。

$$=(x_1-m)^2p_1+(x_2-m)^2p_2+\cdots+(x_n-m)^2p_n$$
$$=\sum_{k=1}^{n}(x_k-m)^2p_k$$

連続型確率変数の期待値・分散

確率密度関数を$f(x)$とすると、

- 期待値：$E[X]=\int_{-\infty}^{\infty}xf(x)dx$
- $g(X)$の期待値：$E[g(X)]=\int_{-\infty}^{\infty}g(x)f(x)dx$
- 分散：$V[X]=E[(X-E[X])^2]=E[(X-m)^2]$

$$=\int_{-\infty}^{\infty}(x-m)^2f(x)dx$$　　$E[X]=m$と置きました。

離散型・連続型共通

- 標準偏差：$\sigma(X)=\sqrt{V[X]}$
- k次モーメント：$E[X^k]$　　平均まわりのk次モーメント：$E[(X-m)^k]$
- 分散の公式：$V[X]=E[X^2]-\{E[X]\}^2$

宝くじの期待値を計算する

離散型確率変数の例として、宝くじの賞金の期待値・分散を計算してみましょう。

全部で1,000枚の宝くじで、1等50,000円が1枚、2等10,000円が3枚、他ははずれという宝くじを考えます。このとき1枚の宝くじを買って得ることができる賞金の額を確率変数X(円)とすると、Xの確率分布の様子は以下の表のようになります。

X	0	10000	50000
P	$\frac{996}{1000}$	$\frac{3}{1000}$	$\frac{1}{1000}$

これをもとにXの期待値を計算すると、次のようになります。

$$E[X]=0\times\frac{996}{1000}+10000\times\frac{3}{1000}+50000\times\frac{1}{1000}=30+50=80(\text{円})$$

実は、この期待値は宝くじをデータとして見たときの平均になっています。すなわち、この宝くじを0の度数が996、10000の度数が3、50000の度数が1であるデータ$\{x_i\}$として平均を計算すると、平均$\bar{x}$は

$$\bar{x}=(0\times 996+10000\times 3+50000\times 1)\div 1000=80(\text{円})$$

と同じ値になります。**データから無作為に1個を抽出し、その値を確率変数Xとすれば、データの平均と確率変数Xの期待値は一致します。**確率変数Xの期待値はデータの平均に対応したものです。それで確率変数の期待値は、平均と呼ばれることもあるのです。

分散に関しても、上のように考えたデータ$\{x_i\}$の分散$s_x{}^2$と確率変数Xの分散$V[X]$は値が一致します。

分散のほうは、公式$V[X]=E[X^2]-\{E[X]\}^2$を用いて計算すると、次の通りです。

$$E[X^2]=0^2\times\frac{996}{1000}+10000^2\times\frac{3}{1000}+50000^2\times\frac{1}{1000}$$
$$=300000+2500000=2800000$$
$$V[X]=E[X^2]-\{E[X]\}^2=2800000-80^2=2793600$$

ダーツの得点の期待値を求めよう

連続型の公式は、離散型の公式の確率質量p_iを確率密度関数$f(x)$に、Σ記号を積分記号$\int dx$に置き換えれば作ることができます。

ダーツゲームを例にして連続型確率変数の期待値・分散を計算してみましょう。ダーツボードの半径を1とします。ダーツを投げたとき、ダーツが刺さった地点とダーツボードの円周との距離を確率変数Xとし、Xの点数が与えられるものとします。Xの確率密度関数は、$0 \leqq X \leqq 1$の範囲で、$f(x)=2x$と与えられるとき、点数Xの期待値と分散は、次の通りです。

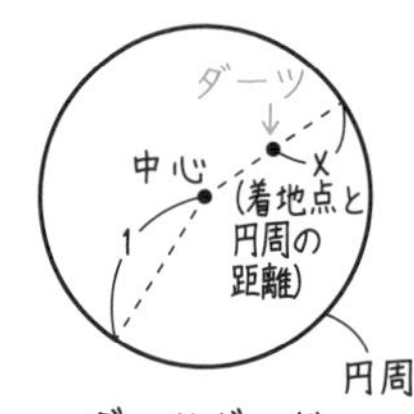

$$E[X]=\int_0^1 x\cdot 2x dx=\left[\frac{2}{3}x^3\right]_0^1=\frac{2}{3}、E[X^2]=\int_0^1 x^2\cdot 2x dx=\left[\frac{2}{4}x^4\right]_0^1=\frac{1}{2}$$

$$V[X]=E[X^2]-\{E[X]\}^2=\frac{1}{2}-\left(\frac{2}{3}\right)^2=\frac{1}{18}$$

Business ギャンブルで儲けたいなら配当率を知る

期待値80円の宝くじを100円で買うとき、価格に対する期待値の割合80％が**配当率**（**還元率**）、残りの100－80＝20％が**控除率**になります。これは宝くじの売上の80％が賞金に充当され、20％が胴元の利益や運営費になるということです。

ギャンブル	配当率	控除率
宝くじ（日本）	47％	53％
公営競争（日本）	75％	25％
宝くじ（ドバイ）	66.7％	33.3％
ルーレット（米）	95％	5％
ロトナンバーズ	45％	55％
サッカーくじ	50％	50％

配当率が100％を超えるギャンブルはありませんから、ギャンブルを長く続けると大数の法則（本章12節）により必ず負けます。ただし、ランダム性が崩れるギャンブルで条件付き確率（11章01節）を計算できる人は配当率を100％よりも大きくできる場合があり、ギャンブルのプロになることができます。

Business 金融商品の価格は期待値から決められる

保険料は期待値から決められています。損保であれば、まず事故率と保険金の積の総和を計算します。これは、保険金を確率変数Xとしたときの期待値$E[X]$に当たります。$E[X]$を純保険料といいます。これに付加保険料と呼ばれる保険会社の利益をのせた金額が契約者の支払う保険料となります。生命保険であれば、事故率を死亡率、保険金を保険金の現在価値にして計算します。

オプションの理論価格は、**ブラック・ショールズの公式**によって表されます。この公式も正規分布を用いて期末の利益の期待値を計算したものです。このように金融商品の理論価格はすべからく期待値で計算されています。

保険の原価率（純保険料 ÷ 支払い保険料）は、ギャンブルでいえば配当率に当たります。保険の原価率は大手生保では約50％です。競輪、競馬よりも悪い還元率です。ちなみに、私は生命保険に入っていません。

Business 平均・分散モデルで億万長者になる

ギャンブルや金融商品を選ぶときは、期待値の他に分散も考慮に入れたほうが良いでしょう。収益率の期待値（リターン）が年率7％であっても標準偏差（リスク）が10％であれば損をする確率も多いからです。収益率の期待値が年率4％で標準偏差が1％の金融商品のほうを選ぶ人も多いでしょう。収益率の期待値が同じ金融商品があれば、分散が小さいほうを選ぶべきです。

いま、n個の金融商品S_i（収益率の平均μ_i、分散${\sigma_i}^2$）を組み合わせてポートフォリオを作ることを考えます。ポートフォリオの収益率の期待値μ（期待値の公式で求められる）が一定になるように投資の組み合わせをいろいろ変えたときの最小の分散（分散共分散行列から求められる）をσ^2とします。

次に，μを動かして（σ，μ）をプロットすると右のグラフの曲線のようになります。任意のポートフォリオの標準偏差、期待値は曲線の右側（青い部分）にプロットされます。

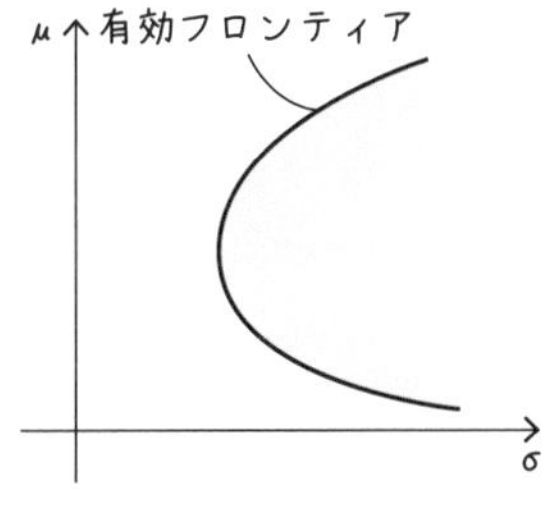

この曲線を**有効フロンティア**と呼びます。金融商品の収益率がn次元正規分布に従っていると仮定して、最適なポートフォリオを求めるのが、**マーコビッツの平均・分散モデル**です。マーコビッツが1990年にノーベル経済学賞を取った「資産運用の安全性を高めるための一般理論形成」の中身です。

難易度 ★★　実用 ★★★★　試験 ★★★★

07 事象の独立・確率変数の独立

事象の独立と、確率変数の独立を区別して覚えておきましょう。

独立のときは積で表すことができる

事象A、Bの独立

$$P(A \cap B) = P(A)P(B)$$

が成り立つとき、**AとBは独立**（independent）であるという。

確率変数X、Yの独立

●離散型

任意のx_i、y_jについて、

$$P(X = x_i, Y = y_j) = P(X = x_i)P(Y = y_j)$$

が成り立つとき、**確率変数X、Yは独立である**という。ただし$P(X = \square, Y = \triangle)$は$(X, Y)$の**同時確率**、$P(X = \square)$、$P(Y = \triangle)$はその**周辺確率**。

●連続型

任意の数x、yについて、

$$f(x, y) = f_X(x) f_Y(y)$$

が成り立つとき、確率変数X、Yは独立であるという。ただし、$f(x, y)$は(X, Y)の同時確率密度関数、$f_X(x)$、$f_Y(y)$はその周辺確率密度関数。

独立な事象、独立でない事象を見分けよう

2つの確率的な状況が互いに無関係、すなわち互いに影響を及ぼさないとき、**独立**といいます。サイコロを1回振るという試行で、出る目が偶数［2, 4, 6］である事象をA、出る目が3の倍数［3, 6］である事象をB、出る目が3以下［1, 2, 3］である事象をCとします。すると、

$$P(A) = \frac{3}{6} = \frac{1}{2}、P(B) = \frac{2}{6} = \frac{1}{3}、P(C) = \frac{3}{6} = \frac{1}{2}、P(A \cap B) = \frac{1}{6}、$$

$P(A\cap C)=\frac{1}{6}$、$P(A)P(B)=\frac{1}{2}\times\frac{1}{3}=\frac{1}{6}$、$P(A)P(C)=\frac{1}{2}\times\frac{1}{2}=\frac{1}{4}$

と計算できます。$P(A\cap B)=P(A)P(B)$ が成り立つので、AとBは独立です。

$P(A\cap C)\neq P(A)P(C)$ が成り立つので、AとCは独立ではありません。

1〜6（6個）の中で偶数は3個なので2分の1です。3の倍数（2個）の中で偶数は1個で2分の1です。3の倍数に絞り込んでも割合に影響を与えていません。偶数であること（A）と3の倍数であること（B）は独立なのです。しかし、3以下の中に偶数は1個ですから3分の1になり、3以下に絞り込むと割合が違ってきます。偶数であること（A）と3以下であること（C）は独立ではないからです。

カードを無作為に選ぶとき十の位と一の位の数は独立？

11、12、13、21、22、23と書かれた6枚のカードから1枚を無作為に選び、カードに書かれた十の位の数をX、一の位をYとします。すると、$k=1$、2、$l=1$、2、3について、$P(X=k, Y=l)=P(X=k)P(Y=l)$ が成り立っていますから、XとYは独立です。

一方、22を24に入れ替え、11、12、13、21、23、24と書かれた6枚のカードから1枚を無作為に選ぶことにすると、$(X, Y)=(1, 2)$ のときの確率は、

$$P(X=1, Y=2)=\frac{1}{6} \qquad P(X=1)P(Y=2)=\frac{3}{6}\times\frac{1}{6}=\frac{1}{12}$$

なので、$P(X=1, Y=2)\neq P(X=1)P(Y=2)$ ですから、XとYは独立ではありません。ところで、独立の条件は、「任意のx、yについて、

$$P(X\leqq x, Y\leqq y)=P(X\leqq x)P(Y\leqq y)$$

が成り立つ」という**累積分布関数に関する条件と同値になります**。離散型と連続型をまとめて、$F(x, y)=F(x)F(y)$ と表現しても良いわけです。

Business ロト6の予想を買うのは金の無駄

サイコロを10回連続して振ってすべて6が出ました。次に6が出る確率は小さいと考えるのは間違いです。これを**ギャンブラーの誤謬**（ごびゅう）といいます。サイコロを振って6の目が出る事象は、各回ごとにそれぞれ独立な事象です。ですから、サイコロ、ルーレットなど独立な試行についての予想は無意味です。ロト6やナンバーズは過去の当選結果から次の当選を予想することはできません。

難易度 ★　実用 ★★★　試験 ★★★★

08 確率変数の和・積

確率変数から確率変数が作られる様子の感触をつかんでおくと良いでしょう。

Point

表に同じ値が出たらまとめよう

X, Yが離散型確率変数の場合は、表を用いて和、積の確率変数$X+Y$、XYを作ることができる。

Business 確率変数を組み合わせて歩合給の期待値を求めよう

確率変数は、確率変数どうしを組み合わせることで新しく確率変数を作ることができます。ここでは離散型の確率変数を用いて一番簡単な和と積の場合について確率変数を作ってみましょう。

A君が務める会社では営業成約1件当たりで歩合給がつきます。1件当たりの歩合は2万円または3万円で、月初にワンマン社長の気まぐれ（確率はどちらも2分の1）で決まります。2万円よりも3万円のほうがやる気が出るので、A君の成約件数の確率分布は以下のようになります。1件当たりの歩合を確率変数X（万円）、その月のA君の成約件数をY（件）とします。このとき、A君が1か月でもらえる歩合給の期待値を求めてみましょう。

確率分布

X ＼ Y	1	2	3
2	$\frac{2}{12}$	$\frac{2}{12}$	$\frac{2}{12}$
3	$\frac{1}{12}$	$\frac{2}{12}$	$\frac{3}{12}$

確率変数XY

X ＼ Y	1	2	3
2	2	4	6
3	3	6	9

A君が1か月でもらえる歩合給（万円）は確率変数XYで表すことができます。

確率変数XYの確率分布は、上の表を見比べて次ページ表のようになります。

上右表で、$XY=6$が2つあるので、$P(XY=6)=\frac{2}{12}+\frac{2}{12}=\frac{4}{12}$に注意しましょう。

XY	2	3	4	6	9	計
P	$\frac{2}{12}$	$\frac{1}{12}$	$\frac{2}{12}$	$\frac{4}{12}$	$\frac{3}{12}$	1

これからA君の歩合給の期待値は、次のようになります。

$$E[XY]=2\cdot\frac{2}{12}+3\cdot\frac{1}{12}+4\cdot\frac{2}{12}+6\cdot\frac{4}{12}+9\cdot\frac{3}{12}=\frac{66}{12}=5.5\ (\text{万円})$$

しかし、人事部では間違って$X+Y$で計算して、

X \ Y	1	2	3
2	3	4	5
3	4	5	6

$X+Y$	3	4	5	6	計
P	$\frac{2}{12}$	$\frac{3}{12}$	$\frac{4}{12}$	$\frac{3}{12}$	1

$$E[X+Y]=3\cdot\frac{2}{12}+4\cdot\frac{3}{12}+5\cdot\frac{4}{12}+6\cdot\frac{3}{12}=\frac{56}{12}=\frac{14}{3}\fallingdotseq 4.7\ (\text{万円})$$

としていました。若干安く見積もっていることになります。

ちなみに、X、Yの周辺確率からX、Yの期待値を計算すると、右表のようになります。

X	2	3
P	$\frac{6}{12}$	$\frac{6}{12}$

Y	1	2	3
P	$\frac{3}{12}$	$\frac{4}{12}$	$\frac{5}{12}$

$$E[X]=2\cdot\frac{6}{12}+3\cdot\frac{6}{12}=\frac{5}{2}\qquad E[Y]=1\cdot\frac{3}{12}+2\cdot\frac{4}{12}+3\cdot\frac{5}{12}=\frac{26}{12}=\frac{13}{6}$$

となります。これより、$E[XY]\neq E[X]E[Y]$, $E[X+Y]=E[X]+E[Y]$となることが確かめられます。X、Yが独立であるとき、X、Yから作った確率変数XYに関して、$E[XY]=E[X]E[Y]$が成り立ちますが、上の例では独立でないので成り立ちません。一方、$X+Y$に関しては、常に$E[X+Y]=E[X]+E[Y]$が成り立ちます。

統計学で一番重要な確率分布は正規分布です。そこから派生する確率分布を考えるときは、確率変数どうしを組み合わせて確率分布を作っています。どれも連続型なので積分についての数学的な知識が必要です。しかし、離散型の和や積であれば、このように積分を用いないで追いかけることができます。

難易度 ★★　実用 ★★★★★　試験 ★★★

2次元の確率変数（離散型）

周辺分布と相関係数は2次元特有です。特に押さえておきましょう。

Point

2次元の確率変数がわかると、多次元の確率変数もわかる

2次元の確率変数(X, Y)について、$X = x_i$、$Y = y_j$となる確率がp_{ij}のとき、

$$P(X = x_i, Y = y_j) = p_{ij}$$

と表す。p_{ij}を**同時確率質量**、$P(X = \square, Y = \triangle)$を**同時確率質量関数**（joint probability mass function）、(X, Y)が表す確率分布を同時確率分布という。各p_{ij}の間には、$\sum_{i,j} p_{ij} = 1$という関係が成り立つ。

$$p_{Xi} = P(X = x_i) = \sum_j p_{ij} \qquad p_{Yj} = P(Y = y_j) = \sum_i p_{ij}$$

の前者をXの**周辺確率質量関数**（marginal probability mass function）、Xが表す確率分布を周辺確率分布という。期待値は、

- 期待値：$E[X] = \sum_i x_i p_{Xi}$ 　　$E[Y] = \sum_j y_j p_{Yj}$

  $E[g(X, Y)] = \sum_{i,j} g(x_i, y_j) p_{ij}$ 　　$g(x, y)$はx、yの関数。

　ここで、$\mu_X = E[X]$、$\mu_Y = E[Y]$と置くと、分散、共分散、相関係数は、

- 分散：$V[X] = E[(X - \mu_X)^2]$ 　　$V[Y] = E[(Y - \mu_Y)^2]$
- **共分散**：$\mathrm{Cov}[X, Y] = E[(X - \mu_X)(Y - \mu_Y)] = E[XY] - E[X]E[Y]$（公式）
- **相関係数**：$r[X, Y] = \dfrac{\mathrm{Cov}[X, Y]}{\sqrt{V[X]}\sqrt{V[Y]}}$

　$r[X, Y] = 0$（$\mathrm{Cov}[X, Y] = 0$）のとき、XとYは無相関であるという。

無相関でも独立とは限らない

無相関と独立の関係は以下のようになります。

XとYは無相関である　$\Leftarrow$　XとYは独立である

独立のほうが強い条件です。XとYが無相関であっても、独立にならない例があります。たとえば次の同時確率分布表では、

$P(X=0, Y=-1) \neq P(X=0)P(Y=-1)$ より独立ではありませんが、

$E[XY]=0 \quad E[Y]=0$ より、

$\mathrm{Cov}[X,Y]=E[XY]-E[X]\,E[Y]=0$

となり、無相関です。

X \ Y	−1	0	1	計
0	$\frac{2}{9}$	$\frac{1}{9}$	$\frac{2}{9}$	$\frac{5}{9}$
1	$\frac{1}{9}$	$\frac{2}{9}$	$\frac{1}{9}$	$\frac{4}{9}$
計	$\frac{3}{9}$	$\frac{3}{9}$	$\frac{3}{9}$	1

Business A君は金で釣られる現金なやつなのか

08節のA君の確率分布表を、X, Yの2次元確率変数の分布例にして、相関係数を計算してみましょう。

この表の**右側の計はXの周辺確率質量関数を、下側の計はYの周辺確率質量関数を表しています**。

X \ Y	1	2	3	計
2	$\frac{2}{12}$	$\frac{2}{12}$	$\frac{2}{12}$	$\frac{6}{12}$
3	$\frac{1}{12}$	$\frac{2}{12}$	$\frac{3}{12}$	$\frac{6}{12}$
計	$\frac{3}{12}$	$\frac{4}{12}$	$\frac{5}{12}$	1

※左の表の青字は、$P(X=3, Y=2)=\frac{2}{12}$ であることを示しています。

「表の周辺にあるので周辺確率」と覚えると良いでしょう。周辺確率を取ると1次元の確率変数になります。周辺確率質量関数が得られれば、あとは1次元のときと同じように、期待値・分散を計算することができます。

$E[X]=2\cdot\frac{6}{12}+3\cdot\frac{6}{12}=\frac{5}{2}$　　$\mu_X=E[X]=\frac{5}{2}$

$V[X]=E[(X-\mu_X)^2]=\left(2-\frac{5}{2}\right)^2\cdot\frac{6}{12}+\left(3-\frac{5}{2}\right)^2\cdot\frac{6}{12}=\frac{1}{4}$

同様にして、$E[Y]=\frac{13}{6}$, $V[Y]=\frac{23}{36}$　また、08節より $E[XY]=\frac{11}{2}$

$$\mathrm{Cov}[X,Y]=E[XY]-E[X]E[Y]=\frac{11}{2}-\frac{5}{2}\cdot\frac{13}{6}=\frac{1}{12}$$

$$r[X,Y]=\mathrm{Cov}[X,Y]\div\sqrt{V[X]}\sqrt{V[Y]}=\frac{1}{12}\div\left(\sqrt{\frac{1}{4}}\sqrt{\frac{23}{36}}\right)=\frac{1}{\sqrt{23}}=0.209$$

相関係数0.2はほとんど相関なしといえます。A君はインセンティブと関係なく働いているように思えます。

難易度 ★★　実用 ★★　試験 ★★★★★

10 2次元の確率変数（連続型）

離散型がわかった人は、自分で連続型を書いてみましょう。

Point

離散型の式のΣを∫にすれば良い

2次元確率変数(X, Y)について、$a \leqq X \leqq b$、$c \leqq Y \leqq d$となる確率が、

$$P(a \leqq X \leqq b, c \leqq Y \leqq d) = \int_a^b \int_c^d f(x, y)\,dxdy$$

と表されるときの$f(x, y)$を**同時確率密度関数**（joint probability density function）という。

$f(x, y)$ には、

$$\int_{-\infty}^{\infty} \int_{-\infty}^{\infty} f(x, y)\,dxdy = 1$$

という関係が成り立つ。

- Xの周辺確率密度関数：$f_X(x) = \int_{-\infty}^{\infty} f(x, y)\,dy$
- Yの周辺確率密度関数：$f_Y(y) = \int_{-\infty}^{\infty} f(x, y)\,dx$
- Xの期待値：$E[X] = \int_{-\infty}^{\infty} x f_X(x)\,dx = \int_{-\infty}^{\infty} x\left(\int_{-\infty}^{\infty} f(x, y)\,dy\right)dx$
- Yの期待値：$E[Y] = \int_{-\infty}^{\infty} y f_Y(y)\,dy = \int_{-\infty}^{\infty} y\left(\int_{-\infty}^{\infty} f(x, y)\,dx\right)dy$
- $g(X, Y)$ の期待値：$E[g(X, Y)] = \int_{-\infty}^{\infty}\int_{-\infty}^{\infty} g(x, y)\,f(x, y)\,dxdy$
- Xの分散：$V[X] = \int_{-\infty}^{\infty} (x - \mu_X)^2 f_X(x)\,dx$
- Yの分散：$V[Y] = \int_{-\infty}^{\infty} (y - \mu_Y)^2 f_Y(y)\,dy$

$\mu_X = E[X]$、$\mu_Y = E[Y]$と置きました。

- **共分散**：$\mathrm{Cov}[X, Y] = \int_{-\infty}^{\infty}\int_{-\infty}^{\infty} (x - \mu_X)(y - \mu_Y)\,f(x, y)\,dxdy$
- **相関係数**：$r[X, Y] = \dfrac{\mathrm{Cov}[X, Y]}{\sqrt{V[X]}\sqrt{V[Y]}}$

データについてのピアソンの相関係数に対応しています。

周辺確率密度関数を解釈する

xyz空間中で$z = f(x, y)$は曲面として表現されます。

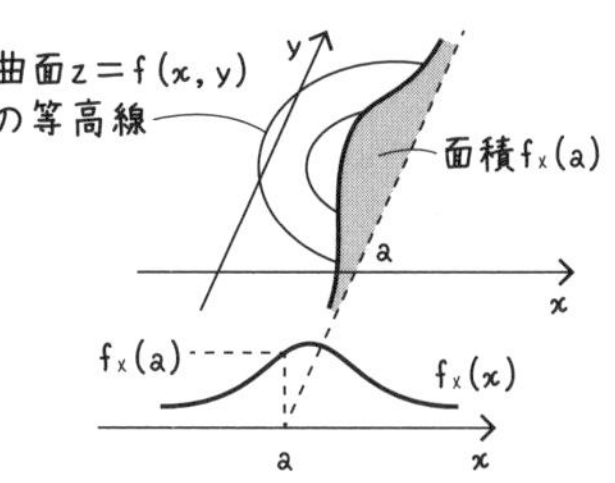

この曲面を$x = a$で切断した切り口の面積を求めてみましょう。曲面と平面$x = a$が交わる曲線は$z = f(a, y)$と表されますから、切り口の面積は、

$$\int_{-\infty}^{\infty} f(a, y)dy$$

となります。$f(x, y)$を同時確率密度関数とすれば、この積分は$f_X(a)$に等しいですから、**周辺確率密度関数**（marginal probability density function）の$x = a$での値は、曲面$z = f(x, y)$とxy平面で挟まれた領域を平面$x = a$で切ったときの切り口の面積に対応しています。

Business ダーツゲームの賞金の期待値を求める

社内の年末の催し物で正方形のダーツボードを使ったゲームをします。ダーツが刺さる位置を連続型確率変数(X, Y)と置いたとき、ダーツが刺さる同時確率密度関数が、

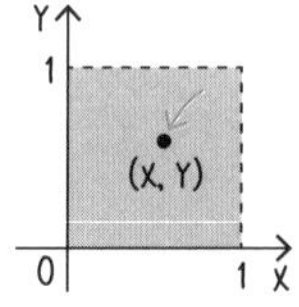

$$f(x, y) = \begin{cases} \dfrac{2}{3}(x + 2y) & (0 \leqq x \leqq 1、0 \leqq y \leqq 1) \\ 0 & (\text{上記以外}) \end{cases}$$

と表されるとします。賞金をX（万円）とするときと、XY（万円）とするときの賞金の期待値を求めてみましょう。

$$f_X(x) = \int_0^1 f(x, y)dy = \int_0^1 \frac{2}{3}(x + 2y)dy = \frac{2}{3}x + \frac{2}{3}$$ Xの周辺確率密度関数。

$$E[X] = \int_0^1 x f_X(x)dx = \int_0^1 x\left(\frac{2}{3}x + \frac{2}{3}\right)dx = \frac{5}{9} = 0.55\cdots \text{（万円）}$$

$$E[XY] = \int_0^1 \int_0^1 xyf(x, y)dxdy = \int_0^1 \int_0^1 xy\frac{2}{3}(x + 2y)dxdy$$

$$= \int_0^1 \left(\int_0^1 \frac{2}{3}x^2y + \frac{4}{3}xy^2dx\right)dy = \int_0^1 \left(\frac{2}{9}y + \frac{2}{3}y^2\right)dy = \frac{1}{3}$$

$$= 0.33\cdots \text{（万円）}$$

難易度 ★★　実用 ★　試験 ★★★

11 期待値・分散の公式

どれも基本です。(4)と(6)の違いに注意。(5)、(8)は対で覚えましょう。

Point

離散型でも連続型でも成り立つ

X、Y、X_iを確率変数、a〜fを定数とする。このとき、次が成り立つ。

(1)　$E[aX+b]=aE[X]+b$

(2)　$V[aX+b]=a^2V[X]$

(3)　$V[X]=E[X^2]-\{E[X]\}^2$

(4)　$E[X+Y]=E[X]+E[Y]$

(5)　$E[X_1+X_2+\cdots\cdots+X_n]=E[X_1]+E[X_2]+\cdots\cdots+E[X_n]$

(6)　XとYが独立のとき、

$$E[XY]=E[X]E[Y]$$

(7)　XとYが無相関のとき、

$$V[X+Y]=V[X]+V[Y]$$

(8)　X_iと$X_j(i\neq j)$が無相関のとき、

$$V[X_1+X_2+\cdots\cdots+X_n]=V[X_1]+V[X_2]+\cdots\cdots+V[X_n]$$

(9)　$V[aX+bY+c]=a^2V[X]+2ab\mathrm{Cov}[X,Y]+b^2V[Y]$

(10)　$\mathrm{Cov}[aX+bY+e, cX+dY+f]$

$$=acV[X]+(ad+bc)\mathrm{Cov}[X,Y]+bdV[Y]$$

(11)　$\{E[XY]\}^2\leqq E[X^2]E[Y^2]$　(コーシー・シュワルツの不等式)

(12)　$\{\mathrm{Cov}[X,Y]\}^2\leqq V[X]V[Y]$

確率変数の和の期待値は、各確率変数の期待値の和に等しい

確率変数X、Yの和$X+Y$、積XYの期待値の公式(4)と(6)の違いに注意しましょう。(4)は無条件に成り立ちますが、(6)ではX、Yが独立のときにしか成り立ちません。

また、$X_1+X_2+\cdots\cdots+X_n$の期待値と分散の公式(5)、(8)でも、(5)は無条件に成り立ちますが、(8)はX_iとX_jが無相関のときにしか成り立ちません。(5)は「和の期待値は期待値の和である」という内容を表す式で多くの応用があります。

Business キャラメルを何個買えばコレクションを完成できるのか

キャラメルにはおまけが1個ついてきます。キャラメルを買うとn種類のおまけからランダムに1種類のおまけをゲットできます。n種類すべてのおまけをコレクションするには平均で何個のキャラメルを買えば良いでしょうか。この問題は**クーポン・コレクター問題**と呼ばれています。

$i-1$個目のコレクションをゲットしたあと、次に新しいコレクションをゲットするまでに買ったキャラメルの個数を確率変数X_iと置きます。n種類のおまけをゲットするのに買うキャラメルの個数を確率変数Yと置くと、Yは、

$$Y=X_1+X_2+\cdots\cdots+X_n$$

と表されることになります。

$i-1$個目のコレクションをゲットしたあと、キャラメルを1つ買ってまだ持っていないコレクションが出る（成功する）確率は$\dfrac{n-(i-1)}{n}$、出ない（失敗する）確率は$\dfrac{i-1}{n}$です。i個目のコレクションが出るまでこの確率は変わりません。X_iは出る（成功する）までの回数ですから、04章02節の幾何分布のBusiness欄でのコメントにあるように、X_iの期待値は確率の逆数を取って、

$$E[X_i]=\frac{n}{n-(i-1)}$$

となります。これと「和の期待値は期待値の和である」ことを示す (5) を用いて、

$$\begin{aligned}E[Y]&=E[X_1+X_2+\cdots+X_i+\cdots+X_n]\\&=E[X_1]+E[X_2]+\cdots+E[X_i]+\cdots+E[X_n]\\&=\frac{n}{n}+\frac{n}{n-1}+\cdots+\frac{n}{n-(i-1)}+\cdots+\frac{n}{1}=n\left(1+\frac{1}{2}+\frac{1}{3}+\cdots+\frac{1}{n}\right)\end{aligned}$$

となります。ちなみに$n=48$のとき、
$E[Y]\fallingdotseq 214$となります。

大数の法則・中心極限定理

推定・検定の理論の根幹にはこの定理があります。

Point

X_iの平均から$\bar{X}$の分布がわかる

独立な確率変数X_1、X_2、……、X_nが同じ分布に従うものとする。X_iの平均をμとする。ここで、X_1、X_2、……、X_nの平均を、

$$\bar{X}=\frac{X_1+X_2+\cdots\cdots+X_n}{n}$$

と置く。

- **大数の法則**（law of large numbers）：
  nが大きくなると、$\bar{X}$の取る値はμに近づく。
- **中心極限定理**（central limit theorem）：
  nが大きくなると、$\bar{X}$の確率分布は正規分布に近づく。

確率を保証する大数の法則

スプーンを投げて表が出るか裏が出るかを記録することにします。何回もスプーン投げをして、表が出る割合を計算します。スプーン投げの回数を多くしていくと、表が出る割合はある一定の値に近づいていきます。この値がスプーン投げで表が出る確率であると保証してくれるのが**大数の法則**です。実験を繰り返してデータを多く集めれば確率の値を求めることができると先験的に思っている人も多いと思いますが、その確信を支えているのが大数の法則なのです。

Pointの大数の法則と結びつけて説明してみましょう。

スプーン投げで表が出る確率をpとします。i回目のスプーン投げで表が出たとき$X_i=1$、裏が出たとき$X_i=0$とすると、X_iは確率pで1、確率$1-p$で0となる確率変数ですから、ベルヌーイ分布$Be(p)$に従います。X_1、X_2、……、X_nの中で、1となるX_iの個数、つまりn回スプーン投げをしたとき表が出る回数は

$X_1+X_2+\cdots\cdots+X_n$に等しく、$\bar{X}$は表が出る割合を表しています。

大数の法則によれば、nを大きくしていくとき、$\bar{X}$の値は$Be(p)$の平均であるpにいくらでも近づいていきます。**これが観測数を多くすれば確率を求めることができる原理です。**

大標本は中心極限定理で正規分布だとみなされる

中心極限定理において$\bar{X}$が近づく正規分布の平均をmとすると、大数の法則は$\bar{X}$の値がmにいくらでも近づくことを示唆していますから、中心極限定理は大数の法則を拡張し精密化した定理であるといえます。

中心極限定理の驚くべきところは、X_iの分布によらず$\bar{X}$が正規分布に近づいていくところでしょう。これは自然界で正規分布が多く観察されることの根拠の1つに挙げられます。ただ、正規分布に近づくといっても、nが大きくなると$\bar{X}$の分散は小さくなっていきますから、$\bar{X}$の分布の形は尖塔のように細長くなっていきます。分布に幅がないと使えないような気もしますが、そうでもありません。中心極限定理によって、サイズが大きいときの標本平均$\bar{X}$や$X_1+X_2+\cdots\cdots+X_n$を正規分布に従っているとみなして、検定や推定が行われます。nが十分大きいとき、$\bar{X}$の分布を正規分布とみなして良いことが大標本理論を支えています。

Business 損害保険会社が潰れないのは大数の法則のおかげ

損害保険会社の収入の約半分は自動車保険の保険料です。保険加入者から得る保険料の総額よりも、保険請求者に支払う保険金の総額のほうが多ければ保険会社は赤字になり、これが続けば会社は存続できなくなります。しかし、損害保険会社が保険金を支払いすぎて破綻したという例はありません。

もしも保険会社が、事故率を5%として10人の運転手を相手にして損害保険を売り、たまたまそのうち2人が事故を起こしてしまったら、事故率は20%となり保険会社は損をするでしょう。保険加入者が少ないと事故率のぶれが大きいのです。しかし、何万人という運転手を相手に損害保険を売れば、そこには大数の法則が働き、自動車の事故率は5%になります。支払う保険金も計算できますから、損しないように保険料を設定すれば良いのです。

難易度 ★★★　実用 ★　試験 ★★★

13 チェビシェフの不等式

理論的には大事ですが、実用には不向きです。

Point

平均から離れたところは確率が小さい

チェビシェフの不等式（Chebyshev's inequality）

確率変数Xの平均をμ、分散をσ^2とするとき、任意の正の数kについて、

$$P(|X-\mu| \geqq k\sigma) \leqq \frac{1}{k^2}$$

が成り立つ。

チェビシェフの不等式の意味

kを大きくすると、右辺は小さくなります。**この不等式は、Xが平均から遠いところに値を持つ確率は小さいということを意味しています。**Xの値が平均から標準偏差のk倍以上離れる確率は、$\frac{1}{k^2}$以下であると主張しています（下左図）。

$k=2$のとき、$P(|X-\mu| \geqq 2\sigma) \leqq 0.25$となります。

Xが正規分布$N(\mu, \sigma^2)$に従うときは、$P(|X-\mu| \geqq 2\sigma)=0.0455$ですから、チェビシェフの不等式はずいぶん緩い不等式になっています（下右図）。

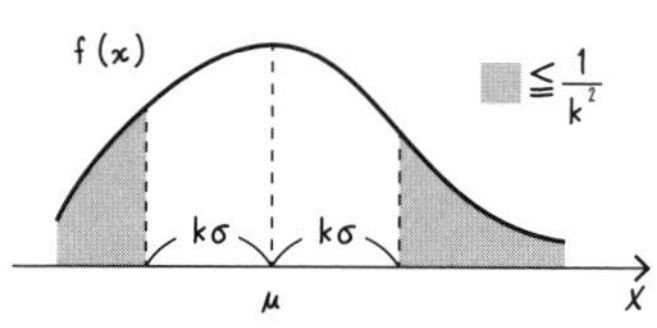

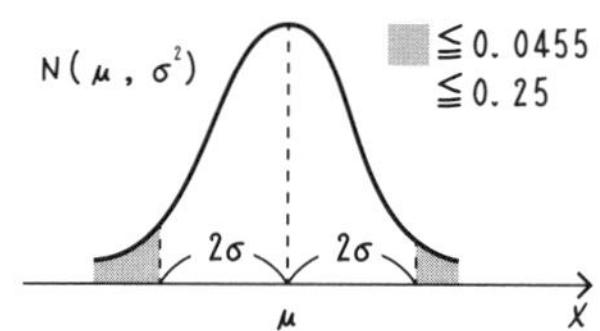

証明は次のようになります。

$$\sigma^2=\int_{-\infty}^{\infty}(x-\mu)^2 f(x)dx$$

$$=\int_{-\infty}^{\mu-k\sigma}(x-\mu)^2 f(x)dx+\int_{\mu-k\sigma}^{\mu+k\sigma}(x-\mu)^2 f(x)dx+\int_{\mu+k\sigma}^{\infty}(x-\mu)^2 f(x)dx$$

ここで第2項は丸ごと落とします。また、第1項、第3項の積分範囲では、

$|x-\mu| \geqq k\sigma$ を満たしますから、$(x-\mu)^2 \geqq k^2\sigma^2$ が成り立ちます。

$$\geqq \int_{-\infty}^{\mu-k\sigma} k^2\sigma^2 f(x)dx + \int_{\mu+k\sigma}^{\infty} k^2\sigma^2 f(x)dx$$

$$= k^2\sigma^2\left(\int_{-\infty}^{\mu-k\sigma} f(x)dx + \int_{\mu+k\sigma}^{\infty} f(x)dx\right) = k^2\sigma^2 P(|X-\mu| \geqq k\sigma)$$

これより、

$$P(|X-\mu| \geqq k\sigma) \leqq \frac{1}{k^2}$$

第2項を丸ごと落とすというような大盤振る舞いをしているので、緩い不等式になるわけです。それでも理論的には重要で、これを用いて大数の法則を証明することができます。

大数の法則の証明

大数の法則の詳細については12節を見ていただくことにして、ここではチェビシェフの不等式の応用として、大数の法則（といっても定理）を証明しておきましょう。

独立な確率変数 X_1、X_2、……、X_n が同じ分布（平均 μ、分散 σ^2）に従うとし、平均を $\bar{X} = \dfrac{X_1 + X_2 + \cdots\cdots + X_n}{n}$ と置きます。このとき、どんな小さい ε に対しても、

$$\lim_{n\to\infty} P(|\bar{X}-\mu| > \varepsilon) = 0 \quad \cdots\cdots ①$$

が成り立つというのが大数の法則です。05章01節より、$E[\bar{X}] = \mu$、$V[\bar{X}] = \dfrac{\sigma^2}{n}$ となります。$\bar{X}$ に関してチェビシェフの不等式を用いると、

$$P\left(|\bar{X}-\mu| > k\frac{\sigma}{\sqrt{n}}\right) \leqq \frac{1}{k^2}$$

$\varepsilon = k\dfrac{\sigma}{\sqrt{n}}$ で置き換えると、

$$P(|\bar{X}-\mu| > \varepsilon) \leqq \frac{\sigma^2}{n\varepsilon^2}$$

ε を固定して、$n\to\infty$ とすると、右辺は0に収束しますから、①を示すことができました。

なお、ここで示した大数の法則は、正確には**大数の弱法則**と呼ばれるもので、**大数の強法則**という定理もあります。強法則のほうがより深いことまで成り立つ定理なので証明も難しくなります。

クラスの中に誕生日が同じ2人がいる確率を求める

40人のクラス（出席番号は1番から40番）の中に誰か2人同じ誕生日の人がいる確率を求めてみましょう。同じ誕生日の人がまったくいないという事象をAとすると、少なくとも1人同じ誕生日の人がいるという事象は、Aの余事象$\overline{A}$になります。

この場合の全事象Uは、1人に関して365通りの誕生日が考えられるので、$n(U)=365^{40}$となります。

同じ誕生日の人がまったくいないとき、1番の誕生日の選び方は365通り、2番の誕生日の選び方は1番の誕生日を外して364通り、3番の誕生日の選び方は1番・2番の誕生日を外して363通り、……、40番の誕生日の選び方は1～39番の誕生日を外して326通りです。

よって、$n(A)=365\times364\times363\times\cdots\times326$

同じ誕生日の人がいる確率は、

$$P(\overline{A})=1-P(A)=1-\frac{365\times364\times\cdots\times326}{365^{40}}\fallingdotseq0.89$$

意外と大きいことに驚くのではないでしょうか。

クラスの人数が22人を超えると、同じ誕生日の人がいる確率は50％を超えます。

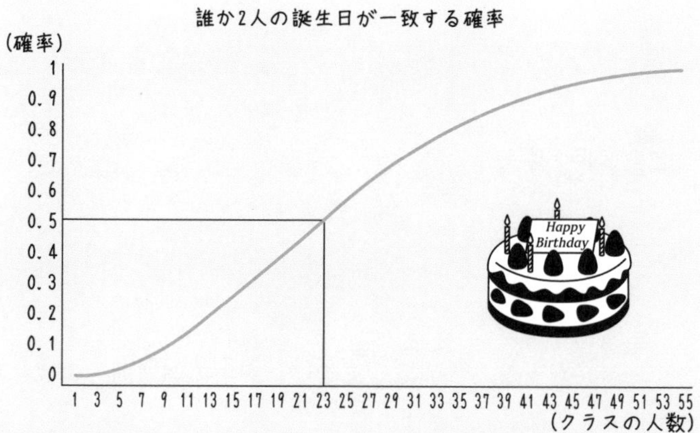

※グラフは連続化して表現しています。

Chapter

04

確率分布

確率分布に多くの種類がある理由

確率変数によって表される確率的状況を**確率分布**といいます。統計学で各種の確率分布を扱うのは、データの分布のモデルとして確率分布を用いるからです。単にデータのモデルにだけ用いるのであれば、これだけ多くの確率分布は必要ないでしょう。データから計算した値（平均値など）が従う分布や推定したいパラメータが従う分布までカバーするために多くの確率分布が必要になってきます。

確率分布は大きく分けて、**離散型確率分布**と**連続型確率分布**に分かれます。離散、連続というのは数学用語ですから、ここでざっくりと説明しておきます。

離散とは、数学では「とびとびの」という意味で、「整数は数直線上に離散的に存在している」などと用います。一方、離散に対する**連続**とは、「隙間なく連なっている」という意味で、「数直線上には実数（この用語を知らない人は小数と思えば良い）が連続的にある」などと用います。

具体例を挙げてみましょう。集合Aと集合Bを以下のように定め、数直線上に図示すると下図のようになります。

$$A=\{1,\ 2.5,\ \pi,\ 4\} \qquad B=\{x \mid -1 \leqq x < 2\}$$

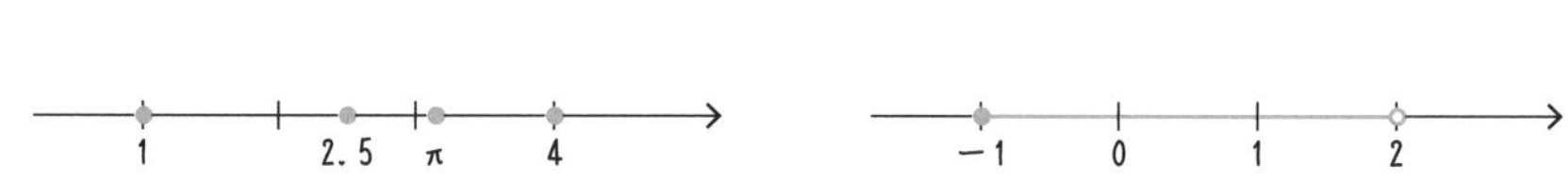

Aでは数直線上にとびとびに4点をプロットしています。1と2.5、2.5とπ、πと4の間に要素はありません。Aは離散的な集合です。

Bでは数直線上の-1から2の直前までは連なって塗りつぶしています。-1以上2未満の数はすべてこの集合の要素です。Bは連続的な集合です。

離散型確率分布の二項分布、多項分布などでは、高校の課程で学習した「組み合わせ（コンビネーション）」を用いて表現します。

連続型確率分布の具体例を理解するには、高校３年・大学初年で学ぶ微分積分の一部の知識が必要です。これから統計学のために微分積分を勉強するという方は、指数法則や指数関数に関する微分・積分の計算法をはじめに確認すると良いでしょう。正規分布の式はネイピア数eを底とする指数関数で表されていますから、指数関数がわかれば正規分布に関する計算について追いかけることができ、統計学の大きな流れをフォローすることが可能です。

特に重要な4つの確率分布

確率分布には数多くの種類がありますが、統計学で一番重要な分布を1つ挙げろといわれたら、それは**正規分布**であるといえるでしょう。正規分布なくしては統計学の発展はありえないというほど中心的な存在です。

正規分布は、実際の自然界のデータによく現れる分布なので詳しく研究されてきました。この背景には中心極限定理が関係しています。

また、正規分布は理論的にも重要な分布です。ネイマン－ピアソンが作った検定の仕組みでは、母集団分布を正規分布と仮定して理論が組み立てられています。正規分布なくしては、ベイズ統計学以前の統計学の発展はなかったといっても過言ではありません。

次に統計学で重要な分布は、推定・検定で用いられる**t分布・χ^2（カイ２乗）分布・F分布**です。ちなみに、これらはすべて正規分布をもとにして定義される確率分布です。

この本では、標準正規分布表、t分布・χ^2分布・F分布の表をつけました。しかし、これらの確率分布についてはよく使われるので、値を知る方法はいくらでもあります。ここに掲載されていない値を知りたい場合は、たとえば、ExcelやRなどの計算ソフトや統計ソフト、カシオ計算機の「生活や実務に役立つ計算サイト」などで手軽にその値を知ることができます。

本章を読むとわかりますが、これらの確率分布は独立に存在しているのではなく、互いに関係性を持っています。Columnに関係図を載せましたので鑑賞してみてください。

難易度 ★★　実用 ★★★★★　試験 ★★★★★

01 ベルヌーイ分布・二項分布

二項分布は、離散型確率分布の中で一番重要です。

Point

ベルヌーイ分布を複数足した分布が二項分布

ベルヌーイ分布（Bernoulli distribution）

試行について、事象Aと事象$\bar{A}$に、

$$P(A)=p \qquad P(\bar{A})=1-p$$

と確率が割り当てられるとき、この試行を確率pの**ベルヌーイ試行**という。

Aが起こるとき$X=1$、Aが起こらないとき$X=0$と確率変数を定めると、

Xの確率質量関数は、$P(X=k)=p^k(1-p)^{1-k} \qquad (k=0,1)$

計算すると、$P(X=1)=p$、$P(X=0)=1-p$

確率変数Xで表される確率分布を確率pの**ベルヌーイ分布**$Be(p)$という。

$Be(p)$の平均はp、分散は$p(1-p)$

二項分布（binomial distribution）

確率pのベルヌーイ試行（$P(A)=p$となる）をn回繰り返すとき、Aの起こる回数を確率変数Xと置く。すると、Xの確率質量関数は、

$$P(X=k)={}_n\mathrm{C}_k\,p^k(1-p)^{n-k} \qquad (k=0,1,\cdots\cdots,n)$$

となる。このような確率変数Xで表される確率分布を**二項分布**$Bin(n,\ p)$という。$Be(p)$は、$Bin(1,\ p)$に一致する。

$Bin(n,\ p)$の平均はnp、分散は$np(1-p)$

nが大きいときは、正規分布で近似できる

確率pの値によらず、回数nを大きくしていくと、$Bin(n,\ p)$は正規分布に近づいていきます（次ページ右図）。すなわち、Xが$Bin(n,\ p)$に従うとき、nを大きくしていくと、Xの分布は正規分布$N(np,\ np(1-p))$に近づいていきます。n

※$\dfrac{p}{1-p}$をオッズ（$odds$）といいます。

が大きいと、${}_nC_k$を定義通りに計算すると面倒になりますが、正規分布で近似することで逆に簡単に値を求めることができます。

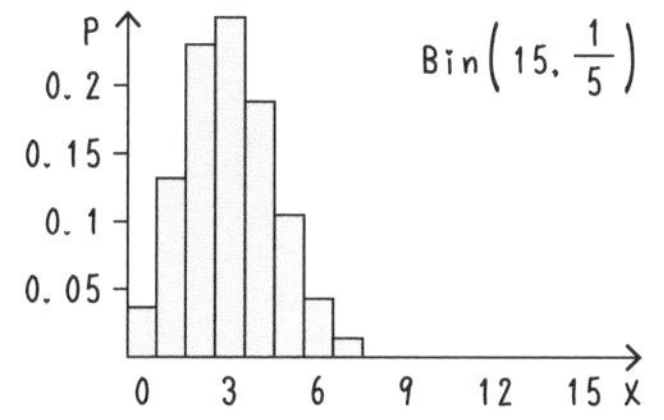

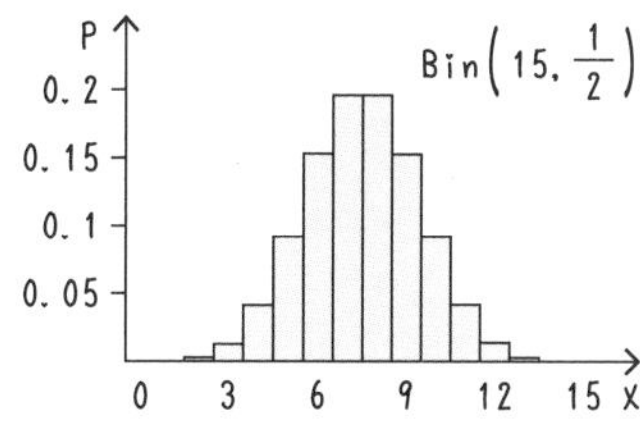

Business 5件の訪問でX件の契約が取れる確率を二項分布で求める

飛び込み営業をしているK君の訪問1件当たりの成約率は3分の1です。K君が5件の営業をしたうちの成約件数を確率変数Xと置きます。すると、Xは二項分布$Bin\left(5,\ \frac{1}{3}\right)$に従います。なぜ二項分布になるのか説明してみましょう。

$p=\frac{1}{3}$と置きます。1件訪問して契約が取れる事象をAとすると、$P(A)=p$（成約する確率）、$P(\bar{A})=1-p$となり、この試行はベルヌーイ試行$Be(p)$になっています。

さて、5件中、2件で成約となり、3件で不成約となる確率を求めてみましょう。5件のうち、1件目、3件目で成約、2件目、4件目、5件目で不成約となる確率は、$p(1-p)p(1-p)^2=p^2(1-p)^3=p^2(1-p)^{5-2}$です。

5件のうち、成約が出る箇所（件目）の選び方は、5個のうちから2個を選ぶ場合の数だけあり、${}_5C_2$通りになります。

よって、5件中に、2件は成約となり、3件は不成約となるときの確率は、${}_5C_2\,p^2(1-p)^{5-2}$です。これはXが$Bin(5,\ p)$に従うときの$X=2$での確率質量関数の値$P(X=2)={}_5C_2\,p^2(1-p)^{5-2}$に一致します。5→$n$、2→$k$と置き換えればPointの公式になります。

1回　2回　3回　4回　5回

5回のうち成約となる2回を選ぶ

一般に1回の試行で事象Aが起こる確率がpである試行をn回繰り返すとき、n回中に事象Aが起こる回数を確率変数Xとすると、Xは$Bin(n,\ p)$に従います。

独立な確率変数X_1、X_2、……、X_nがそれぞれ$Be(p)$に従うとき、$Y=X_1+X_2+\cdots\cdots+X_n$は二項分布$Bin(n,\ p)$に従います。

難易度 ★★　実用 ★★★★　試験 ★★★★

02 幾何分布・負の二項分布

幾何分布は特に基本。検定向けには、平均、分散まで計算できるようにしておきましょう。

Point

幾何分布の確率は等比数列

幾何分布（geometric distribution）

1回の試行で成功する確率はpである。この試行を成功するまで何回も繰り返す。はじめて成功するまでにした失敗の回数を確率変数Xと置く。すると、

$$P(X=k)=p(1-p)^k \qquad (k=0,\ 1,\ 2,\ \cdots\cdots)$$

となる。このような確率変数Xで表される確率分布を**幾何分布**$Ge(p)$という。

$Ge(p)$ の平均は$\dfrac{1-p}{p}$、分散は$\dfrac{1-p}{p^2}$

負の二項分布（negative binomial distribution）、パスカル分布

1回の試行で成功する確率はpである。この試行をn回成功するまで繰り返す。n回目の成功までにした失敗の回数を確率変数Xと置く。すると、

$$P(X=k)={}_{n+k-1}\mathrm{C}_k\, p^n(1-p)^k \qquad (k=0,\ 1,\ 2,\ \cdots\cdots)$$

となる。このような確率変数Xで表される確率分布を**負の二項分布**$NB(n,\ p)$または**パスカル分布**という。$Ge(p)$は、$NB(1,\ p)$に一致する。

$NB(n,\ p)$の平均は$\dfrac{n(1-p)}{p}$、分散は$\dfrac{n(1-p)}{p^2}$

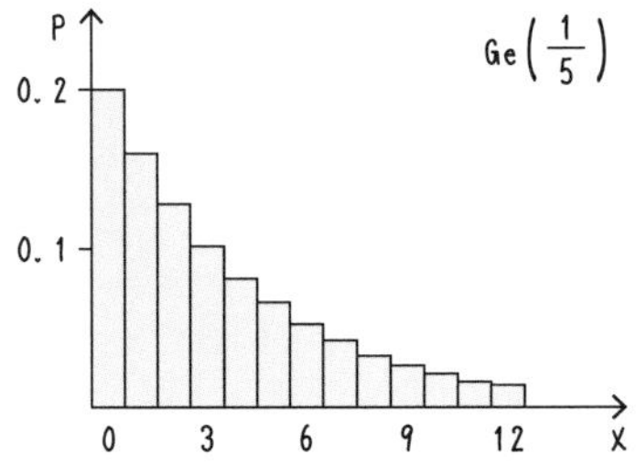

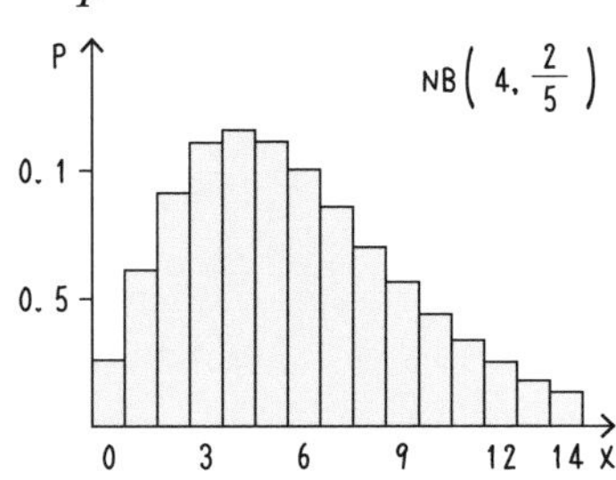

※なお、幾何分布の定義には、成功する回まで含めた全回数を確率変数Xと置く流儀もあります。

$s+1$回目以降にはじめて成功する確率は履歴によらない

$Ge(p)$について、成功するのが$t+1$回目以降になる確率$S(t)$を求めてみましょう。これはt回まで失敗し続ける確率と同じなので、$S(t)=(1-p)^t$となります。

$t+1$回目以降にはじめて成功するという条件のもとで、$t+s+1$回目以降にはじめて成功する条件付き確率を求めると、次のようになります。

$$P(X>s+t \mid X>t)=\frac{P(X>s+t\text{かつ}X>t)}{P(X>t)}=\frac{P(X>s+t)}{P(X>t)}=\frac{S(s+t)}{S(t)}$$
$$=\frac{(1-p)^{s+t}}{(1-p)^t}=(1-p)^s=S(s)$$

この式の左辺にはtが入っていますが、右辺にはtは入っていません。この条件付き確率は、tの値によらず、$s+1$回目以降にはじめて成功する確率に等しくなります。このような性質を**無記憶性**といいます。

負の二項分布といわれる理由

n回成功するまでにした失敗の回数をk回とします。n回目の成功までの$n+k-1$回の試行のうちから失敗が起こるk回の試行を選ぶ場合の数は${}_{n+k-1}\mathrm{C}_k$通りです。${}_{(-n)}\mathrm{C}_k$で$(-n)$が負ですが、公式のまま計算すると、

$${}_{(-n)}\mathrm{C}_k=\frac{(-n)(-n-1)\cdot\cdots\cdot(-n-k+1)}{k(k-1)\cdot\cdots\cdot 2\cdot 1}\quad \text{1ずつ減らして}k\text{個}$$
$$=(-1)^k\frac{(n+k-1)(n+k-2)\cdot\cdots\cdot(n+1)n}{k(k-1)\cdot\cdots\cdot 2\cdot 1}=(-1)^k{}_{n+k-1}\mathrm{C}_k$$

となります。確率質量関数は、$q=1-p$と置くと、

$${}_{n+k-1}\mathrm{C}_k\,p^n(1-p)^k=(-1)^k{}_{(-n)}\mathrm{C}_k\,p^nq^k={}_{(-n)}\mathrm{C}_k\,p^n(-q)^k$$

と表されます。このような表現ができるので負の二項分布というのです。

Business 「当たりくじが出るまでの回数」の本当の意味

確率pで成功する試行で、成功するまでの平均回数は、$Ge(p)$の期待値（失敗回数の期待値）に1を足して、$\dfrac{1-p}{p}+1=\dfrac{1}{p}$と$p$の逆数になります。これは、当たる確率が$p=0.001$であるくじの当たるまでの平均回数は1,000回であるということです。**1,000回試せば必ず当たるということではありません。**

実用 ★★★★★

ポアソン分布

理論でも実用でも非常に役に立つ分布です。

Point

まれに起こることの確率分布

$\lambda>0$のとき、0以上の整数kに対して、

$$P(X=k)=\frac{\lambda^k e^{-\lambda}}{k!} \qquad (k=0,\ 1,\ 2,\ \cdots\cdots)$$

eはネイピア数、自然対数の底で、$e=2.718281\cdots\cdots$

となるような確率質量関数を持つ確率変数Xが表す確率分布を強度λのポアソン分布$Po(\lambda)$（Poisson distribution）という。まれなことが一定期間におこる回数を確率変数とすると、これは**ポアソン分布**に従う。

$Po(\lambda)$の平均はλ、分散はλ

まれな現象の回数に関する確率分布

車1台が1日のうちで事故を起こす確率は非常に小さいですが、車を4,000万台集めて観察すればそのうちの何台かは1日のうちに事故を起こします。1日で事故を起こす車の台数を確率変数Xとすると、Xはポアソン分布に従います。

このように、試行Tにおいてまれに起こる事象Aがあり、試行Tを十分多く繰り返すとき、事象Aが起こる回数を確率変数Xと置くと、Xはポアソン分布に従います。

問題　あるオフィスでは1時間当たり平均で4件の電話が掛かってきます。ある1時間を観察したとき、電話が3件掛かってくる確率を求めなさい。ただし、このオフィスである1時間にかかってくる電話の件数をXとすると、Xはポアソン分布に従うものとします。

1時間当たり「平均で4件」の電話がかかってくる場合でも、あくまで平均であって、ある1時間を観察すれば2件や3件、5件のこともありえます。つまり、かかってくる電話の件数をXとすれば、Xは確率変数となります。

Xが$Po(\lambda)$に従うとき、ポアソン分布の性質によりXの平均はλです。ここでは1時間当たりの平均が4件とありますから、$\lambda=4$となります。求める確率は、

$$P(X=3)=\frac{4^3e^{-4}}{3!}=\frac{64}{6e^4}=0.195\cdots\cdots$$

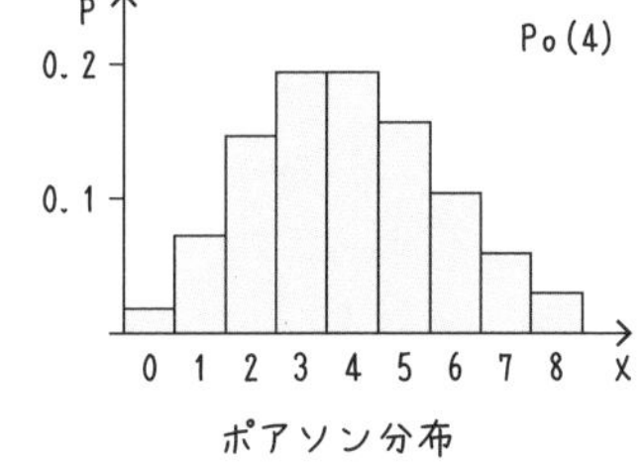

です。確率質量関数$P(X=k)$をグラフにすると、上のようになります。

ポアソンの極限定理

二項分布$Bin(n, p)$の確率質量関数で、$np=\lambda$と置き、λを一定にして$n\to\infty$にすると、ポアソン分布の確率質量関数になります。これを**ポアソンの極限定理**といいます。$n\to\infty$のとき$p\to 0$となり、イベントはまれなことになります。

$$P(X=k)={}_n\mathrm{C}_k\,p^k(1-p)^{n-k}={}_n\mathrm{C}_k\left(\frac{\lambda}{n}\right)^k\left(1-\frac{\lambda}{n}\right)^{n-k}\to\frac{\lambda^k e^{-\lambda}}{k!}\quad(n\to\infty)$$

Business 日常にあふれているポアソン分布

ポアソン分布の例としては、次のようなものがあります。

- 書籍1ページ当たりの誤植の数
- 全国の1日当たりの交通事故の件数
- 単位時間当たりのガイガー計数管の読み
- 単位面積・単位時間当たりの雨粒の個数（雨の降りはじめ）
- プロイセン陸軍で（年当たり、1軍団当たりに）馬に蹴られて死んだ兵士の数（ボルトキーヴィッチが本の中で言及したことで有名）
- 高速道路の料金ゲートへの車の到着台数（渋滞はしていないものとする）

銀行の窓口や遊園地の切符売り場などには、待っている人の行列（待ち行列という）ができます。この列に1分間当たりに加わる人数はポアソン分布に従います。待ち行列の動向を予想解析する理論を**待ち行列理論**といいます。待ち行列理論は、オペレーションズ・リサーチの1つの分野になっています。

超幾何分布

公式を覚えるのではなく、状況の設定から導けるようにしておきましょう。

Point

コンビネーションを使って表せる

超幾何分布（hypergeometric distribution）

袋の中に赤玉、白玉合わせてN個の玉が入っている。赤玉の個数はM個である。袋の中から無作為にn個の玉を同時に取り出したとする。n個のうちの赤玉の個数を確率変数Xと置く。すると、

$$P(X=k)=\frac{{}_M\mathrm{C}_k\times{}_{N-M}\mathrm{C}_{n-k}}{{}_N\mathrm{C}_n}\qquad\begin{pmatrix}M<N,n<N\\k=0,1,\cdots,n\end{pmatrix}$$

となる。このような確率質量関数を持つ確率分布を**超幾何分布** $HGe(N,\ M,\ n)$という。

$HGe(N,\ M,\ n)$の平均は$\dfrac{nM}{N}$、分散は$\dfrac{nM}{N}\left(1-\dfrac{M}{N}\right)\left(\dfrac{N-n}{N-1}\right)$

超幾何分布の公式を理解する

確率質量関数を求めます。袋の中のN個の玉をすべて区別して考えます。N個の玉からn個の玉を同時に取り出す場合の数（つまり、非復元抽出法、05章01節）は${}_N\mathrm{C}_n$通りです。これが全事象の場合の数で、分母になります。

取り出したn個のうちk個が赤玉であれば、$n-k$個は白玉です。袋の中のM個の赤玉からk個を取り出す場合の数は${}_M\mathrm{C}_k$通り、袋の中の$N-M$個の白玉から$n-k$個を取り出す場合の数は${}_{N-M}\mathrm{C}_{n-k}$通りです。取り出したn個のうち赤玉がk個、白玉が$n-k$個である場合の数は、これらを掛けて${}_M\mathrm{C}_k\times{}_{N-M}\mathrm{C}_{n-k}$通りで、これが分子になります。

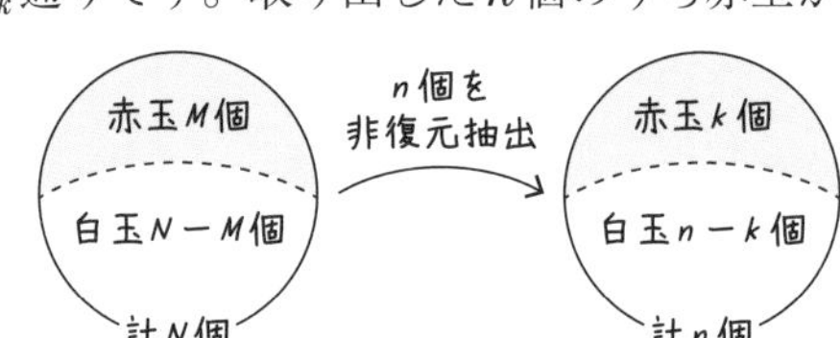

nを大きくしていくと、二項分布、ポアソン分布に近づく

NとMの比を一定$\left(p=\dfrac{M}{N}\text{を一定}\right)$にしたまま、$N$と$M$を大きくしていくと、$HGe(N,\ M,\ n)$は$Bin(n,\ p)$に近づいていきます。また、$p$が十分小さいとき、$n$を大きくしていくと、$HGe(N,\ M,\ n)$は$Po(p)$に近づいていきます。

Nが小さいと有限母集団修正が効いてくる

分散の最後に掛けている$\dfrac{N-n}{N-1}$は、**有限母集団修正**と呼ばれています。

サイズN、母平均μ、母分散σ^2の母集団から、非復元抽出でサイズnの標本X_1、X_2、……、X_nを取り出すとします。

このとき、$\overline{X}$の平均・分散は、$E[\overline{X}]=\mu,\ V[\overline{X}]=\dfrac{N-n}{N-1}\cdot\dfrac{\sigma^2}{n}$

となります。Nが大きくなるとき、$\dfrac{N-n}{N-1}$の値は1に近づきますから、母集団のサイズが十分に大きければ、分散は$\dfrac{\sigma^2}{n}$として良いことになります。これは、復元抽出でX_1、X_2、……、X_nが独立である場合と同じです。

Business ある生物の生息数を推定する方法

超幾何分布は、生態学で動物の生息数を推定する際（**標識再捕獲法**）に用いられます。池の中の鯉の数を推定する場合で説明してみましょう。捕獲したM匹の鯉に印をつけ、再び池に戻します。次に、n匹を捕獲してそのうちk匹に印がついていたとします。はじめに池にいた鯉の数をN匹とすれば、$P(X=k)$は、$HGe(N,\ M,\ n)$に従います。最尤法（さいゆうほう）（05章03節）を用いると、

$$\frac{M}{N}=\frac{k}{n}$$

これは印のついた鯉の割合が、池全体と捕獲した鯉で一致するという式。

となります。これをNについて解けば、

$N=\dfrac{n}{k}M$と推定できます。

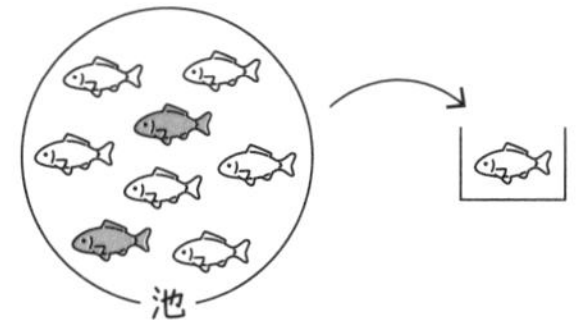

Chapter 04 確率分布

05 一様分布・指数分布

難易度 ★　実用 ★★　試験 ★★★★

ここから連続型の確率分布です。簡単なものから見ていきましょう。

Point

一様分布は定数、指数分布は指数関数

一様分布（uniform distribution）

確率密度関数が、

$$f(x)=\begin{cases}0 & x<a \\ \dfrac{1}{b-a} & a\leqq x\leqq b \\ 0 & b<x\end{cases}$$

一様分布の例は03章04節にあります。

となる確率変数Xで表される確率分布を**一様分布**または**連続一様分布**といい、$U(a,\ b)$と表す。

$U(a,\ b)$の平均は$\dfrac{a+b}{2}$、分散は$\dfrac{(b-a)^2}{12}$

指数分布（exponential distribution）

$\lambda>0$に対して、確率密度関数が、

$$f(x)=\lambda e^{-\lambda x}\quad (x\geqq 0)$$

となる確率変数で表される確率分布を**指数分布**といい、$Ex(\lambda)$と表す。

$Ex(\lambda)$の平均は$\dfrac{1}{\lambda}$、分散は$\dfrac{1}{\lambda^2}$

※指数分布のパラメータの取り方は、λの逆数で取り、確率密度関数を$f(x)=\dfrac{1}{\lambda}e^{-\frac{x}{\lambda}}$とする場合もあるので注意しましょう。

指数分布は無記憶性を持つ連続型確率分布

たとえば、時刻0のときに正常に動いている製品が壊れる時刻を確率変数Xと置きます。Xは指数分布$Ex(\lambda)$に従っているものとします。

すると、この製品が時刻tでも正常に動いている確率は、

$$P(X>t)=\int_t^{\infty}\lambda e^{-\lambda x}dx=\left[-e^{-\lambda x}\right]_t^{\infty}=e^{-\lambda t}$$

です。ここで$L(t)=P(X>t)=e^{-\lambda t}$と置き、**生存関数**と呼ぶことにします。

この製品が時刻tで正常に動いている条件のもとで、時刻$t+s$でも正常に動いている条件付き確率を求めると、

$$P(X>s+t \mid X>t)=\frac{P(X>s+t\text{かつ}X>t)}{P(X>t)}=\frac{P(X>s+t)}{P(X>t)}=\frac{L(s+t)}{L(t)}$$

$$=\frac{e^{-\lambda(s+t)}}{e^{-\lambda t}}=e^{-\lambda s}=L(s)$$

となります。この式の左辺にはtが入っていますが、右辺にはtは入っていません。この条件付き確率は、tの値によらず、時刻0で正常に動いている製品が時刻sでも正常に動いている確率に等しくなります。この性質を**無記憶性**といいます。

指数分布は、離散型確率分布である幾何分布を連続化した確率分布です。

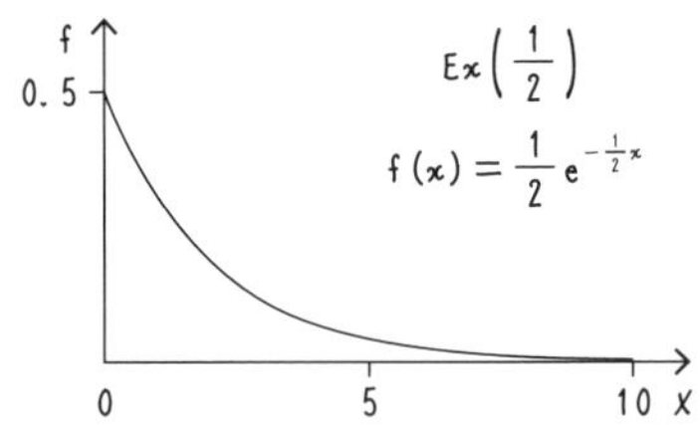

Business 20年以内に地震が起こる確率を指数分布で求める

地震が起こる確率は、厳密にはBPT（Brownian Passage Time）分布という確率モデルで計算しますが、先の地震から十分に時間が経ったとして、ここでは指数分布を用いて計算してみましょう。120年に一度起こる地震の発生する時刻が、$Ex\left(\frac{1}{120}\right)$に従うものとします。20年以内に地震が発生する確率は、

$$\int_0^{20}\frac{1}{120}e^{-\frac{x}{120}}dx=\left[-e^{-\frac{x}{120}}\right]_0^{20}=-e^{-\frac{20}{120}}+1=1-0.846=0.154$$

と計算できます。

指数分布を用いたので、その後10年間地震が発生しなかったときでも、その時点から20年以内に地震が起きる確率は、これと同じです。

難易度 ★★　実用 ★★★★　試験 ★★★★★

06 正規分布

統計学で一番重要な分布です。代表的な％点（03章05節）は覚えておきたいです。

Point

正規分布は二項分布の極限になっている

確率密度関数が、

$$f(x)=\frac{1}{\sqrt{2\pi}\sigma}e^{-\frac{(x-\mu)^2}{2\sigma^2}}$$

で表される確率変数Xの従う確率分布を**正規分布**（normal distribution）といい、$N(\mu,\ \sigma^2)$で表す。$N(\mu,\ \sigma^2)$の平均はμ、分散はσ^2である。

特に、$N(0,\ 1^2)$を**標準正規分布**という。

何はともあれ正規分布

正規分布はガウス（数学者、物理学者）が天文学の観測データの測定誤差を数学的に分析していたときに気づいていたことから、**ガウス分布**とも呼ばれます。

観測誤差や生物のデータなど、**対称的なふるまいをするものや先天的な要素が強い状況で正規分布に従うものが多い**です。体重の分布は、後天的な要素が大きいので正規分布には従いません。

[正規分布に従うとされる例]

- ヤツメウナギの体長の分布
- プラスチック製の30cm定規の誤差
- 血液中のナトリウムの濃度

正規分布で近似できる分布が多い理由の1つは、母集団が正規分布でなくても、標本のサイズが大きいとき標本平均が従う分布が正規分布である（中心極限定理）からです。

確率変数Xが$N(\mu,\ \sigma^2)$に従うとき、Xを標準化した確率変数$Y=\frac{X-\mu}{\sigma}$が従う確率分布が標準正規分布$N(0,\ 1^2)$です。

標準正規分布の確率密度関数のグラフは次のようになります。下左図では1.96以上の部分の面積は、曲線と横軸で挟まれた部分の面積を100％としたとき2.5％になることを、下右図では－1から1までの間の面積が68％になることを表しています。以下の代表的な％点や確率は覚えておくと良いでしょう。

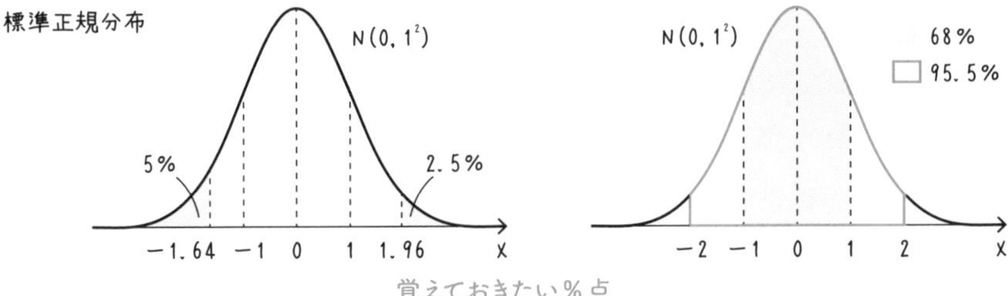

覚えておきたい％点

正規分布には再生性があります。すなわち、独立な確率変数X、Yが、それぞれ$N(\mu_1,\ {\sigma_1}^2)$、$N(\mu_2,\ {\sigma_2}^2)$に従うとき、$X+Y$は$N(\mu_1+\mu_2,\ {\sigma_1}^2+{\sigma_2}^2)$に従います。確率変数の和を取っても、正規分布という性質は保たれたままです。このことが理論を組み立てる上で、正規分布を扱いやすいものにしています。

Business ゴルトン・ボードで正規分布を実感しよう

正規分布は二項分布の極限です。これを実感するためのゴルトン・ボードと呼ばれるおもちゃがあります。ボードの上から落とした玉は釘に当たるごとに2分の1の確率で右または左に進みます。n個の釘に当たって落ちていくとき玉の入る位置を確率変数Xとすると、Xは二項分布$Bin(n,\ 0.5)$に従います。

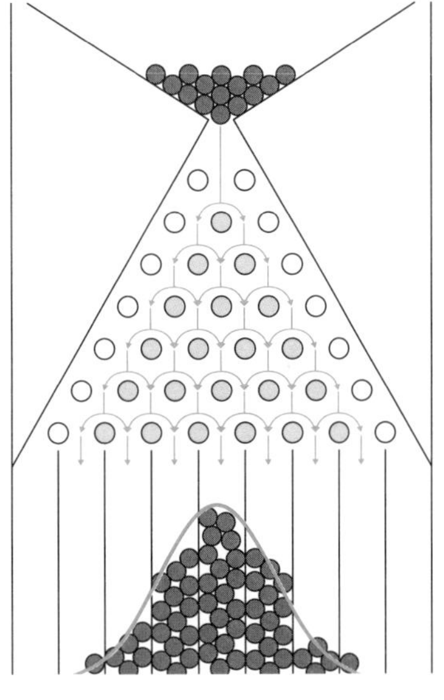

多くの玉を上から落とすと、ある位置に入る玉の個数は二項分布の確率に比例します。二項分布の極限が正規分布になるので、釘の数が多いとき玉がたまった形は正規分布の曲線に近いものになります。YouTubeで動画を見ると実感できるでしょう。

難易度 ★　実用 ★★★★★　試験 ★★★★★

χ^2分布・t分布・F分布（概説）

推測統計でよく用いられる3つの分布です。ここでは統計学利用者のためにざっくりとした説明をします。

Point

標本から作った統計量が従う分布

母集団は正規分布に従っているものとする。

χ^2分布（カイ2乗分布）（chi-squared distribution）

標本の偏差平方和が従う確率分布

χはエックスではなくギリシャ文字のカイ

t分布（ティー分布）（t-distribution）

標本平均を標本の分散で標準化した値が従う確率分布

（詳しくは標本平均の分散の推定値）

F分布（エフ分布）（F-distribution）

母分散が等しい2つの標本の分散の比が従う確率分布

標本から母集団を知るときに必要な分布

χ^2分布・t分布・F分布を推測統計3種の神器と私は呼んでいます。ここではχ^2分布・t分布・F分布が、どうして推測統計で重要な役割を果たすのかを説明しましょう。推測統計の用語がわからない方は、05章のIntroductionなどを参考にしてください。

推測統計では、母集団の平均や分散を標本から推測しようとします。ここで母集団は正規分布に従っているものとします。母集団の平均や分散を推測するために、標本の方でも平均や分散を計算します。標本の平均や分散を、そのまま母集団の平均や分散を予想する値としても良いのですが、推測統計学では「95％信頼区間」とか「有意水準5％」とか少し精密な表現をします。そのためには、標本の平均や分散を確率分布として捉えることが必要になってきます。

母集団が正規分布に従っているとき、標本の偏差平方和が従う確率分布がχ^2

分布です。標本の平均の分布は正規分布になりますが、母集団の分散がわからないと使い物になりません。そこで、標本の平均を標本の分散（詳しくは標本平均の分散の推定値）で標準化した値を考えます。これが従う確率分布が**t分布**です。

2つの母集団の分散が等しいかを考えるとき、また分散分析で群間変動と誤差変動の大きさを比較するときは、標本の分散の比が従う確率分布を考えることになります。このために考案された確率分布が**F分布**です。

χ^2分布・t分布・F分布にはどれも**自由度**と呼ばれる変数があります。自由度3のカイ2乗分布$\chi^2(3)$、自由度4のティー分布$t(4)$、自由度(5, 6)のエフ分布$F(5, 6)$といった具合です。自由度とは、(変数の個数) − (制約条件の個数) を表しています。自由度によって分布を表すグラフの形が異なります。t分布だけが左右対称です。

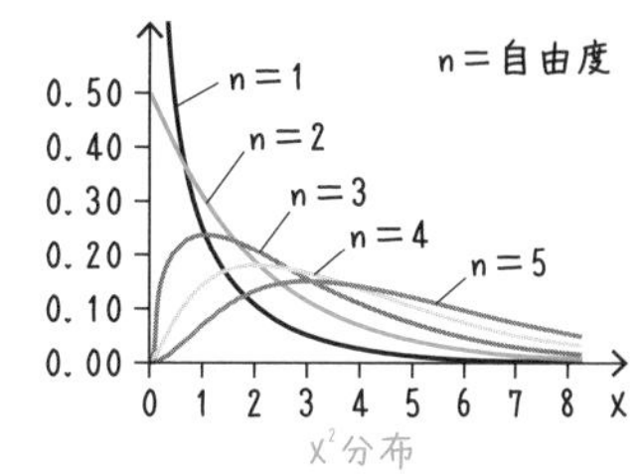

χ²分布

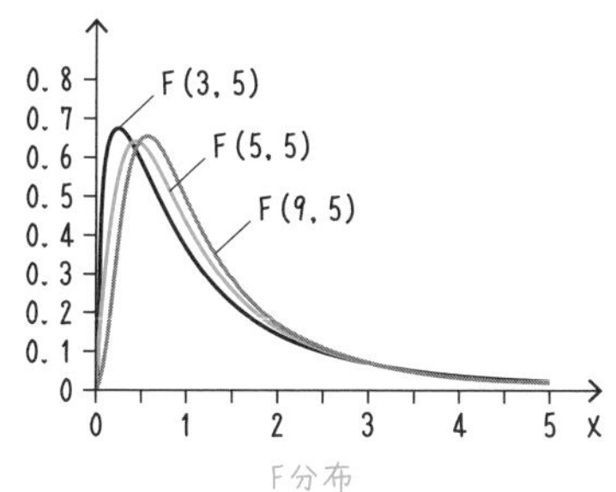

F分布

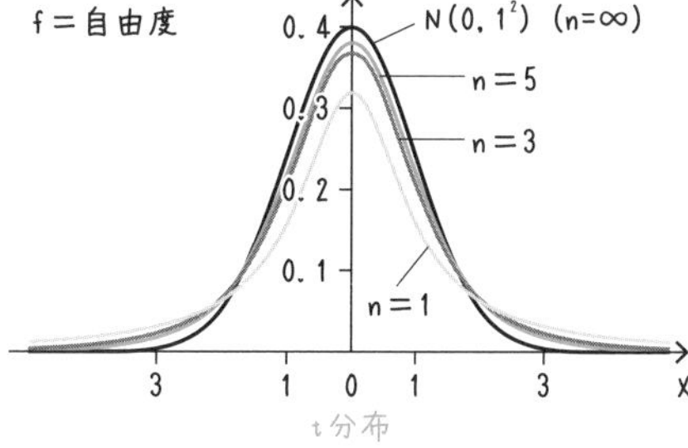

t分布

Business リンゴの重さに関して推測統計をしよう

農業法人がリンゴを出荷しようとしています。各分布はどのような推測統計（05章参照）で使われるのか例示してみましょう。

t分布：20個の標本から、出荷するリンゴの成分量を推定するとき（標本のサイズが小さいときの母平均の推定・検定)。品種の違いにより重さに差があるのか判定するとき（母平均の差の推定・検定)

χ^2分布：1箱の重さのバラツキを押さえたいとき（母分散の推定・検定)

F分布：品種ごとに重さにバラツキがあるか調べるとき（等分散検定)。品種改良のための試験で日照・肥料の効果について判定したいとき（分散分析)

難易度 ★　実用 ★★★★★　試験 ★★★★★

χ^2分布・t分布・F分布（詳説）

検定1級では，χ^2分布・t分布・F分布の導出まで出題されます。

Point

標本の何を表そうとしている式か考えよう

χ^2分布（カイ2乗分布）（chi-squared distribution）

独立な確率変数Y_1、Y_2、……、Y_nがそれぞれ標準正規分布$N(0,\ 1^2)$に従っているとする。このとき、確率変数Xを

$$X = {Y_1}^2 + {Y_2}^2 + \cdots + {Y_n}^2$$

と置く。Xが従う確率分布を**自由度nのχ^2分布**といい、$\chi^2(n)$で表す。

t分布（ティー分布）（t-distribution）

独立な確率変数Y、Zがあり、確率変数Yが正規分布$N(0,\ 1^2)$に従い、Zが自由度nのχ^2分布に従うものとする。このとき、確率変数Xを、

$$X = \frac{Y}{\sqrt{\dfrac{Z}{n}}}$$

と置く。Xが従う確率分布を**自由度nのt分布**といい、$t(n)$で表す。

F分布（エフ分布）（F-distribution）

独立な確率変数Y、Zがあり、Yが自由度mのχ^2分布に従い、Zが自由度nのχ^2分布に従うものとする。このとき、確率変数Xを

$$X = \frac{\left(\dfrac{Y}{m}\right)}{\left(\dfrac{Z}{n}\right)}$$

と置く。Xが従う確率分布を**自由度$(m,\ n)$のF分布**といい、$F(m,\ n)$で表す。

※F分布はスネデカーのF分布（Snedecor's F-distribution）またはフィッシャー・スネデカー分布（Fisher-Snedecor distribution）ともいいます。

定義式を見てどんな統計量を表しているかを想像する

χ^2分布の定義式は平方和ですから分散を連想させます。t分布の定義式の分母にはルートがあり、その中にχ^2分布がありますから、ルートは標準偏差なのでしょう。標準偏差で割っている式ですから、**t分布の定義式**は標準化をしている式であろうと想像できます。**F分布の定義式**は、分母分子にχ^2分布がありますから分散の比を取った式です。これらから、07節のような使い方になるのです。

t分布の特徴であるスチューデント化

正規分布$N(\mu,\ \sigma^2)$に従っている母集団から取った標本をX_1、……、X_nとするとき、$\dfrac{\overline{X}-\mu}{\sqrt{\dfrac{\sigma^2}{n}}}$は標準正規分布$N(0,\ 1^2)$に従います。しかし、$\sigma^2$を知らなければこの統計量は使えません。そこで、$\sigma^2$がわからないときでも$\mu$の推定・検定ができるように考案されたのが$t$分布です。これは、考案者ゴセット（Gosset）の論文投稿名を冠して、**スチューデントのt分布**（Student's t-distribution）とも呼ばれます。ゴセットは、σ^2の代わりに不偏分散$U^2=\dfrac{1}{n-1}\sum_{i=1}^{n}(X_i-\overline{X})^2$を用いた式$Y=\dfrac{\overline{X}-\mu}{\sqrt{\dfrac{U^2}{n}}}$が従う分布を自由度$n-1$の$t$分布としたのです。

このようにσ^2の代わりに、$n\to\infty$のときσ^2に収束するU^2に置き換えて統計量を作ることを**スチューデント化**といいます。

$F(m, n)$と$F(n, m)$の関係が役に立つ

$F(m,\ n)$の上側$100a$%点を$F_{m,\ n}(a)$で表せば、

$$F_{m,\ n}(a)=\frac{1}{F_{n,\ m}(1-a)}$$

が成り立ちます。この関係を用いてF分布表にない値を求める場合があります。

難易度 ★★★★★　実用 ★★★★★　試験 ★★★

09 ワイブル分布・パレート分布・対数正規分布

どれも実践で使われます。生存関数・ハザード関数は検定試験で出ます。

Point

ワイブル分布は指数分布を拡張した分布

ワイブル分布（Weibull distribution）

$$f(x) = \frac{\alpha x^{\alpha-1}}{\beta^{\alpha}} \exp\left\{-\left(\frac{x}{\beta}\right)^{\alpha}\right\} \quad (x \geqq 0,\ \alpha,\ \beta > 0)$$

を確率密度関数として持つような確率変数Xで表される確率分布を**ワイブル分布**といい、$Wb(\alpha,\ \beta)$と表記する。αを形状母数、βを尺度母数という。

この分布の平均・分散は、

$$E[X] = \beta\Gamma\left(\frac{1}{\alpha}+1\right) \qquad V[X] = \beta^2\left[\Gamma\left(\frac{2}{\alpha}+1\right) - \left\{\Gamma\left(\frac{1}{\alpha}+1\right)\right\}^2\right]$$

$\Gamma(x)$はガンマ関数。

パレート分布（Pareto distribution）

$$f(x) = \frac{\alpha}{\beta}\left(\frac{\beta}{x}\right)^{\alpha+1} = \frac{\alpha\beta^{\alpha}}{x^{\alpha+1}} \quad (x \geqq \beta)$$

を確率密度関数として持つような確率変数Xで表される確率分布を**パレート分布**という。この分布の平均・分散は、

$$E[X] = \frac{\alpha\beta}{\alpha-1} \quad (\alpha > 1) \qquad V[X] = \frac{\alpha\beta^2}{(\alpha-1)^2(\alpha-2)} \quad (\alpha > 2)$$

対数正規分布（log-normal distribution）

$$f(x) = \frac{1}{\sqrt{2\pi}\sigma x} \exp\left\{-\frac{(\log x-\mu)^2}{2\sigma^2}\right\} \quad (x > 0)$$

を確率密度関数として持つような確率変数Xで表される確率分布を**対数正規分布**という。この分布の平均・分散は、

$$E[X] = \exp\left(\mu + \frac{\sigma^2}{2}\right) \qquad V[X] = \{\exp(\sigma^2)-1\} \times \exp(2\mu+\sigma^2)$$

※αが大きいときワイブル分布は正規分布で近似できます。$Wb(2,\ \beta)$ は特にレイリー分布と呼ばれます。

生存関数とハザード関数とは?

$t(>0)$を時刻、$F(t)$を0からtまでに寿命が尽きる（故障する）確率とし、$F(0)=0$、$\lim_{t\to\infty}F(t)=1$が成り立つものとします。$F(t)$の微分を、$f(t)=F'(t)$と置きます。$F(t)$は確率密度関数$f(t)$の累積分布関数になっています。

$$L(t)=1-F(t)=P(T>t)$$

は、時刻tで生存している（正常に稼働している）確率を表し、**生存関数**（survival function）または**信頼度関数**（reliability function）といいます。本章05節では、$f(t)=\lambda e^{-\lambda t}$として説明しました。また、

$$h(t)=\frac{f(t)}{L(t)}=-\frac{d}{dt}\log L(t)$$

を**ハザード関数（死力）**（hazard function）または**故障率関数**（failure ratio function）といいます。これは、いわば時刻tまで寿命がある条件のもとでの時刻tの瞬間に故障する条件付き確率密度です。

$f(t)=\lambda e^{-\lambda t}$（指数分布）のとき、$L(t)=e^{-\lambda t}$ですから、$h(t)=\lambda$と定数になります。指数分布は故障率が一定であるとしたときの寿命のモデルを与えていることになります。

しかし実際には、人間の死亡率や機械の故障率は時間に対して一定ではありません。機械は時が経てば劣化していきますから、機械の故障率は徐々に高くなるでしょう。このような故障率の場合でも寿命のモデルを与えることができるように工夫した分布がワイブル分布です。ワイブル分布$Wb(\alpha,\ \beta)$の故障率は、$h(t)=\dfrac{\alpha t^{\alpha-1}}{\beta^{\alpha}}$と表されます。$Wb(1,\ \beta)$は、指数分布になります。

所得や株価、生命保険の価格に適用されている

経済学者パレートが所得分布のモデルとして経験的に導き出したのがパレート分布です。実は対数正規分布のほうが低所得の層までうまく近似できます。

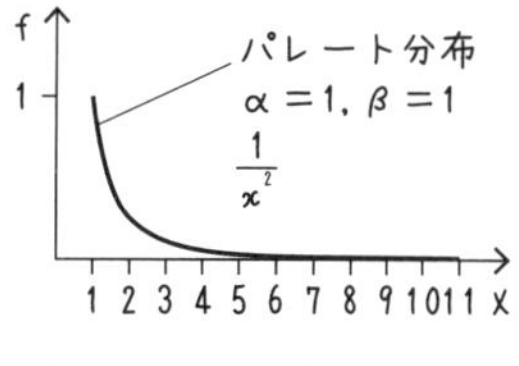

また、金融工学で有名な、オプションの理論価格を表すブラック・ショールズの公式は株価が対数正規分布に従うとして導き出しています。ワイブル分布は生命保険の価格を計算するときにも使われています。

難易度 ★★★　実用 ★★★　試験 ★★★★

10 多項分布

二項分布を拡張した多次元の確率分布です。

Point

多項係数×(確率の積)

1回の試行で事象A_1、A_2、……、A_mのどれか1つが起こる。それぞれの確率を$P(A_i)=p_i$と置く（ただし、$\sum p_i=1$）。

n回の試行で、事象A_iが起こる回数をX_i回とすると、

$P(X_1=k_1,\ X_2=k_2,\ \cdots\cdots,\ X_{m-1}=k_{m-1})$ は、

$$\frac{n!}{k_1!k_2!\cdots\cdots k_m!}{p_1}^{k_1}{p_2}^{k_2}\cdots\cdots{p_m}^{k_m}\quad\left(\text{ただし}k_m=n-\sum_{i=1}^{m-1}k_i\right)$$

このとき$m-1$次元確率変数$(X_1,\ X_2,\ \cdots\cdots,\ X_{m-1})$の従う確率分布を**多項分布**（multinomial distribution）といい、$M(n,\ p_1,\ p_2,\ \cdots\cdots,\ p_{m-1})$で表す。

周辺確率質量関数、共分散を計算すると……

$(X,\ Y)$が$M(n,\ p,\ q)$に従うとき、確率質量関数は、

$$P(X=k,\ Y=l)=\frac{n!}{k!l!(n-k-l)!}p^kq^l(1-p-q)^{n-k-l}$$

これに対して、周辺確率質量関数は、

$$P(X=k)=\frac{n!}{k!(n-k)!}p^k(1-p)^{n-k}$$

と二項分布になります。したがって、$E[X]=np$、$V[X]=np(1-p)$です。

また、共分散は$\mathrm{Cov}(X,\ Y)=-npq$です。

Business 赤信号4回、青信号5回、黄信号6回で246号線を進む確率

$m=3$の場合、すなわち2次元の確率変数の場合で説明します。246号線で駒沢大学から渋谷まで15回の信号を通過しなければなりません。信号が赤、青、黄である事象をそれぞれA、B、Cとし、その確率を次のように仮定します。

$$P(A)=\frac{2}{6}、P(B)=\frac{3}{6}、P(C)=\frac{1}{6}$$

15回の信号でA4回、B5回、C6回となる確率を求めてみましょう。もしもA、A、A、A、B、B、B、B、B、C、C、C、C、C、Cの順に事象が起こったときの確率は、積の法則を用いて、

$$\left(\frac{2}{6}\right)^4\left(\frac{3}{6}\right)^5\left(\frac{1}{6}\right)^6$$

と表されます。Aが4回、Bが5回、Cが6回であれば、上の順とは異なった順序であっても同じ確率になります。

そこで、A 4個、B 5個、C 6個の計15個の文字の並べ方が全部で何通りあるかを求めてみましょう。**文字を並べる箇所を15個用意しておいて、そこに文字を並べていくことを考えます。**はじめ4個のAを並べ、次に5個のBを並べ、残りにCを並べることにしましょう。

多項係数の求め方

15個のうちからA 4個を並べる場所の選び方は${}_{15}\mathrm{C}_4$(通り)、残り$15-4=11$個のうちからB 5個を並べる場所の選び方は${}_{11}\mathrm{C}_5$(通り)ですから、A 4個、B 5個、C 6個の計15個の文字を並べて作る順列の総数は、${}_{15}\mathrm{C}_4\times{}_{11}\mathrm{C}_5$(通り)です。

このコンビネーションの式を次のように変形しておきます。

$${}_{15}\mathrm{C}_4\times{}_{11}\mathrm{C}_5=\frac{15!}{4!(15-4)!}\times\frac{11!}{5!(11-5)!}=\frac{15!}{4!11!}\times\frac{11!}{5!6!}=\frac{15!}{4!5!6!}$$

これを用いると、15回の信号のうち赤が4回、青が5回、黄が6回起こる確率は、

$$\frac{15!}{4!5!6!}\left(\frac{2}{6}\right)^4\left(\frac{3}{6}\right)^5\left(\frac{1}{6}\right)^6$$

となります。Pointの式の形になりました。15回の信号のうち赤が起こる回数をX、青が起こる回数をYと置くと、$(X,\ Y)$は、$M\left(15,\ \frac{2}{6},\ \frac{3}{6}\right)$に従います。

このようにして得た確率から駒沢大学－渋谷間の所要時間も期待値として計算できます。なお、係数$\frac{15!}{4!5!6!}$は**多項係数**と呼ばれ、$(x+y+z)^{15}$の展開式の$x^4y^5z^6$の係数になっています。

難易度 ★★★★★　実用 ★　試験 ★★★

11 多次元正規分布

検定2級以上では出題範囲に入ります。2次元の場合で理解しましょう。

Point

1次元のときと見比べて味わう

n 次元確率変数 $\boldsymbol{X}=(X_1,\ X_2,\ \cdots\cdots,\ X_n)^T$ の同時確率密度関数が

$$f(\boldsymbol{x})=\frac{1}{(2\pi)^{\frac{n}{2}}\,|\,\boldsymbol{\Sigma}\,|^{\frac{1}{2}}}\exp\left[-\frac{1}{2}(\boldsymbol{x}-\boldsymbol{\mu})^T\boldsymbol{\Sigma}^{-1}(\boldsymbol{x}-\boldsymbol{\mu})\right]$$

^{T}は転置を表す。　$|\Sigma|$ は Σ の行列式、Σ^{-1} は Σ の逆行列。

で表されるとき、$\boldsymbol{X}$の従う確率分布を**n次元正規分布**といい、$N(\boldsymbol{\mu},\ \boldsymbol{\Sigma})$で表す。ここで、$\boldsymbol{\mu}$、$\boldsymbol{\Sigma}$は、

$\boldsymbol{\mu}=(\mu_1,\ \cdots\cdots,\ \mu_n)^T$：平均ベクトル

$$\boldsymbol{\Sigma}=\begin{pmatrix}\sigma_{11} & \cdots\cdots & \sigma_{1n}\\ \vdots & & \vdots\\ \sigma_{n1} & \cdots\cdots & \sigma_{nn}\end{pmatrix}$$：**共分散行列**

2次元の場合を書き下す

2次元正規分布$(X,\ Y)$の同時確率密度関数を書き下してみましょう。

平均ベクトルを、$\mu=(\mu_x,\ \mu_y)^T$

共分散行列を、$\boldsymbol{\Sigma}=\begin{pmatrix}\sigma_x{}^2 & \sigma_{xy}\\ \sigma_{xy} & \sigma_y{}^2\end{pmatrix}$　とするとき、

$$f(x,\ y)=\frac{1}{2\pi\sigma_x\sigma_y\sqrt{1-\rho^2}}$$

$\rho=\dfrac{\sigma_{xy}}{\sigma_x\sigma_y}$（相関係数）

$$\times\exp\left[-\frac{1}{2(1-\rho^2)}\left(\frac{(x-\mu_x)^2}{\sigma_x{}^2}-2\rho\frac{(x-\mu_x)(y-\mu_y)}{\sigma_x\sigma_y}+\frac{(y-\mu_y)^2}{\sigma_y{}^2}\right)\right]$$

となります。expの中を$g(x,\ y)$と置くと、$f(x,\ y)$が一定のとき、$g(x,\ y)=c$（定数）となり、これはxy平面上で楕円を表しています。$z=f(x,\ y)$をプロットすると図のようになります。

多次元正規分布

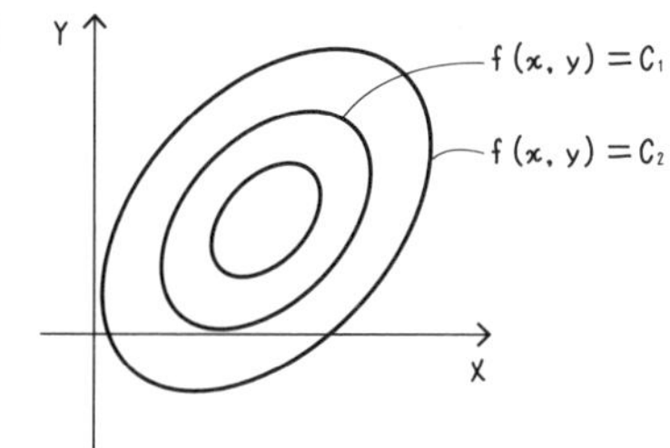

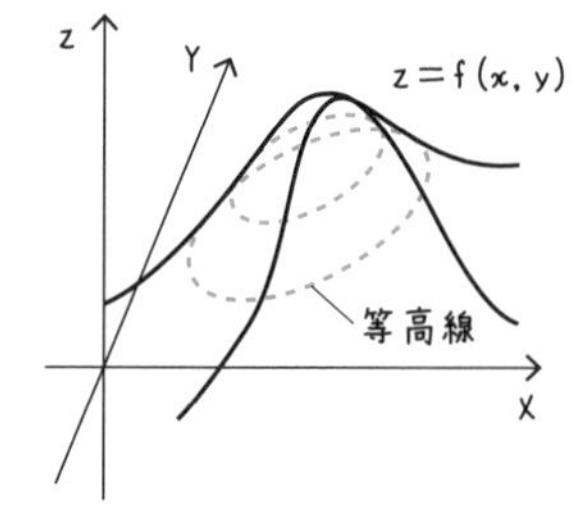

平均・分散・共分散を計算すると……

n次元確率変数$\boldsymbol{X}=(X_1,\ X_2,\ \cdots\cdots,\ X_n)^T$が$n$次元正規分布に従うとき、期待値、分散、共分散を計算すると、

$$E[X_i]=\mu_i、V[X_i]=\sigma_{ii}、\mathrm{Cov}[X_i,\ X_j]=\sigma_{ij}$$

と、ちょうど平均ベクトルの成分、共分散行列の成分になります。逆にこのような計算結果があるので、$\boldsymbol{\mu}$を**平均ベクトル**、$\boldsymbol{\Sigma}$を共分散行列と呼ぶのです。

一般に、2つの確率変数X、Yが独立であればX、Yは無相関ですが、逆は成り立たない場合があります。しかし、X_iとX_jについて、次が成り立ちます。

$$\sigma_{ij}=0\quad(X_i と X_j は無相関)\quad\Leftrightarrow\quad X_i と X_j は独立$$

2次元の例で確かめてみます。$\sigma_{xy}=0$のとき、$\rho=0$ですから、

$$\begin{aligned} f(x,\ y) &= \frac{1}{\sqrt{2\pi}\sigma_x}\exp\left(-\frac{(x-\mu_x)^2}{2{\sigma_x}^2}\right)\times\frac{1}{\sqrt{2\pi}\sigma_y}\exp\left(-\frac{(y-\mu_y)^2}{2{\sigma_y}^2}\right) \\ &= f_X(x)f_Y(y) \end{aligned}$$

03章07節の確率変数の独立の定義を満たしています

周辺同時確率変数（$X_1,\ X_2,\ \cdots\cdots,\ X_{n-1}$）は、$n-1$次元正規分布になります。

Business 接待ゴルフは2次元正規分布で乗り切ろう

ゴルフボールの着地点は2次元正規分布に従います。営業課のK君は取引先の部長がゴルフ好きであることを聞き、ゴルフ練習場に押しかけて部長のデータを取り、2次元正規分布のσ_x、σ_y、ρを割り出しました。接待ゴルフの際にグリーン（領域Dとする）に乗る確率を同時確率密度関数をDで重積分することによって計算し、部長に気に入られました。

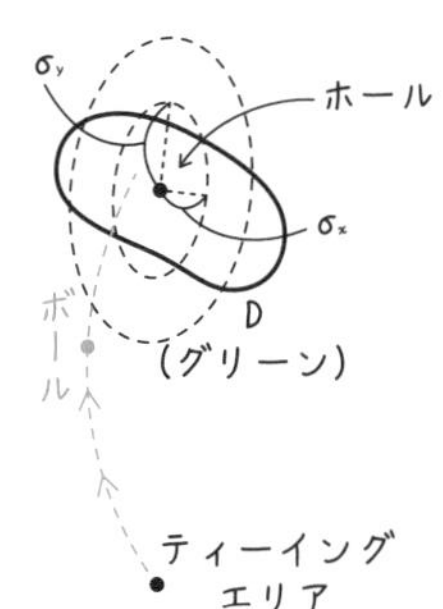

確率分布の値をソフトで求める

巻末に、標準正規分布、χ^2分布、t分布、F分布の表をつけました。これに載っていない値や他の分布の値については、ExcelやRなどの統計ソフトを用いて知ることができます。

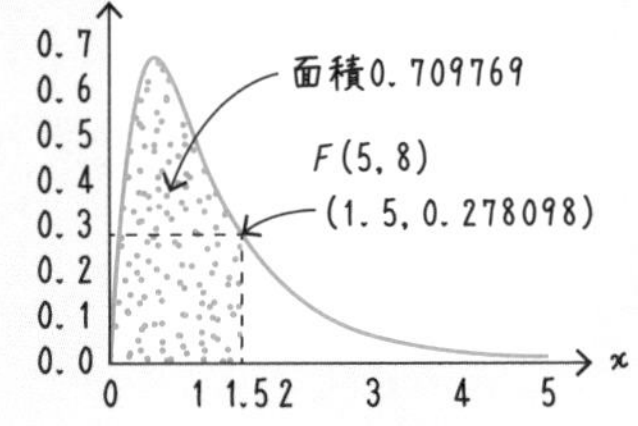

自由度（5, 8）のF分布について、右図のようなとき、Excel、Rのコマンドに対して次のような値が返ってきます。Excelのパーセント点のコマンドINVは、累積分布関数の逆関数（inverse function）からきています。

	Excel	R	値
累積分布関数	F.DIST(1.5, 5, 8, TURE)	pf(1.5, 5, 8)	0.709769
確率密度関数	F.DIST(1.5, 5, 8, FALSE)	df(1.5, 5, 8)	0.278098
パーセント点	F.INV(0.709, 5, 8)	qf(0.709, 5, 8)	1.497238

Excelの場合は＝に続いて、Rの場合は＞（プロンプト）の次に、上を打ち込むことで値を得ることができます。他の確率分布の場合は、Fやfを下の表のように入れ替え、適切に引数を入れます。

分布	標準正規	t	χ^2	ポアソン	対数正規
Excel	NORM.S	T	CHISQ	POISSON	LOGNORM
R	norm	t	chisq	pois	lnorm

分布	指数分布	二項分布	ワイブル	超幾何
Excel	EXPON	BINOM	WEIBULL	HYPGEOM
R	exp	binom	weibull	hyper

Chapter
05

推定

推測統計とはデータから予測・判断すること

この章では推測統計学の1つである推定を扱います。**推測統計**とは、データの一部を取り出して、データ全体について予測・判断するための手法のことです。

たとえば、関東1,800万世帯についての視聴率を900世帯の調査家庭の視聴率から割り出したり、選挙の投票結果を出口調査から予測したりするのが推定です。

視聴率調査では対象である1,800万世帯すべてを調査するのが理想です。これを**全数調査**または**悉皆**（しっかい）**調査**といいます。しかし、全数調査には費用がかかりすぎるので一部を抜き出し900世帯から全体の視聴率を予測することになります。

統計学ではこの1,800万世帯のような調査の対象となる集団を**母集団**（population）といいます。これに対して、実際に調査する900世帯を**標本**（sample）といいます。推測統計とは、母集団の分布の特徴を標本のデータから予測・判断することであるとまとめられます。

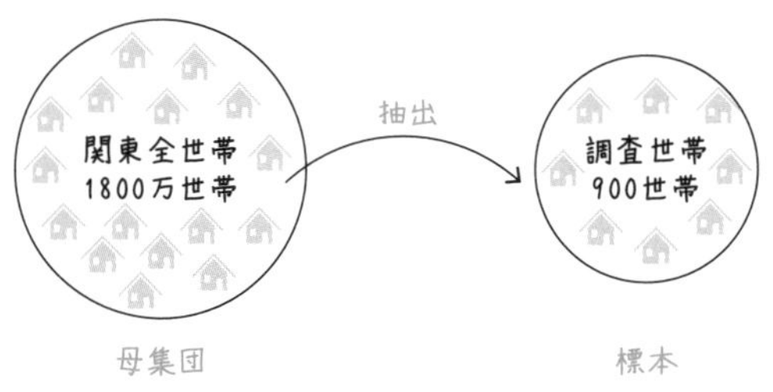

母集団の平均を**母平均**、分散を**母分散**、標準偏差を**母標準偏差**といいます。これらのように母集団の分布の特徴を表すパラメータを**母数**（population parameters）といいます。母集団の分布を、パラメータ（母数）を用いたモデルで設定するとき、標本のデータから母数を予測することを**推定**といいます。標本のほうも母集団に倣い、標本の平均を**標本平均**、標本の分散を**標本分**

散、標本の標準偏差を**標本標準偏差**といいます。

予測には2つあり、ズバリ1つの値で予測することを**点推定**、範囲をもって予測することを**区間推定**といいます。なお、仮定した母数の値が正しいかどうか判断する手法が検定です（これは06章）。

結果だけ聞く場合には区間推定よりも点推定のほうが単純ですが、点推定の背後にある理論まで理解しようとすると区間推定よりも難しくて骨が折れます。**はじめて推定を学ばれる方、統計検定2級を受験する方は、区間推定の仕組みから読んで、推定の手順を覚えましょう。**

大標本理論と小標本理論

推定、検定で紹介する推測統計学の手法は、フィッシャー、ネイマン、ピアソンらが作りました。これらは、推定・検定を実行するに足る十分な標本が存在している場合に使える理論です。標本のサイズが30以上のときを論ずる理論を**大標本理論**、30未満を**小標本理論**としています。たとえば、母平均の推定をするとき、大標本理論であれば正規分布を用いますが、小標本理論ではt分布を用います。

標本がないときは、**ベイズ統計学**を用いて推定をすることが考えられます。これは、11章のベイズ統計で紹介します。フィッシャー、ネイマン、ピアソンは、ベイズ統計を用いることを目の敵にして認めませんでした。

不偏分散と標本分散

流儀によっては、サイズnの標本（x_1, x_2, ……, x_n）の標本分散を

$$\frac{1}{n-1}\sum_{i=1}^{n}(x_i-\bar{x})^2$$

と定義する場合もあります。本書ではこれを**不偏分散**と呼んでいます。

標本の分散を計算するときは$n-1$で割らなければならないと、丸ごと覚え込んでいる人もいることでしょう。不偏性を持つ推定量で母分散を推定したいときは、$n-1$で割った不偏分散を用います。統計検定2級を受ける人は、$n-1$で割らなければいけない理由がわかっておいたほうが良いでしょう。

01 復元抽出・非復元抽出

確率の問題を解くときには、どちらの場合であるか注意しましょう。

Point

抽出したものを戻すか戻さないかの違い

- 復元抽出：抽出したものをもとに戻す。
- 非復元抽出：抽出したものをもとに戻さない。

非復元抽出でも母集団が大きければ独立と見なせる

箱の中に色のついた玉が十分多く入っているものとし、ここから2個の玉を取り出すことを考えます。まず1個の玉を取り出して色を確認したあと、取り出した玉をいったん箱に戻します。そして、次に玉を1個取り出します。このような手順で2個の玉を取り出すことを**復元抽出**（sampling with replacement）といいます。はじめの状態を復元してから取り出しているわけです。これに対して、はじめに取り出した玉を箱の中に戻さずに2個目の玉を取り出すことを**非復元抽出**（sampling without replacement）といいます。

1から10が書かれた10枚のカードを袋に入れ、そこから2枚を取り出すときのことを考えてみます。復元抽出でも非復元抽出でも、1枚目に5が出る確率は10分の1です。しかし、1枚目で5が出て、2枚目で4が出る確率は、

復元抽出　$\frac{1}{10}\times\frac{1}{10}=\frac{1}{100}$　　　非復元抽出　$\frac{1}{10}\times\frac{1}{9}=\frac{1}{90}$

と異なります。復元抽出では、1枚目のカードが□である事象と2枚目のカードが△である事象は独立（03章07節）ですが、非復元抽出では独立ではありません。

有限な母集団から標本を抽出する方法は非復元抽出にあたります。しかし、母集団から抽出した標本を確率変数X_1、X_2、……、X_nとするとき、X_1、X_2、……、X_nは独立であるとして理論は作られています。これは母集団が十分大きいときは、ほとんど独立とみなして良いからです。上のカードの例でカードの枚数を大きく

していくと、復元抽出のときの確率と非復元抽出のときの確率の比は1に近づいていくからです。

なお、母集団のサイズが小さいときは、復元抽出と非復元抽出の差が大きくなります。このときは**有限母集団**と呼んで、母集団のサイズNと標本のサイズnを用いて、統計量を補正します（04章04節　有限母集団修正）。

標本平均の期待値・分散を計算する

n個の確率変数X_1、X_2、……、X_nが、独立でかつ同じ分布に従う（$i.i.d.$）※とします。$E[X_i]=\mu$、$V[X_i]=\sigma^2$のとき、確率変数X_iの平均

$$\bar{X}=\frac{1}{n}(X_1+X_2+\cdots\cdots+X_n)$$

の期待値・分散は、次のようになります。

$$E[\bar{X}]=\mu \qquad V[\bar{X}]=\frac{\sigma^2}{n}$$

この結果は、推測統計で標本平均の分布を知る手掛かりになります。

［確かめ］　　青字の番号は03章11節の公式番号。

$$E[\bar{X}]=E\left[\frac{1}{n}(X_1+X_2+\cdots\cdots+X_n)\right]\underset{(1)}{=}\frac{1}{n}E[X_1+X_2+\cdots\cdots+X_n]$$

$$\underset{(5)}{=}\frac{1}{n}\{E[X_1]+E[X_2]+\cdots\cdots+E[X_n]\}=\frac{1}{n}\cdot n\mu=\mu$$

$$V[\bar{X}]=V\left[\frac{1}{n}(X_1+X_2+\cdots\cdots+X_n)\right]\underset{(2)}{=}\frac{1}{n^2}V[X_1+X_2+\cdots\cdots+X_n]$$

$$\underset{(8)}{=}\frac{1}{n^2}\{V[X_1]+V[X_2]+\cdots\cdots+V[X_n]\}=\frac{1}{n^2}\cdot n\sigma^2=\frac{\sigma^2}{n}$$

Business プロのギャンブラーになるには非復元抽出で勝負する

トランプゲームのブラックジャックには、カウンティングと呼ばれる必勝法が存在します。開けられているカードから勝ちの確率を計算し、掛け金を増減させるテクニックです。カードの数は有限で非復元抽出なので、勝ちの確率［これは条件付き確率（11章01節）］は変化していくのです。この変化を確実に捉えることができ、最適なベットを制御できる人がプロなのです。独立な事象である宝くじを買って食べていける人はいませんが、非復元抽出により独立でない事象の確率を扱うブラックジャック・麻雀にはギャンブルのプロがいます。

※$i.i.d.$はindependent and identically distributedの頭文字を取っています。

難易度 ★　実用 ★★★　試験 ★★★★

02 標本の抽出法

統計調査の基本です。分散の計算法を知っておくと良いでしょう。

Point

母集団の特性に合う効率の良い抽出法を選ぼう

- 単純無作為抽出法：標本のすべてを無作為に抽出。
- 系統抽出法：はじめの1個を無作為に選び、あとは等間隔で。
- 2段抽出法：まず複数の集団を抽出、次にそこからもう一度抽出。
- 層化抽出法：母集団をいくつかの層に分けて、層ごとに抽出。
  比例抽出法、ネイマン抽出法、デミング抽出法がある。

抽出は無作為に行う

母集団に番号を振り、サイコロや乱数表などを用いて無作為（ランダム）に番号を選んで抽出する方法を**単純無作為抽出法**（simple random sampling）といいます。最初の1個だけを無作為に選んで等間隔（等差数列）で抽出する方法を**系統抽出法**（systematic sampling）といいます。

2段抽出法（two-stage sampling）というのは、たとえば、全国の世帯で調査をするとき、市町村の中から50個を選び、選んだそれぞれの市町村から30世帯を抽出するような抽出法のことです。このとき、市町村を**第1抽出単位**（primary sampling unit）または集落（cluster）、世帯を**第2抽出単位**（secondary sampling unit）といいます。3段以上の多段抽出法もあります。

層化抽出法で分散を抑える

母集団πをいくつかの集団（層、strata）に分け、その集団ごとに標本を抽出することを**層化抽出法**（stratified sampling）といいます。

たとえば、日本全国で統計を取る場合に、都道府県ごとに統計を取り、それらをまとめる場合が層化抽出法です。層をπ_1、……、π_k、各層に属する対象の個数をN_1、……、N_k、それぞれの層から取り出した標本のサイズをn_1、……、n_k、標準偏差をσ_1、……、σ_kとします。このとき母集団πの変量の総計は、

$$Z = \sum_{i=1}^{k} \frac{N_i}{n_i} \times (\pi_i\text{の標本の変量の総計})$$

と推定できます。**うまく属性を選んで層を分けて層別に抽出すると、単純無作為抽出法に比べて推定の精度を高める（推定値Zの分数を小さくする）ことができます**。これが層化抽出法の効用です。

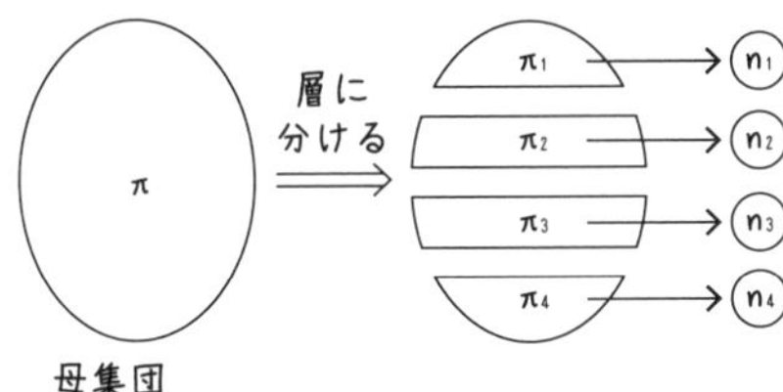

n_1、……、n_kの決め方により、いくつかに分かれます。

(1) **比例抽出法**（proportional sampling）

各層に対して一定の割合で抽出する（n_iがN_iに比例する）。

(2) **ネイマン抽出法**（Neyman sampling）

標本サイズの合計n（$=\sum_{i=1}^{k} n_i$）が一定であるとしたとき、n_iと$N_i\sigma_i$が比例するように抽出する。このとき、Zの分散は最小になる。

(3) **デミング抽出法**（Deming sampling）

π_iに属する1個体当たりの調査費用がc_iであるとする。総費用$C = \sum_{i=1}^{k} n_i c_i$が一定であるとしたとき、$n_i$が$N_i\sigma_i / \sqrt{c_i}$に比例するように抽出する。このとき、$Z$の分散は最小になる。

Business 昔サイコロ、今ソフト　ランダムを極めよう

ジャンケンでグー、チョキ、パーを確率3分の1ずつ出せる人はいないでしょう。どうしても癖が出てしまうのです。ですから抽出のときは、偏らないように乱数を発生させて抽出しましょう。昔はサイコロや乱数表といったアナログなツールしかありませんでしたが、今ではExcelでセルに「＝RAND（）」と関数を打ち込むだけで簡単に乱数を発生させることができます。

難易度 ★★　実用 ★★★★★　試験 ★★★★★

最尤法（さいゆうほう）

一番よく使われる推定値の求め方です。推測統計では必須です。

Point

同時確率関数をθの関数と見て、最大値を取るθを求める

確率密度（質量）関数$f(x;\theta)$に従っている母集団からn個の標本x_1、x_2、……、x_nを取り出したときの同時確率密度（質量）関数をθの関数と見たもの、

$$L(\theta)=\prod_{k=1}^{n}f(x_k;\theta)$$
$$=f(x_1;\theta)f(x_2;\theta)\cdots f(x_n;\theta)$$

$\prod_{k=1}^{n}$は$a_1\times a_2\times\cdots\cdots\times a_n$を表します。

を**尤度関数**（likelihood function）という。

$L(\theta)$を最大にするようなθを、標本x_1、x_2、…、x_nから求めたものを**最尤推定値**（maximum likelihood estimate）という。さらに、この標本の値を確率変数として見たときは**最尤推定量**（maximum likelihood estimator）という。また、このような推定の仕方を**最尤法**（method of maximum likelihood）または**最尤推定**（MLE）という。

尤度が最大になるようなθ（モデル）を選ぶ

「尤も」は「もっとも」と読み、「もっともらしい」という意味を持っています。$L(\theta)$をθに関して$(-\infty, \infty)$で積分しても（あるいはθについて総和を取っても）1にはなりません。ですから、$L(\theta)$は確率密度（質量）関数ではありません。確率ではないので**尤度**（likelihood）とフィッシャーは名づけたのでしょう。

$L(\theta)$を最大にするようなθを推定値として取るという根拠は、「いま目の前に起きたことは、一番確率が大きいことが起きたのだ」とする捉え方です。

母集団に関してθの値ごとに、母集団の分布のモデルがあると捉えましょう。

各モデルのもとでx_1、x_2、……、x_nとなる同時確率の値を尤度関数$L(\theta)$と置いたわけです。**$L(\theta)$を最大にするθを選ぶということは、モデルのうちで起きた**

ことの確率を一番大きくするようなモデルを選ぶということです。θの値ごとに母集団の分布のモデルがあるとする捉え方は、ベイズ統計の事前分布にも通じる重要な捉え方です。

Business 訪問営業の成約の確率を最尤法で推定する

> **問題**　営業課K君の成約の確率がθであるとする。5回の訪問営業で、成約、成約、不成約、不成約、不成約となった。最尤法によってθを推定せよ。

成約の確率がθのもとで、成約、成約、不成約、不成約、不成約となる確率は$\theta^2(1-\theta)^3$ですから、尤度関数$L(\theta)$は、$L(\theta)=\theta^2(1-\theta)^3$です。

これをθで微分すると、

$$
\begin{aligned}
L'(\theta) &= 2\theta(1-\theta)^3+\theta^2\cdot 3(1-\theta)^2(-1) \\
&= \theta(1-\theta)^2\{2(1-\theta)-3\theta\} \\
&= \theta(1-\theta)^2(2-5\theta)
\end{aligned}
$$

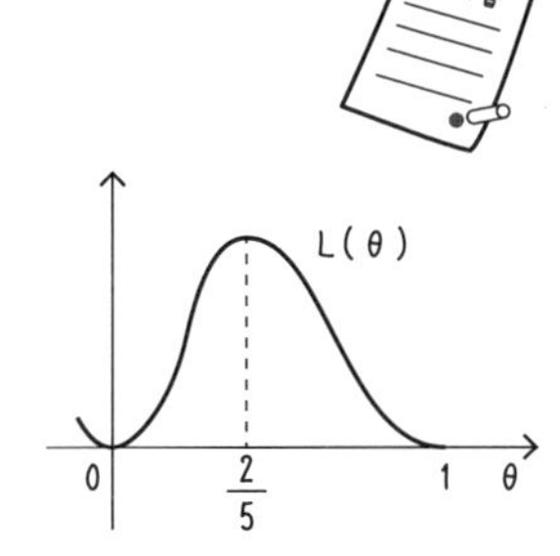

となります。これをもとに$L(\theta)$の$0<\theta<1$での増減を調べると、$\theta=\dfrac{2}{5}$のとき$L(\theta)$が最大になります。

θの最尤推定値は$\hat{\theta}=\dfrac{2}{5}$です。

この問題をPointの$f(x\,;\theta)$の表記に合わせるには、ベルヌーイ分布を用います。成約のとき$X=1$、不成約のとき$X=0$として、Xがベルヌーイ分布$Be(\theta)$（確率質量関数は$f(x\,;\theta)=\theta^x(1-\theta)^{1-x}$）に従っているとして、尤度関数$L(\theta)$は、

$$
\begin{aligned}
L(\theta) &= f(x_1\,;\theta)\,f(x_2\,;\theta)\,f(x_3\,;\theta)\,f(x_4\,;\theta)\,f(x_5\,;\theta) \\
&= \theta^{x_1}(1-\theta)^{1-x_1}\theta^{x_2}(1-\theta)^{1-x_2}\theta^{x_3}(1-\theta)^{1-x_3}\theta^{x_4}(1-\theta)^{1-x_4}\theta^{x_5}(1-\theta)^{1-x_5} \\
&= \theta^{x_1+x_2+x_3+x_4+x_5}(1-\theta)^{5-(x_1+x_2+x_3+x_4+x_5)}
\end{aligned}
$$

成約、成約、不成約、不成約、不成約の順であるとして

$$(x_1,\ x_2,\ x_3,\ x_4,\ x_5)=(1,\ 1,\ 0,\ 0,\ 0)\qquad x_1+x_2+x_3+x_4+x_5=2$$

なので、$L(\theta)=\theta^2(1-\theta)^{5-2}=\theta^2(1-\theta)^3$となり、問題の例に一致します。

文字のまま解けば、最尤推定量は、$\hat{\theta}=\dfrac{1}{5}(X_1+X_2+X_3+X_4+X_5)$ です。

難易度★　実用★　試験★

04 区間推定の仕組み

区間推定をはじめて学ぶ人に読んでいただきたい項目です。

Point

区間推定の手順を確認しよう

母集団分布のパラメータ（母数）θを

信頼係数pで　$a \leqq \theta \leqq b$

と推定することを、**区間推定**という。

標本抽出によるブレを考える区間推定

標本の平均が95であるとき、母平均は95であると点推定されます。しかし、実際に母平均が95にぴたりと一致することはまれでしょう。標本の取り出し方によって確率的なブレがあるからです。そこで、**点推定ではなく、母平均は大体どれくらいの範囲に入っているのか、区間推定することが望まれます**。簡単な例で区間推定の原理を説明してみます。

問題　母集団の分布を一様分布$U(\theta-30,\ \theta+30)$であるとする。母集団から標本（サイズ1）を取り出したところ75であった。このとき、母平均θを信頼係数90％で区間推定せよ。

標本の確率変数をXとします。Xは$U(\theta-30,\ \theta+30)$に従います。

$U(\theta-30,\ \theta+30)$の分布は図のように長方形になります。

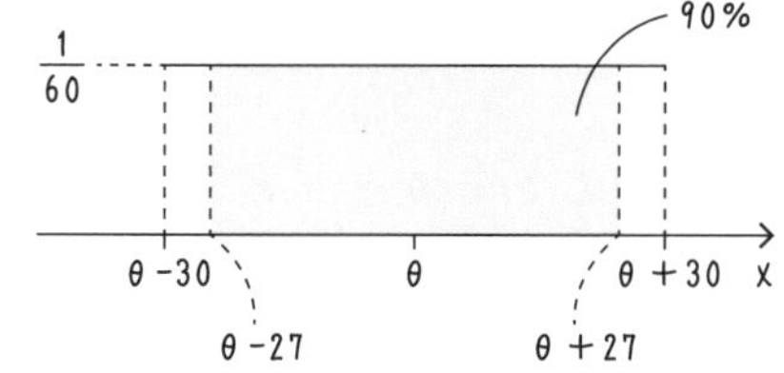

区間$[\theta-30,\ \theta+30]$の両端を削って$[c,\ d]$とし、

$$c \leqq X \leqq d$$

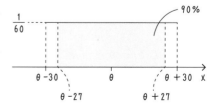

となる確率が90％となるようにしましょう。

区間の長さは60ですから、両側から5％ずつ、すなわち$60\times 0.05=3$ずつ削ります。すると、

$$\theta-27\leqq X\leqq \theta+27$$

となる確率が90％となります。この式でXは確率変数ですが、いま標本は75という確定値を取っています。ですから、このXに代入して、

$$\theta-27\leqq 75\leqq \theta+27$$

となります。これをθに関して解いて、

$$75-27\leqq \theta\leqq 75+27 \qquad 48\leqq \theta\leqq 102$$

となります。これより、

θ（母平均）は、信頼係数90％で区間[48, 102]に入る　90％区間推定ともいう

ということがいえます。推定の手順をまとめると次のようになります。

(1) 母集団のパラメータを用いて、標本の統計量の分布を求める。上の例では、統計量はXそのものだったが、一般には標本X_1、X_2、……、X_nの関数（たとえば、標本平均$\overline{X}$）になる。

(2) 確率pとなる統計量の範囲を求める。

(3) その範囲に統計量の実現値（標本の値）が入っているとして、不等式をパラメータについて解くと、信頼係数pの区間推定になる。

△％の確率で区間に入るというのは正確でない

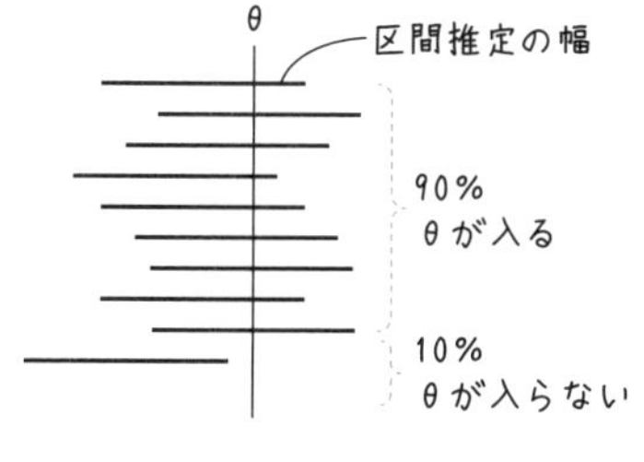

「90％の確率でθが[48, 102]に入る」と表現するのは間違いです。確率90％といえないので、信頼係数90％と言い換えているのです。Xは確率変数ですが、θは母集団のモデルを定めるパラメータですから、θの確率分布を考えているかのように表現するのは間違いです。もしも確率90％という言い方をしたいのであれば、

「信頼係数90％の区間推定を何度も行うとき、θがその推定した区間の中に入っていることが起こる確率は90％である」となります。なお、**通常、信頼係数は95％**です。

難易度 ★★★　実用 ★★★★　試験 ★★★★★

05 正規母集団の母平均の区間推定

（1）は実用的ではありませんが、理論として押さえておきましょう。

Point

σ^2が既知と未知で用いる分布が違う

母集団が正規分布$N(\mu,\ \sigma^2)$に従っているものとする。標本のサイズをn、標本平均を$\bar{x}$とし、母平均μを区間推定する。

（1）σ^2が既知のとき

μの95％信頼区間は、

$$\left[\bar{x}-1.96\times\frac{\sigma}{\sqrt{n}},\ \bar{x}+1.96\times\frac{\sigma}{\sqrt{n}}\right]$$

1.96は正規分布の上側2.5％点

（2）σ^2が未知のとき

μの95％信頼区間は、

$$\left[\bar{x}-\alpha\times\frac{u}{\sqrt{n}},\ \bar{x}+\alpha\times\frac{u}{\sqrt{n}}\right]$$

$u^2=\dfrac{1}{n-1}\sum_{i=1}^{n}(x_i-\bar{x})$　（不偏分散）

α：自由度$n-1$のt分布$t(n-1)$の上側2.5％点

区間推定の原理

（1）の式では、標本平均$\bar{X}$（確率変数）が、$N\left(\mu,\ \dfrac{\sigma^2}{n}\right)$に従うことを用います。

$$\mu-1.96\times\frac{\sigma}{\sqrt{n}}\leqq\bar{X}\leqq\mu+1.96\times\frac{\sigma}{\sqrt{n}}$$

となる確率は95％です。$\bar{X}$に標本平均の実現値を代入し、μについて解けば、95％信頼区間が求まります。

（2）では、$Y=(\bar{X}-\mu)\div\dfrac{U}{\sqrt{n}}$が、自由度$n-1$の$t$分布$t(n-1)$に従うことを用います。

$-\alpha \leqq \dfrac{\overline{X}-\mu}{\dfrac{U}{\sqrt{n}}} \leqq \alpha$（$\alpha$は$t(n-1)$の上側2.5％点）となる確率は95％です。

$\overline{X}$に標本平均、Uに不偏分散の平方根の実現値uを代入し、μについて解けば95％信頼区間が求まります。なお、$\dfrac{u}{\sqrt{n}}$の代わりに$\dfrac{s_x}{\sqrt{n-1}}$を用いても構いません。

Business リンゴの重さの平均を区間推定してみる

問題　箱の中からリンゴを無作為に5個取って重さを調べたところ、

292、270、294、306、298(g)

であった。農園全体のリンゴの重さの平均を、①、②のそれぞれの場合について95％の信頼係数で区間推定せよ。

① リンゴの重さの標準偏差が13.0 gであるとわかっているとき

② リンゴの重さの標準偏差がわかっていないとき

標本の平均は$\bar{x}=(292+270+294+306+298)\div 5=292.0$

① 標本のサイズは$n=5$、母標準偏差σは$\sigma=13.0$です。

母平均の95％信頼区間は、

$$\left[\bar{x}-1.96\times\frac{\sigma}{\sqrt{n}},\ \bar{x}+1.96\times\frac{\sigma}{\sqrt{n}}\right]=\left[292-1.96\times\frac{13}{\sqrt{5}}, 292+1.96\times\frac{13}{\sqrt{5}}\right]$$

$=[281,\ 303]$　（280.6……，303.3……を小数第1位で四捨五入）

② 各偏差は、0、-22、2、14、6なので、不偏分散u^2は

$u^2=(0^2+22^2+2^2+14^2+6^2)\div(5-1)=720\div 4=180$　　$u=\sqrt{180}$

また、自由度4（$=5-1$）のt分布の2.5％点は、2.78です。

よって、母平均の95％信頼区間は、

$$\left[\bar{x}-2.78\times\frac{u}{\sqrt{n}},\ \bar{x}+2.78\times\frac{u}{\sqrt{n}}\right]$$

$$=\left[292-2.78\times\frac{\sqrt{180}}{\sqrt{5}},\ 292+2.78\times\frac{\sqrt{180}}{\sqrt{5}}\right]$$

$$=[292-6.00\times 2.78,\ 292+6.00\times 2.78]$$

$=[275,\ 309]$　（275.3……，308.6……を小数第1位で四捨五入）

難易度 ★★★　実用 ★★★★★　試験 ★★★★

06 母比率の区間推定

統計検定でもよく出ます。公式を覚えておきましょう。

Point

二項分布を正規分布で近似している

母集団の中で属性Aを持つ比率をp（母比率）とする。

サイズnの標本のうち属性Aを持つものがk個のとき、

pの95％信頼区間は、標本の比率$\bar{x}=\dfrac{k}{n}$を用いて、

$$\left[\bar{x}-1.96\times\sqrt{\frac{\bar{x}(1-\bar{x})}{n}},\ \bar{x}+1.96\times\sqrt{\frac{\bar{x}(1-\bar{x})}{n}}\right]$$

できれば母比率推定の仕組みも理解しておきたい

母集団から1個を抽出するとき、それが属性Aを持つ確率はpです。よって、母集団から1個を抽出する試行はベルヌーイ試行$Be(p)$です。母集団からn個を取り出して、そのうち属性Aを持つ個体の個数を確率変数Xと置くと、Xは二項分布$Bin(n,p)$に従います。

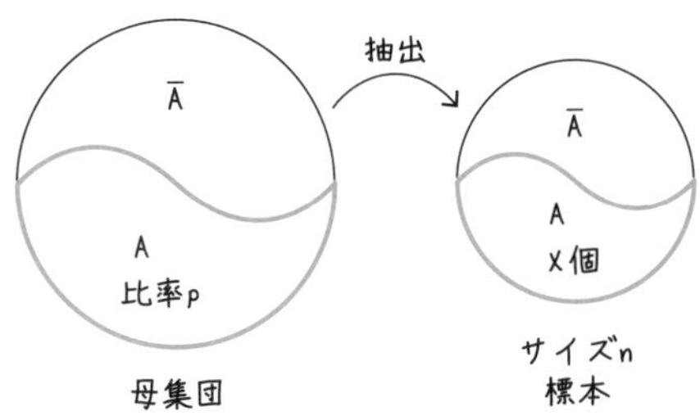

04章01節より、Xの平均・分散は、$E[X]=np$、$V[X]=np(1-p)$です。

属性Aを持つ個体の比率$\dfrac{X}{n}$の平均・分散は、03章11節の公式を用いて、

$$E\left[\frac{X}{n}\right]\underset{(1)}{=}\frac{1}{n}E[X]=p、V\left[\frac{X}{n}\right]\underset{(2)}{=}\frac{1}{n^2}V[X]=\frac{p(1-p)}{n}$$

です。nが大きいとき、二項分布は正規分布で近似できますから、標本の比率$\frac{x}{n}$は、正規分布$N\left(p,\ \frac{p(1-p)}{n}\right)$に従います。つまり、

$$p-1.96\times\sqrt{\frac{p(1-p)}{n}}<\frac{x}{n}<p+1.96\times\sqrt{\frac{p(1-p)}{n}}$$

となる確率は95%です。この式で$\frac{x}{n}$を実現値$\bar{x}=\frac{k}{n}$に置き換え、ルートの中の母比率pも標本の比率$\bar{x}=\frac{k}{n}$に置き換え、pについて解くと、

$$\bar{x}-1.96\times\sqrt{\frac{\bar{x}(1-\bar{x})}{n}}<p<\bar{x}+1.96\times\sqrt{\frac{\bar{x}(1-\bar{x})}{n}}$$

となり、**母比率の95%信頼区間が求まります。**

Business 視聴率調査の1%の違いは大きいのか？

属性Aを、「対象となる番組を見た」とすれば、母比率は全世帯の視聴率、標本の比率は視聴率調査に協力する調査世帯の視聴率となります。

問題　Fテレビの編成局長O氏は、Fテレビの社長から、

「うちの関東地方の視聴率は10%、N局は視聴率11%。
負けてるじゃないか」

と叱られました。Aさんを弁護してあげてください。視聴率の調査世帯は900世帯とします。

母比率（関東地方の視聴率）の95%信頼区間は、公式で$\bar{x}=0.1$、$n=900$として、

$$\left[0.1-1.96\times\sqrt{\frac{0.1(1-0.1)}{900}},0.1+1.96\times\sqrt{\frac{0.1(1-0.1)}{900}}\right]=[0.0804,\ 0.1196]$$

となります。F局の関東地方の実際の視聴率の95%信頼区間は8.04%から11.96%で、N局の11%を含みます。ですから、N局よりもF局のほうが実際の視聴率が高いことは大いに考えられます。視聴率調査での1%程度の差は予測誤差のうちといえるでしょう。

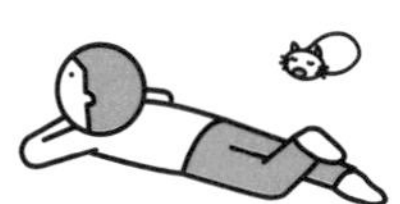

難易度 ★★★★★　実用 ★　試験 ★★★

07 推定量の評価基準

推定量に妥当性があるかどうかの基準です。細かくはもっとありますが、まずは4つを知っておきましょう。

Point

期待値はピタリで、分散は小さいほうがいい

母集団から抽出した標本がX_1、X_2、……、X_nであるとき、母数θの推定量は$\boldsymbol{X}=(X_1,\ X_2,\ \cdots\cdots,\ X_n)$の関数$T(\boldsymbol{X})$によって表される。

推定量Tの評価基準には、次のものがある。

(1)不偏性（unbiasedness）　(2)有効性（efficiency）

(3)一致性（consistency）　(4)十分性（sufficiency）

不偏性（期待値が推定する母数になる）

一般に、母数θの推定量Tが$E[T]=\theta$を満たすとき、Tをθの**不偏推定量**といいます。Tは確率変数なので期待値$E[T]$を考えています。

母分散σ^2の母集団から抽出した標本を確率変数X_1、X_2、……、X_nと見たとき、

$$U^2=\frac{1}{n-1}\sum_{i=1}^{n}(X_i-\overline{X})^2$$

を**不偏分散**といいます。$E[U^2]=\sigma^2$となるので、U^2はσ^2の不偏推定量になっています。それで不偏分散というのです。標本のサイズがnなのに、$n-1$で割っているところがポイントです。nで割れば普通の分散で**標本分散**といいます。なお、U^2を標本分散と呼ぶ流儀もありますから注意してください。

母平均μの母集団から抽出した標本の平均を$\overline{X}$とすると、

$$E[\overline{X}]=\mu$$

を満たすので、$\overline{X}$は母平均μの不偏推定量です。詳しくは08節で。

有効性（不偏推定量の中でも分散は小さいほうがいい）

母数θの不偏推定量がT_1、T_2とあるとします。このとき$E[T_1]=E[T_2]=\theta$が

成り立ちます。分散について、$V[T_1] > V[T_2]$が成り立つとき、**T_2はT_1に比べて有効な推定量**であるといいます。

不偏推定量の分散は、次の不等式によって下限が与えられます。

$$V[T] \geqq \frac{1}{nE\left[\left(\frac{\partial}{\partial\theta}\log f(x;\theta)\right)^2\right]} \quad \text{（クラメール-ラオの不等式）}$$

ここで$f(x;\theta)$は、母集団の分布を表す確率密度関数です。不偏推定量Tがクラメール-ラオの不等式の等号を満たしているとき、Tは**有効推定量**であるといいます。母平均μ、母分散σ^2の正規母集団から抽出した標本から計算した推定量

$$S^2 = \frac{1}{n}\sum_{i=1}^{n}(X_i - \mu)^2$$

は、$E[S^2] = \sigma^2$を満たすので母分散σ^2の不偏推定量であり、クラメール-ラオの不等式の等号を満たすのでS^2はσ^2の有効推定量です。

一致性（極限を取ると母数になる）

標本のサイズがn、母数θの推定量がT_nであるとします。

nを大きくしていくと確率変数T_nの分布がθの付近でほぼ確率1になるとき、T_nを**一致推定量**といいます。すなわち、一致推定量では、標本のサイズを大きくしていけば、いくらでも推定の精度を上げていくことができるということです。

数式で書くと、εを任意の小さい正数として、

$$\lim_{n\to\infty} P(\,|\,T_n - \theta\,|\, < \varepsilon) = 1$$

が成り立ちます。

$\bar{X}$は母平均μの一致推定量、標本分散S^2は母分散σ^2の一致推定量になっています。

十分性（推定量を決めると母数によらず確率が決まる）

θによらず$T(\boldsymbol{X})$の値のみによって$\boldsymbol{X}$の分布（条件付き分布）が決まるとき、すなわち、

$$P(\boldsymbol{X} = \boldsymbol{x} \mid T = t\,;\,\theta) = P(\boldsymbol{X} = \boldsymbol{x} \mid T = t)$$

のとき、Tを**十分統計量**といいます。Tがθの推定量であるとき、Tを**十分推定量**といいます。

難易度 ★★★★★　実用 ★　試験 ★★★

08 不偏推定量

不偏分散の不偏性を示せるようにしておきましょう。

Point

期待値を取れば母数

母集団から取り出した標本を$\boldsymbol{X}=(X_1,\ X_2,\ \cdots\cdots,\ X_n)$、母数$\theta$の推定量を$T(\boldsymbol{X})$とする。

$$E[T(\boldsymbol{X})]=\theta$$

となるとき、$T(\boldsymbol{X})$を**不偏推定量**（unbiased estimator）という。

$T(\boldsymbol{X})$が標本の1次式で表されるとき、$T(\boldsymbol{X})$を**線形不偏推定量**（linear unbiased estimator）という。線形不偏推定量の中で分散が最小のものを**最良線形不偏推定量**（best liner unbiased estimator；BLUE）という。

母平均、母分散の不偏推定量を確かめる

母平均がμ、母分散σ^2のとき、$\bar{X}$、$U^2=\dfrac{1}{n-1}\sum_{i=1}^{n}(X_i-\bar{X})^2$がそれぞれ不偏推定量になっていることを確かめてみましょう。

$E[\bar{X}]=\mu$　（本章01節）

$V[X_i]=E[{X_i}^2]-\{E[X_i]\}^2=\sigma^2$（03章06節）より、$E[{X_i}^2]=\sigma^2+\mu^2$

X_iとX_jは標本の値なので独立としてよく、$E[X_iX_j]=E[X_i]E[X_j]=\mu^2$

$$E[(n\bar{X})^2]=E[(X_1+X_2+\cdots+X_n)^2]=E\left[\sum_{i=1}^{n}{X_i}^2+\sum_{i\neq j}^{n}X_iX_j\right]$$

$$=n(\sigma^2+\mu^2)+n(n-1)\mu^2=n\sigma^2+n^2\mu^2$$

$$\sum_{i=1}^{n}(X_i-\bar{X})^2=\sum_{i=1}^{n}{X_i}^2-2\left(\sum_{i=1}^{n}X_i\right)\bar{X}+n(\bar{X})^2=\sum_{i=1}^{n}{X_i}^2-n(\bar{X})^2$$

$$E[U^2]=E\left[\frac{1}{n-1}\sum_{i=1}^{n}(X_i-\bar{X})^2\right]=\frac{1}{n-1}E\left[\sum_{i=1}^{n}{X_i}^2-n(\bar{X})^2\right]$$

$$=\frac{1}{n-1}\left\{n\,E[{X_i}^2]-\frac{1}{n}E[(n\bar{X})^2]\right\}$$

$$= \frac{1}{n-1}\{n(\sigma^2+\mu^2) - \frac{1}{n}(n\sigma^2+n^2\mu^2)\} = \sigma^2$$

U^2はσ^2の不偏推定量なので、**不偏分散**または**標本不偏分散**といいます。これを単に標本分散という流儀もありますから本を読むときは注意してください。

なお、Uはσの不偏推定量にはなっていません。母集団が正規分布に従う場合は、$\dfrac{\sqrt{n-1}\,\Gamma\left(\frac{n-1}{2}\right)}{\sqrt{2}\,\Gamma\left(\frac{n}{2}\right)}U$が$\sigma$の不偏推定量になります。

μの不偏推定量は他にもあります。たとえば、$Y = \dfrac{X_1+2X_2+3X_3}{6}$です。

要は、X_1、X_2、……、X_nの1次式（定数項なし）で係数の和が1になれば、μの不偏推定量になります。$\bar{X}$もYもμの線形不偏推定量ですが、Yは最良ではありません。$\bar{X}$は最良線形不偏推定量です。

オッズに不偏推定量はない

母集団が$Be(p)$に従っているとき、オッズ$\dfrac{p}{1-p}$を推定してみましょう。

実は、オッズの不偏推定量はありません。もしも不偏推定量$f(X)$があるとすると、たとえば$n=1$のとき、$E[f(X)] = pf(1) + (1-p)f(0)$となりますが、$p \to 1$のときオッズは無限大になっても$E[f(X)]$は無限大にならないからです。

ガウス－マルコフの定理から最良線形不偏推定量が示される

2次元データ（x_i, y_i）の単回帰分析（08章01・05節）において、母集団の分布を

$$Y_i = ax_i + b + \varepsilon_i$$

と置きます。ここでx_iは実現値、Y_i、ε_iは確率変数、a、bは定数です。

母回帰係数a、bの最小2乗推定量は、$\hat{a} = \dfrac{s_{xy}}{s_x{}^2}$、$\hat{b} = \bar{y} - \bar{x}\dfrac{s_{xy}}{s_x{}^2}$で表されます。

この式ではY_iの実現値y_iを使っていますが、y_iをY_iに変えて、$\hat{a}[Y]$、$\hat{b}[Y]$とします。$\hat{a}[Y]$、$\hat{b}[Y]$は、確率変数Y_iを用いたa、bの推定量であり、Y_iの1次式で表されています。**ガウス－マルコフの定理**によると、最小2乗推定量$\hat{\boldsymbol{a}}[\boldsymbol{Y}]$、$\hat{\boldsymbol{b}}[\boldsymbol{Y}]$**は最良線形不偏推定量**になっています。

column

紛らわしい標準偏差と標準誤差の違い

標本のサイズをn、**標準偏差**（standard deviation）をSD、**標本誤差**（standard error）をSEとして、

$$SE=\frac{SD}{\sqrt{n}} \quad \cdots\cdots①$$

という式をよく見かけます。この場合の標準偏差は推定のためのものですから、偏差平方和を$n-1$で割って計算した、

$$SD=\sqrt{\frac{1}{n-1}\sum_{i=1}^{n}(x_i-\bar{x})^2} \quad \cdots\cdots②$$

となります。本書では、標本の標準偏差もnで割るという流儀を取りましたから、それに従えば②の右辺のルート記号の中は不偏分散u^2であり、すなわち$SD=u$であるといえます。

母集団の平均が未知であるとき、母集団の分散の推定量は不偏分散U^2、推定値はデータの不偏分散u^2です。母集団分布の分散をU^2、サイズnの標本の標本平均の分散を${U_s}^2$としたとき、05章01節より、

$${U_s}^2=\frac{U^2}{n} \quad \text{平方根を取って、} U_s=\frac{U}{\sqrt{n}}$$

この式で、$U_s \to SE$、$U \to SD$と置き換えたものが①の式です。①の式の標準誤差は、母平均の推定量のバラツキ（標準偏差）を表したものなのです。「05節 正規母集団の母平均の区間推定」で出てきた、$\frac{u}{\sqrt{n}}$と$\frac{s_x}{\sqrt{n-1}}$はともに標準誤差です。標準誤差は推定・検定の場面で役立ちます。

なお、**推定量を標本平均以外に取ったときでも、推定量のバラツキ（標準偏差）を標準誤差と呼びます。**この場合は誤解を避けるために、推定量を明示して標準誤差という言葉を用いると良いでしょう。08章05節で出てくる標準誤差はこの場合にあたります。

まとめると、**標準偏差はデータのバラツキ、標準誤差は推定量のバラツキ**となります。

Chapter

06

検定

検定の学び方

「○○ダイエットは効果がある」というコマーシャルの惹句があっても、真実かどうかは疑わしいものが多いのが現実でしょう。しかるべき方法でデータを取り、正しい統計処理を行っているかどうかはうかがい知れません。健康法や医療情報では、エビデンスのあるなしが情報の信頼性のあるなしを決めています。**エビデンスとは「検定」の結果です。**「効果がある」と謳うからには、少なくとも検定はしていてほしいものです。

「薬剤Ａよりも薬剤Ｂのほうが血圧降下に効き目がある」という説が正しいかどうかをデータを用いて確率的に判断するのが**検定**です。**確率的に判断する**というのは、100％断定まではできないけれど、ほぼ正しいといえると判断することです。

本章では推測統計の中でも検定を扱います。検定の理論と、正規分布を用いる具体的な検定方法を紹介します。なお、検定と名のつく手法、検定の考え方を用いる統計手法は、本章以外にも書かれていますから目次をご覧ください。

検定には多くの種類がありますが、母集団についての仮定（**仮説**という）を、**検定統計量を用いて検定するという枠組みはどの場合でも同じ**です。ですから、はじめて学ぶ方は、まず01節の検定の原理と手順、02節の検定統計量を読んで検定の理論の根底にある考え方を理解しましょう。あとは注目している母集団の仮定ごとに、それに対応する検定統計量として何を使うか、検定統計量はどんな確率分布に従うか、ということを覚えれば良いのです。

統計検定2級以上を受験する方は、「検定」の問題が解けるようになるために、本章の正規母集団の母平均の検定から等分散検定までと、07章の「適合度検定」「独立性の検定」を覚えなければいけません。データに対してどの検定を用いたら良いかという選択眼を磨いてください。

検定の考え方は、ある意味私たちが日常でも自然に行っている思考判断をなぞってはいます。しかし、その結果の表現には検定独特のものがあります。たとえば、「ナットウキナーゼ（納豆の成分の1つ）に血栓溶解作用があることが、統計的有意にいえる」という主張は、検定の結果を表現しています。この章を学ぶと、このような表現が主張している中身を深く理解できるようになります。場合によっては主張のエビデンスとなる論文を理解することができるようになるでしょう。帰無仮説、対立仮説、有意水準といったお作法を理解し、慣れるまでは少々時間がかかるかもしれません。使っているうちにわかってくることもありますから、多くの問題に当たっていただければと思います。

本書では各種検定の紹介について、**Pointでは検定統計量が従う分布を述べるに留め、問題で有意水準の値を具体的に定めて例を挙げています**。検定による判定法をマニュアル化して書くことも考えましたが、読者の実力を信頼してこのような書き方にしました。

ネイマンとピアソンが作った仮説検定

本章で紹介する仮説検定理論は、ネイマンとエゴン・ピアソンによって完成されました。カール・ピアソンは適合度検定を、フィッシャーは分散分析を作っていますから、検定の原理そのものは理解し応用していたといえます。しかし、カール・ピアソンもフィッシャーもなぜ特定の検定統計量を選ぶのかという問題については無頓着でした。

このような問題について理論づけたのが、ネイマンとエゴン・ピアソンだったのです。2人は、本章で紹介する、帰無仮説、対立仮説、棄却域、第1種の誤り、第2種の誤り、危険率、検出力などの用語を理論とともに整備しました。

「仮説の母数が取りうる範囲を定め、危険率を一定にしたとき、

検出力がなるべく大きくなるように棄却域を定めるべきだ」

という仮説検定のあるべき方向性を提唱したのがネイマンとピアソンなのです。上で「仮説の母数（パラメータ）」というように、ネイマンとピアソンが作った仮説検定は、母集団に確率分布を設定して検定をするので、パラメトリック検定と呼ばれています。

難易度 ★　実用 ★★★★★　試験 ★★★★★

01 検定の原理と手順

検定を学ぶのがはじめてという人に向けて原理と手順を説明します。

Point

ありそうもないことが起こったときは仮説を疑う

検定の手順

(1)帰無仮説、対立仮説を立てる

(2)帰無仮説のもとで、現実に起こったことの確率を求める

(3)確率がp以下　→ 帰無仮説を棄却。有意水準pで対立仮説を採択

確率がpより大きい → 帰無仮説を受容（採択）

Business 歳末の福引はいかさまをしていないか検定する

街を歩いていて、身長が2m近い男性を見かけたとします。あなたは、その人のことを外国人ではないかと思ったとします。日本人の大人の男性の平均身長は170cmほどです。2mはそれに比べてかけ離れた身長なので日本人ではないと思ったのです。これが**検定の原理**です。すなわち、確率が小さいことが起こったとき（大人の身長が2m）には、前提となる仮説（日本人）を棄却し、前提を否定する仮説（外国人）を得るということです。問題で詳しく説明してみましょう。

問題　ハッピー商店街の歳末の福引では3分の2が当たりであるという。Aさんが3回福引をしたところ、3回とも外れてしまった。福引が当たる確率が3分の2より小さいかどうかを有意水準5%で検定せよ。

福引が当たる本当の確率をθと置きます。

帰無仮説（null hypothesis）、**対立仮説**（alternative hypothesis）を、

$$帰無仮説H_0：\theta=\frac{2}{3} \qquad 対立仮説H_1：\theta<\frac{2}{3}$$

とします。このように帰無仮説をH_0、対立仮説をH_1で置くのが慣例です。

帰無仮説のもとで1回の福引で外れる確率は、$1-\frac{2}{3}=\frac{1}{3}$です。

よって、3回ともすべて外れる確率は、$\frac{1}{3}\times\frac{1}{3}\times\frac{1}{3}=\frac{1}{27}=0.037$です。

帰無仮説H_0が正しいという仮定のもとで、現実に起こった出来事が、どれくらいの確率で起こるのかを計算したのが、この確率です。

これが3.7％と非常に小さい確率ですから、帰無仮説H_0を疑うわけです。

小さい確率かどうかの判断の境目となるのが有意水準の値で、この問題の場合5％です。3.7％は5％より小さいので、帰無仮説H_0は間違ったものとして、対立仮説H_1は正しいものとして扱います。これを、**帰無仮説を棄却する**（reject）、**対立仮説を採択する**といいます。

こうして得た結論は、判断の基準となる5％（**有意水準**、significance level）のことまで含めて、**「有意水準5％で、福引の当たる確率は3分の2より小さいといえる」**と表現します。この5％という基準は検定の基準としてよく用いられますが、もっと慎重を期したい場合（たとえば医療統計）には、より低い値を設定しても構いません。

帰無仮説を受容（採択）するときの解釈に注意する

さて、上ではうまい具合に帰無仮説が棄却されましたが、帰無仮説のもとで求めた確率の値が有意水準よりも大きいときは帰無仮説を棄却することはできません。この場合は、**帰無仮説を受容**または**採択**するといいます。英語ではacceptです。

帰無仮説を採択するといっても、現実に起きた事柄は大きな確率で起こることが起きただけなのですから、帰無仮説を強く肯定できるわけではありません。ですから、採択よりも受容のほうがそのニュアンスをよく伝えています。

上の問題の設定で帰無仮説を採択したときの正しい表現は、**「『福引の当たる確率は3分の2より小さい』とはいえない」**です。これを「『福引の当たる確率は3分の2より大きい』といえる」とするのは、言い過ぎで間違っている表現です。

難易度 ★★　実用 ★★★★★　試験 ★★★★

02 検定統計量

検定ごとに用いる統計量は違います。ここでは検定の枠組みについて説明します。

Point

実現値の確率を計算するための道具

母集団から抽出した標本の値を確率変数X_1、X_2、……、X_nとみなす。

母集団のパラメータ（母数）を検定するために、X_1、X_2、……、X_nから作った確率変数$T(X_1, X_2, \cdots\cdots, X_n)$を**検定統計量**（test statistic）という。母数を検定するには、検定統計量Tが従う分布を用いて、標本の実現値が起こる確率を計算する。

Business 覚えていた全国平均の値は正しいのだろうか

標本によって母数を検定するために、検定統計量を作ります。**検定統計量の作り方は、母集団の分布や検定する母数により異なります。**試験の前には、与件に対する検定統計量の作り方を覚えておかなければなりません。

問題を通して、検定統計量の作り方、それを用いた検定のやり方を説明してみましょう。次は、**標本サイズが大きいときに母平均を検定する場合**の問題です。

問題　Aさんは、全国の中学校3年生男子のハンドボール投げの平均値は23.3 m、標準偏差は5.7 mであると本で調べて覚えていた。ところが、Aさんの中学校3年生の男子100人のハンドボール投げの平均値は24.7 mであった。標準偏差の記憶は正しいものとし、Aさんが覚えていた全国平均の値23.3 mが正しいか正しくないかを有意水準5％で検定せよ。

母集団は、全国の中学校3年生男子全員のハンドボール投げの記録です。Aさんの学校の男子100人の記録は、この母集団から無作為抽出した標本であるとみなします。標本平均が24.7 m以上になる確率が5％以下であるか判断します。

母集団から100個抽出したときの値を独立な確率変数X_1、X_2、……、X_{100}と置きます。このとき、標本平均$\bar{X}$は、

$$\bar{X}=\frac{X_1+X_2+\cdots+X_{100}}{100}$$

と表されます。これがこの検定での検定統計量になります。この$\bar{X}$の確率分布を求めてみましょう。

母集団の平均（母平均）の真の値をμと置きます。母分散σ^2は$\sigma^2=5.7^2$です。

母集団から抽出したX_iの平均・分散は、μ、5.7^2ですから、

$E[X_i]=\mu$、$V[X_i]=5.7^2$（05章01節）より$E[\bar{X}]=\mu$、$V[\bar{X}]=\dfrac{5.7^2}{100}$となります。

標本サイズの100は十分に大きいと捉え、中心極限定理を用いると、$\bar{X}$の分布を正規分布とみなせます。すなわち、$\bar{X}$は$N\left(\mu,\ \dfrac{5.7^2}{100}\right)$に従うとみなして良いことになります。ここで帰無仮説、対立仮説を、

帰無仮説H_0：$\mu=23.3$　　　　対立仮説H_1：$\mu\neq 23.3$

と立てます。帰無仮説のもとでの$\bar{X}$の分布は、$N\left(23.3,\ \dfrac{5.7^2}{100}\right)$となります。

このとき、図のように平均から遠いところ（左右2つの網目部）の面積（確率）が5％になるようなア、イの値を求めましょう。アは下側2.5％点、イは上側2.5％点です。正規分布の表から0.025に対応する値を読むと1.96ですから、

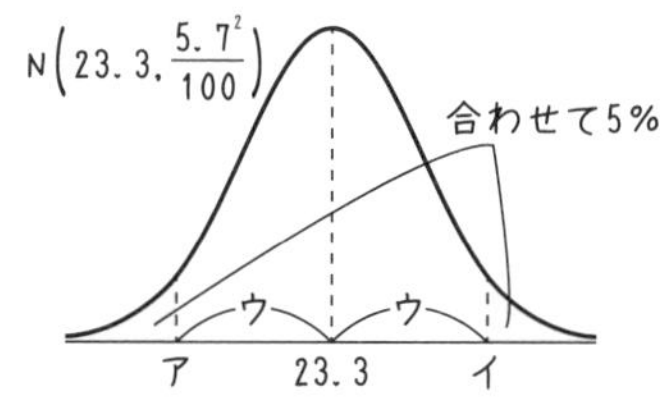

ウの長さは標準偏差$\dfrac{5.7}{10}=0.57$の1.96倍になります。ですから、

ア $=23.3-1.96\times 0.57=22.2$　　　イ $=23.3+1.96\times 0.57=24.4$

と求まります。Aさんの中学校の3年生男子100人の平均値（標本平均）24.7は24.4よりも大きいので、確率5％の範囲に入っています。つまり，$\bar{X}$が24.7以上

になる確率は5％よりも小さいことになります。そこで、帰無仮説H_0を棄却します。有意水準5％で、全国の中学校3年生男子のハンドボール投げの平均値が23.3 mではないことがいえました。22.2 m以下または24.4 m以上を、有意水準5％のときの**棄却域**といいます。

この問題では標本平均$\overline{x}$が24.7でしたが、他の場合のことまで含めて検定の結果をまとめておくと次のようになります。

$\overline{x} \leqq 22.2$または$24.4 \leqq \overline{x}$のとき、帰無仮説H_0を棄却する

$22.2 < \overline{x} < 24.4$のとき、　　　帰無仮説$H_0$を受容する

22.2より大きく24.4より小さい範囲を有意水準5％のときの受容域といいます。なお、$P(\overline{X} \geqq 24.7)$となる値を計算して2.5％と比べる方法でも検定ができます。

$P(\overline{X} \geqq 24.7)$の値を***p*** **値**（p-value）といいます。

両側検定、片側検定とは？

上では棄却域を平均から離れた両側に取りました。これは覚えていた平均値が「正しいか正しくないか」を検定しようとしたからです。覚えていた平均値が正しくない場合、すなわち本当の平均値と一致しない場合には、

(1)　（本当の平均値）＜（覚えていた平均値）

(2)　（本当の平均値）＞（覚えていた平均値）

の2つの場合が考えられます。上の解法で平均値から離れた両側に2.5％ずつ棄却域を取ったのは、この2つの場合を考慮してのことだったのです。

ただ、どうでしょう。問題文ではAの中学校の3年生男子の平均値（標本平均）が24.7と、覚えていた平均値23.3よりも大きい値で与えられています。ですから、本当の平均値が覚えていた平均値よりも「大きいか大きくないか」を検定しようとするのが自然であるともいえます。そこで、問題文を、

「全国の中学校3年生男子のハンドボール投げの本当の平均値が、Aさんが覚えていた平均値23.3mよりも大きいか大きくないか有意水準5％で検定せよ」

と変更して、問題を解いてみましょう。

この場合、本当の平均値をμとすると、帰無仮説、対立仮説は、

帰無仮説$H_0 : \mu = 23.3$　　対立仮説$H_1 : \mu > 23.3$

となります。この場合でも標本平均$\bar{X}$の分布は$N\left(23.3,\ \dfrac{5.7^2}{100}\right)$ですが、棄却域が前とは異なります。今度は対立仮説$H_1$が$\mu > 23.3$ですから、大きいほうに外れる場合しか考慮していないのです。対立仮説を採択するのは、実際の標本平均$\bar{x}$が大きいときです。ですから、図のように上側の面積が5％となるように取ったときのアの値を求めましょう。

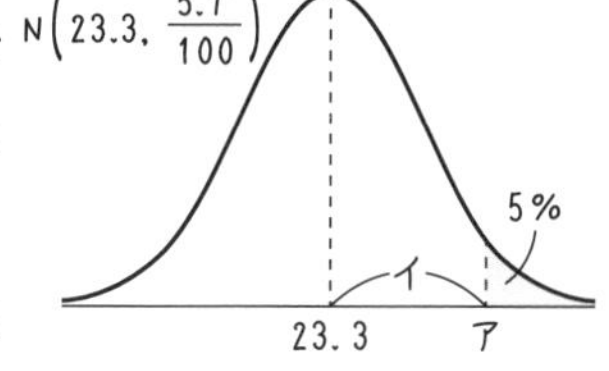

正規分布の表から0.05に対応する値を読むと1.64ですから、イの長さは標準偏差$\dfrac{5.7}{10}$の1.64倍になります。アの値は、

$$\text{ア} = 23.3 + 1.64 \times 0.57 = 24.2$$

したがって、本当の平均値が覚えていた平均値よりも「大きいか大きくないか」を有意水準5％で検定するときの棄却域は、24.2以上となります。実際の標本平均が24.7ですから、帰無仮説H_0は棄却され、対立仮説H_1は採択されます。

前の問題文のように棄却域を両側に取る検定を**両側検定**、この問題文のように棄却域を上側に取る検定を**上側検定**といいます。上側検定と**下側検定**を合わせて**片側検定**といいます。

母数θの検定で、帰無仮説が$H_0: \theta = a$（aは定数）のとき、対立仮説H_1の取り方と棄却域の取り方についてまとめると次のようになります。

$H_1: \theta \neq a$　　両側検定

$H_1: \theta > a$　　上側検定 ｝片側検定

$H_1: \theta < a$　　下側検定 ｝

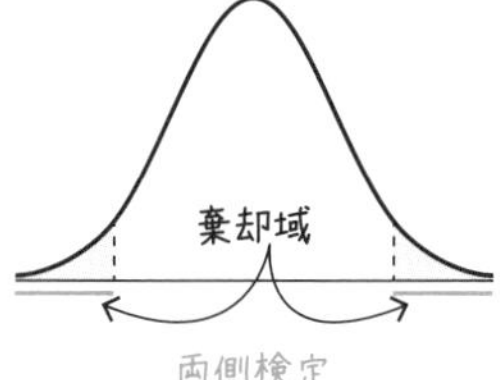

両側検定

棄却域

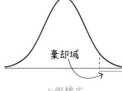

上側検定

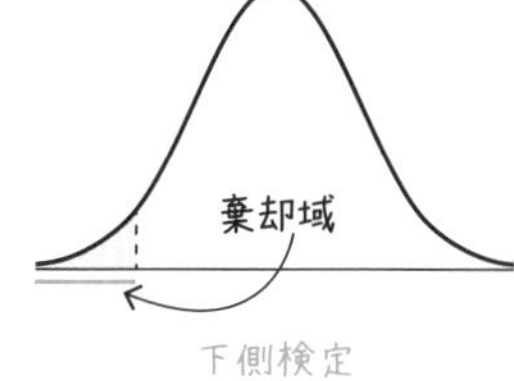

下側検定

ここでは問題文からどの場合であるかを読み取りましたが、問題文に明示されている場合も多いです。なお、はじめは両側検定で考えていたのに、データを得たあとに帰無仮説を棄却したいがために片側検定に方針を変更するというのは反則です。初心忘るべからず。

難易度 ★★★　実用 ★★　試験 ★★★

03 検定の誤り

検定を用いる上で、検定の限界を知っておくことが重要です。

Point

第1種、第2種の誤りをともに小さくすることはできない

- **第1種の誤り**（type Ⅰ error）：帰無仮説H_0が正しいとき、間違って帰無仮説H_0を棄却する誤りのこと。第1種の誤りが起こる確率を**危険率**（有意水準に等しい）という。
- **第2種の誤り**（type Ⅱ error）：対立仮説H_1が正しいとき、間違って帰無仮説H_0を受容する誤りのこと。対立仮説H_1が正しいとき、正しく帰無仮説H_0を棄却できる確率を**検出力**（statistical power）という。

第1種と第2種の誤りの確率を計算する

	H_0を棄却	H_0を受容
H_0が正しい	第1種の誤り	○
H_1が正しい	○	第2種の誤り

$\mu = a$というように母数の値が1点で与えられている仮説を**単純仮説**（simple hypothesis）、$\mu \neq a$のように範囲で与えられている仮説を**複合仮説**（composite hypothesis）といいます。H_1のほうも単純仮説として、検出力を求める問題を解いてみましょう。

問題　母集団が正規分布に従っているものとする。母分散σ^2は36である。標本平均$\bar{X}$を検定統計量として、母平均μを有意水準5％で片側検定したい。

標本のサイズは64であるとし、帰無仮説H_0、対立仮説H_1は以下とする。

$$H_0 : \mu = 100 \qquad H_1 : \mu > 100$$

(1) 危険率（第1種の誤りが起こる確率）αを求めよ。

(2) $\mu = 102$のもとで、第2種の誤りが起こる確率β、検出力を求めよ。

(1) 有意水準5％のとき、H_0が正しいときに間違ってH_0を棄却してしまう確率は5％になります。第1の誤りを起こす確率が5％ですから、危険率は5％になります。このように**危険率は常に有意水準に等しくなります**。

(2) まず、$H_0 : \mu = 100$のもとでの受容域を求めます。

母集団が正規分布$N(100,\ 36)$に従うとき、サイズ64の標本の標本平均は正規分布$N\left(100,\ \frac{36}{64}\right)$に従います。平均は100、標準偏差は$\frac{3}{4}$です。

これをもとに、受容域を計算すると、$100 + 1.64 \times \frac{3}{4} = 101.23$以下です。

$\mu = 102$のとき、標本平均$\overline{X}$は$N\left(102,\ \frac{36}{64}\right)$に従います。このもとで標本平均$\overline{X}$が受容域に入る確率を計算します。

$(102 - 101.23) \div \frac{3}{4} = 1.027$　標準正規分布表から下左図の網目部の面積は0.1515です。標本平均$\overline{X}$が受容域に入る確率βは、$\beta = 0.1515$（15％）。検出力は、H_1が正しいときにH_0が棄却される確率なので、$1 - \beta = 0.8485$（85％）。

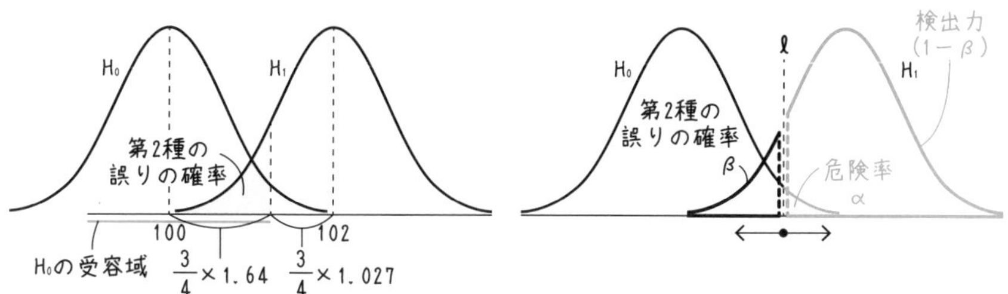

第1種の誤りが起こる確率をα、第2種の誤りが起こる確率をβとすると、

$$\alpha = \text{有意水準} = \text{危険率} \qquad \text{検出力} = 1 - \beta$$

上右図で青色の網目部が有意水準（危険率）、黒色の太線部が第2種の誤りの確率、青色の太線部が検出力になっています。H_0、H_1の分布を固定したまま、直線ℓを左側に動かすと、検出力$1 - \beta$は増します（βは減る）が、危険率αも増します。右側に動かすと、危険率αは減りますが、検出力$1 - \beta$も減り（βは増え）ます。**危険率と検出力はトレードオフの関係になっています**。実務では、危険率と検出力をどこで折り合いをつけるかが問題となります。

難易度 ★　実用 ★★★★★

試験 ★★★★★

04 正規母集団の母平均の検定

ここから09節まで統計検定2級以上で頻出です。

Point

母分散σ^2が未知のときに不偏分散を使うと、t検定になる

母集団が正規分布$N(\mu,\ \sigma^2)$に従っているとき、母平均μの検定を行う。標本のサイズをn、取り出した標本をX_1、X_2、……、X_n、標本平均を$\overline{X}$と置く。

(1) 母分散σ^2が既知のとき

$\overline{X}$を検定統計量とする。$\overline{X}$は$N\left(\mu,\ \dfrac{\sigma^2}{n}\right)$に従う。

または、$\overline{X}$を標準化した$Z=\dfrac{\overline{X}-\mu}{\dfrac{\sigma}{\sqrt{n}}}$が$N(0,\ 1^2)$に従う。

(2) 母分散σ^2が未知のとき

$$T=\frac{\overline{X}-\mu}{\dfrac{U}{\sqrt{n}}}=\frac{\overline{X}-\mu}{\sqrt{\dfrac{U^2}{n}}}$$

（Uは、$U^2=\dfrac{1}{n-1}\sum_{i=1}^{n}(X_i-\overline{X})^2$の平方根）

を検定統計量とする。Tは自由度$n-1$のt分布$t(n-1)$に従う。

母平均を検定するときの検定統計量の作り方

母集団の分布が正規分布であると仮定するとき、**正規母集団**といいます。

02節では、母集団に正規分布を仮定していませんが、標本のサイズが大きいので、中心極限定理により$\overline{X}$は正規分布で近似できます。この節では正規母集団ですから、標本のサイズが小さくても、正規分布の再生性により$\overline{X}$は正規分布に従います。

(2)母分散が未知の場合には、(1)の母標準偏差σを不偏分散U^2の平方根Uに置き換えた式Tを検定統計量に取り、正規分布の代わりにt分布$t(n-1)$を用います。Uは標本の値だけから計算できますから、母分散を知らなくても検定ができるのです。

Business 反復横とびの全国平均を検定する

問題 「全国の高校1年生男子の反復横とびの統計で、平均は43.2回である」とAさんは聞いた。そこで、クラスの男子16人に記録を聞いて計算したところ、平均が47回、不偏分散が60であった。Aさんの聞いた全国平均が正しいか正しくないかについて、有意水準5%で両側検定せよ。ただし、全国の統計は正規分布に従っているものとする。

(1) 全国統計の分散が50とわかっているとき

(2) 全国統計の分散がわかっていないとき

全国統計の分布は$N(\mu,\ \sigma^2)$に従うものとします。

帰無仮説$H_0 : \mu = 43.2$　　対立仮説$H_1 : \mu \neq 43.2$

(1) $\sigma^2 = 50$、H_0のもとで$\mu = 43.2$ですから、サイズ16の標本平均$\bar{X}$は、$N\left(43.2,\ \dfrac{50}{16}\right)$に従います。有意水準5%で両側検定のときの棄却域は、

$43.2 - 1.96 \times \dfrac{\sqrt{50}}{\sqrt{16}} = 39.7$以下、$43.2 + 1.96 \times \dfrac{\sqrt{50}}{\sqrt{16}} = 46.7$以上です。$\bar{X} = 47$は棄却域に入るので、$H_0$は棄却されます。有意水準5%で$\mu \neq 43.2$といえます。

(2) $n = 16$、H_0のもとでTは自由度$16 - 1 = 15$のt分布に従います。$t(15)$で、両側5%の棄却域は-2.13以下と2.13以上です。

$$T = \frac{\bar{X} - \mu}{\frac{U}{\sqrt{n}}} \leqq -2.13 \quad \text{または} \quad 2.13 \leqq T = \frac{\bar{X} - \mu}{\frac{U}{\sqrt{n}}}$$

片側2.5%点

$\bar{X} = 47$、$\mu = 43.2$、$U = \sqrt{U^2} = \sqrt{60}$、$n = 15$を代入すると、$T = 1.90$となり棄却域に入らないので、$H_0$は受容されます。

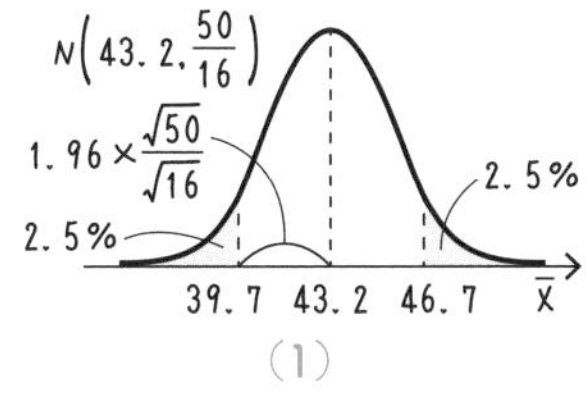

(1)

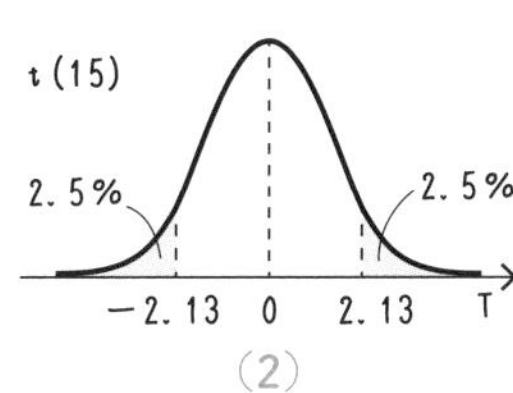

(2)

実用 ★★★

正規母集団の母分散の検定

04節の母平均のほうが重要です。統計検定を受ける人は母分散も覚えておきましょう。

Point

母平均μが既知と未知の場合でカイ2乗分布の自由度が異なる

母集団が正規分布$N(\mu,\ \sigma^2)$に従っているとき、母分散σ^2の検定を行う。標本のサイズをn、取り出した標本をX_1、X_2、……、X_n、標本平均を$\overline{X}$と置く。

(1) 母平均μが既知のとき

$$T=\frac{nS^2}{\sigma^2}$$

を検定統計量とする。ここで

$$S^2=\frac{1}{n}\{(X_1-\mu)^2+(X_2-\mu)^2+\cdots\cdots+(X_n-\mu)^2\}$$

とする。Tは自由度nのカイ2乗分布$\chi^2(n)$に従う。

(2) 母平均μが未知のとき

$$T=\frac{(n-1)U^2}{\sigma^2}\quad\left(U^2=\frac{\sum_{i=1}^{n}(X_i-\overline{X})^2}{n-1}\right)$$

を検定統計量とする。Tは自由度$n-1$のカイ2乗分布$\chi^2(n-1)$に従う。

母分散を検定するときの検定統計量の作り方

X_iを標準化した$\frac{X_i-\mu}{\sigma}$は$N(0,\ 1^2)$に従うので、$\frac{X_i-\mu}{\sigma}$の平方和、

$$T=\left(\frac{X_1-\mu}{\sigma}\right)^2+\left(\frac{X_2-\mu}{\sigma}\right)^2+\cdots+\left(\frac{X_n-\mu}{\sigma}\right)^2=\frac{\sum_{i=1}^{n}(X_i-\mu)^2}{\sigma^2}=\frac{nS^2}{\sigma^2}$$

は、定義により自由度nのカイ2乗分布$\chi^2(n)$に従います。**母平均μが既知のとき**は、標本の値とμからこの統計量を計算できます。S^2を用いてPointのようにまとめましたが、中辺のように**「母平均からの偏差」の平方和 ÷ 母分散**で覚えてお

いても良いでしょう。母平均**μが未知のとき**は、μを標本平均$\bar{X}$に置き換え、不偏分散U^2を用いて検定統計量を作ります。

Business 握力の全国統計の分散を検定する

問題 「全国の中学3年生女子」の握力の標準偏差は5.3 kgであるとBさんは聞いた。そこで、Bさんのクラスの女子16人の握力のデータから、Bさんが聞いた全国の握力の標準偏差が正しいか正しくないかを有意水準5％で両側検定せよ。ただし、全国の統計は正規分布に従っているものとする。

(1) 全国平均が25.8 kgであることがわかっていたので、これを用いて「全国平均からの偏差」の平方和を計算したところ、756であった。

(2) 全国平均がわからなかったので、不偏分散を計算して、56であった。

全国統計の分布は$N(\mu, \ \sigma^2)$に従うものとします。

帰無仮説H_0：$\sigma^2 = 5.3^2$　　　対立仮説H_1：$\sigma^2 \neq 5.3^2$

(1) $\dfrac{nS^2}{\sigma^2}$は自由度16の$\chi^2(16)$に従います。有意水準5％の棄却域は、6.90以下または28.8以上です。$nS^2 = 756$、$\sigma^2 = 5.3^2$とすると、

$T = \dfrac{nS^2}{\sigma^2} = \dfrac{756}{5.3^2} = 26.9$で、棄却域に入らないので、$H_0$を受容します。

(2) $\dfrac{(n-1)U^2}{\sigma^2}$は自由度15の$\chi^2(15)$に従います。有意水準5％の棄却域は、6.26以下または27.5以上です。

$n = 16$、$U^2 = 56$であり、$T = \dfrac{(n-1)U^2}{\sigma^2} = \dfrac{(16-1) \times 56}{5.3^2} = 29.9$で、棄却域に入るので、$H_0$は棄却されます。有意水準5％で$\sigma^2 \neq 5.3^2$といえます。

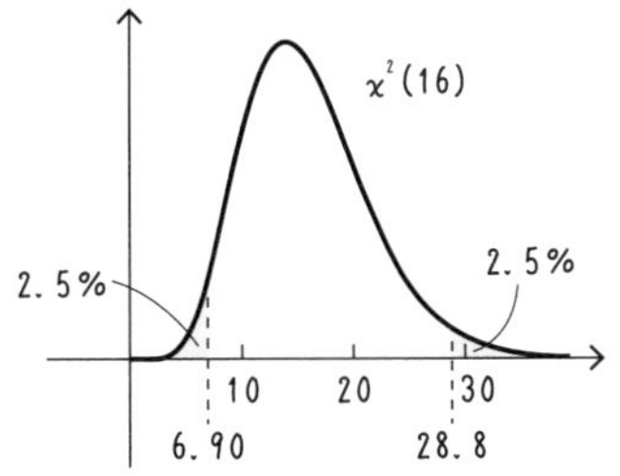

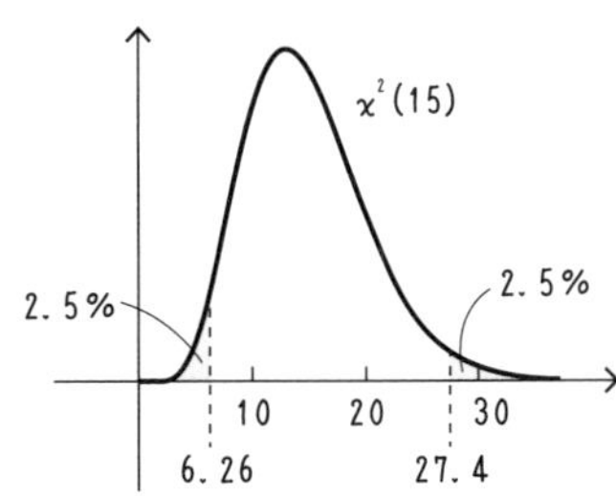

難易度 ★★　実用 ★★★　試験 ★★★★★

06 母平均の差の検定（1）

実用としてはいまいちですが、統計検定２級以上には出ます。

Point

母分散が未知のときは複雑な式だが、手順を知ると覚えられる

2つの正規母集団A、Bがあり、それぞれ$N(\mu_A,\ \sigma_A{}^2)$、$N(\mu_B,\ \sigma_B{}^2)$に従っているとするとき、母平均に差があるかどうかを検定する。A、Bからそれぞれ標本を取り、標本のサイズをn_A、n_B、標本の平均を$\bar{X}_A$、$\bar{X}_B$とする。

（1）母分散$\sigma_A{}^2$、$\sigma_B{}^2$が既知のとき

$$T=\frac{\bar{X}_A-\bar{X}_B}{\sqrt{\dfrac{\sigma_A{}^2}{n_A}+\dfrac{\sigma_B{}^2}{n_B}}}$$

を検定統計量とする。$\mu_A=\mu_B$という仮定のもとで、Tは標準正規分布$N(0,\ 1^2)$に従う。

（2）母分散が未知だが等分散とわかっているとき

Aからの標本の不偏分散を$U_A{}^2$、Bからの標本の不偏分散を$U_B{}^2$とする。

$$T=\frac{\bar{X}_A-\bar{X}_B}{\sqrt{\left(\dfrac{1}{n_A}+\dfrac{1}{n_B}\right)\dfrac{(n_A-1)U_A{}^2+(n_B-1)U_B{}^2}{(n_A-1)+(n_B-1)}}}$$

を検定統計量とする。$\mu_A=\mu_B$という仮定のもとで、Tは、自由度n_A+n_B-2のt分布$t(n_A+n_B-2)$に従う。

母平均の差を検定するときの検定統計量の作り方

Pointのように「母分散$\sigma_A{}^2$、$\sigma_B{}^2$が既知」のときと「母分散は未知だが等分散であることは既知」のときで、用いる検定統計量が異なります。

05章01節より、$\bar{X}_A$は$N\left(\mu_A,\ \dfrac{\sigma_A{}^2}{n_A}\right)$、$\bar{X}_B$は$N\left(\mu_B,\ \dfrac{\sigma_B{}^2}{n_B}\right)$に従います。

また、正規分布の再生性により、$\overline{X}_A-\overline{X}_B$は、$N\left(\mu_A-\mu_B,\ \frac{{\sigma_A}^2}{n_A}+\frac{{\sigma_B}^2}{n_B}\right)$に従います。これを標準化し、$\mu_A=\mu_B$としたものが、(1)の場合の検定統計量$T$です。

(2)の場合の検定統計量Tを作ってみます。分散が等しいと仮定しているので、(1)の統計量の式で$\sigma^2={\sigma_A}^2={\sigma_B}^2$と置きます。次に$\sigma^2$を、$\sigma^2$の不偏推定量に置き換える（スチューデント化）と(2)の検定統計量の式になります。

Chapter 06 検定

Business 「2大学の平均点に差がある」と有意にいえるかを検定する

問題　A大学とB大学の学生全員が990点満点のテストを受験した。A大学、B大学から無作為に選んでそれぞれ標本を取り、点数を調べたところ次のようになった。

	サイズ	平均点	不偏分散
標本A	30人	760	160^2
標本B	20人	659	200^2

このテストのA大学の平均点μ_AとB大学の平均点μ_Bに差があるか、(1)、(2)のそれぞれの条件のもとで、有意水準5％で両側検定せよ。

(1)　A大学の標準偏差が150、B大学の標準偏差が190とわかっているとき

(2)　A大学とB大学の標準偏差が等しいことだけがわかっているとき

帰無仮説、対立仮説は（1)、(2)ともに、

帰無仮説H_0：$\mu_A=\mu_B$　　　対立仮説H_1：$\mu_A\neq\mu_B$

(1)　$T=\dfrac{760-659}{\sqrt{\dfrac{150^2}{30}+\dfrac{190^2}{20}}}=2.00$　$N(0,\ 1^2)$の上側2.5％点は1.96なので2.00は棄却域に入ります。よって、H_0は棄却されます。有意水準5％でA大学の平均点とB大学平均点には差があるといえます。

(2)　$T=\dfrac{760-659}{\sqrt{\left(\dfrac{1}{30}+\dfrac{1}{20}\right)\left(\dfrac{29\times160^2+19\times200^2}{29+19}\right)}}=1.98$　$t(48)$の上側2.5％点は2.01なので1.98は受容域に入ります。よって、H_0は受容されます。「A大学とB大学の平均点に差がある」とはいえません。

難易度 ★★　実用 ★★★★★　試験 ★★★★★

07 母平均の差の検定（2）

差の検定はすべてウェルチの検定で良いという人もいるくらいです。

対応があるときは、差を正規分布と見る

母分散$\sigma_A{}^2$、$\sigma_B{}^2$が未知で、等分散とは限らない場合（ウェルチの検定）

2つの母集団A、Bが、それぞれ正規分布$N(\mu_A,\ \sigma_A{}^2)$、$N(\mu_B,\ \sigma_B{}^2)$に従っているとするとき、母平均に差があるかどうかを検定する。Aから取り出した標本のサイズをn_A、平均を$\overline{X}_A$、不偏分散を$U_A{}^2$、Bから取り出した標本のサイズをn_B、平均を$\overline{X}_B$、不偏分散を$U_B{}^2$とする。

$$T=\frac{\overline{X}_A-\overline{X}_B}{\sqrt{\dfrac{U_A{}^2}{n_A}+\dfrac{U_B{}^2}{n_B}}}$$

を検定統計量とする。$\mu_A=\mu_B$という仮定のもとで、Tは、自由度fのt分布に近似的に従う。ここでfは、

$$\left(\frac{U_A{}^2}{n_A}+\frac{U_B{}^2}{n_B}\right)^2\Bigg/\left(\frac{1}{n_A-1}\left(\frac{U_A{}^2}{n_A}\right)^2+\frac{1}{n_B-1}\left(\frac{U_B{}^2}{n_B}\right)^2\right)$$

に一番近い整数とする。

対応のあるデータの差の検定

2つの正規母集団A、Bからの標本に対応がつき、$(x_i,\ y_i)(i=1,\ 2,\ \cdots\cdots,\ n)$と表されるとき、母平均に差があるかどうかを検定する。$d_i=x_i-y_i$、d_iの平均を$\overline{D}$、不偏分散を$U_D{}^2$と置く。

$$T=\frac{\overline{D}}{\sqrt{\dfrac{U_D{}^2}{n}}}$$

d_iについて、04節(2)の検定を行うことに等しいです。

を検定統計量とする。$\mu_A=\mu_B$という仮定のもとで、Tが自由度$n-1$のt分布$t(n-1)$に従う。

ベーレンス-フィッシャー問題は悩ましい

母分散が未知であり異なるときに母平均を検定する問題は**ベーレンス-フィッシャー問題**と呼ばれ、厳密な検定は今のところありません。そこで、近似的な検定として**ウェルチの検定（Welch's t-test）**が使われます。母分散に条件を課さないので、いわば万能の検定といえます。しかし、万能なだけあって前節の検定に比べて検出力は低くなります。

検定統計量は、前節(1)の母分散$\sigma_A{}^2$、$\sigma_B{}^2$を、その不偏推定量である$U_A{}^2$、$U_B{}^2$に置き換えて作ります。難しいのは自由度を求める式です。

「2大学の平均点に差がある」と有意にいえるかをウェルチ検定する

前節と同じ問題でウェルチの検定をしてみましょう。帰無仮説、対立仮説は、

$$H_0：\mu_A = \mu_B \qquad H_1：\mu_A \neq \mu_{\mathrm{B}}$$

検定統計量の値は、$T = \dfrac{\bar{X}_A - \bar{X}_B}{\sqrt{\dfrac{U_A{}^2}{n_A} + \dfrac{U_B{}^2}{n_B}}} = \dfrac{760 - 659}{\sqrt{\dfrac{160^2}{30} + \dfrac{200^2}{20}}} = 1.89$

です。Tが従うt分布の自由度は、

$$\left(\frac{U_A{}^2}{n_A} + \frac{U_B{}^2}{n_B}\right)^2 \Bigg/ \left(\frac{1}{n_A - 1}\left(\frac{U_A{}^2}{n_A}\right)^2 + \frac{1}{n_B - 1}\left(\frac{U_B{}^2}{n_B}\right)^2\right)$$

$$= \left(\frac{160^2}{30} + \frac{200^2}{20}\right)^2 \Bigg/ \left(\frac{1}{30 - 1}\left(\frac{160^2}{30}\right)^2 + \frac{1}{20 - 1}\left(\frac{200^2}{20}\right)^2\right) = 34.55$$

34.55に一番近い整数は35ですから、検定統計量Tが自由度35のt分布に近似的に従うとします。$t(35)$の有意水準5％の棄却域は-2.03以下、2.03以上です。

検定統計量の値(1.89)は棄却域に入っていないので、H_0は受容されます。

「A大学とB大学の平均点に差がある」とはいえません。

ダイエット効果は対応のあるデータの差の検定で求める

たとえば、50人について、ダイエット前の体重(x_i)とダイエット後の体重(y_i)のデータがあり、ダイエットの効果を調べたいときに用いるのが、対応のあるデータの差の検定です。この場合は前節の母平均の差の検定を用いてはいけません。x_iとy_iに相関関係があり、ダイエット効果が個人差に吸収されてしまうからです。

難易度 ★　実用 ★★★★★　試験 ★★★★★

08 母比率の差の検定

統計検定2級の範囲に含まれています。

Point

二項分布を正規分布で近似して差を取る

母集団A、Bの分布がそれぞれベルヌーイ分布$Be(p_A)$、$Be(p_B)$に従っているものとするとき、p_Aとp_Bに差があるかどうかを検定する。

母集団Aから取り出した標本のサイズをn_A、標本平均を$\bar{X}$

母集団Bから取り出した標本のサイズをn_B、標本平均を$\bar{Y}$

とするとき、次を検定統計量とする。

$$T = \bar{X} - \bar{Y}$$

$p_A = p_B$という仮定のもとで、Tは近似的に次の分布に従う。

$$N\left(0,\ p(1-p)\left(\frac{1}{n_A} + \frac{1}{n_B}\right)\right) \qquad \left(p = \frac{n_A\bar{X} + n_B\bar{Y}}{n_A + n_B}\right)$$

母比率の差の検定の原理

母集団Aの分布がベルヌーイ分布$Be(p_A)$に従うとき、標本平均$\bar{X}$は近似的に正規分布$N\left(p_A,\ \dfrac{p_A(1-p_A)}{n_A}\right)$に従います。同様に標本平均$\bar{Y}$は$N\left(p_B,\ \dfrac{p_B(1-p_B)}{n_B}\right)$に従います。$p_A = p_B (= p$と置く$)$という仮定のもとで、

$$E[T] = p_A - p_B = 0 \qquad V[T] = \frac{p_A(1-p_A)}{n_A} + \frac{p_B(1-p_B)}{n_A} = p(1-p)\left(\frac{1}{n_A} + \frac{1}{n_B}\right)$$

正規分布の再生性より、Tは正規分布$N\left(0,\ p(1-p)\left(\dfrac{1}{n_A} + \dfrac{1}{n_B}\right)\right)$に従います。

このpの推定値として、標本平均の実現値$\bar{x}$、$\bar{y}$を用いて、

$$p = \frac{n_A\bar{x} + n_B\bar{y}}{n_A + n_B}\left(= \frac{[1\text{の度数の合計}]}{[\text{標本のサイズの合計}]} = (\text{標本全体での比率})\right)$$

として検定します。

Business A市とB市の自動車所有率の差を検定する

問題　A市とB市で世帯ごとの自動車所有についてアンケートを実施した。A市では200世帯中90世帯が所有、B市では150世帯中50世帯が所有。A市、B市の自動車の所有率に差があるか有意水準5％で検定せよ。

A市、B市の自動車所有率をp_A、p_Bとします。帰無仮説、対立仮説を、

$$\text{帰無仮説}H_0 : p_A = p_B \qquad \text{対立仮説}H_1 : p_A \neq p_B$$

とします。

$$n_A = 200、\bar{x} = \frac{90}{200} = 0.450、n_B = 150、\bar{y} = \frac{50}{150} = 0.333、$$

$$n_A\bar{x} + n_B\bar{y} = 90 + 50 = 140、p = \frac{n_A\bar{x} + n_B\bar{y}}{n_A + n_B} = \frac{140}{350} = 0.40$$

$$p(1-p)\left(\frac{1}{n_A} + \frac{1}{n_B}\right) = 0.40(1-0.40)\left(\frac{1}{200} + \frac{1}{150}\right) = 0.0028$$

$p_A = p_B$のもとで、$T = \bar{x} - \bar{y}$は$N(0,\ 0.0028)$に近似的に従います。標準化して、$Z = \dfrac{\bar{X} - \bar{Y}}{\sqrt{0.0028}}$とすれば、$Z$は$N(0,\ 1^2)$に近似的に従います。この標本のとき、

$Z = \dfrac{\bar{x} - \bar{y}}{\sqrt{0.0028}} = \dfrac{0.450 - 0.333}{\sqrt{0.0028}} = 2.21 > 1.96$ですから、$H_0$は棄却されます。有意水準5％でA市とB市で自動車の所有率に差があるといえます。

母比率の差の検定は独立性の検定と同値な検定

上の問題を2×2のクロス集計表にまとめると、右表のようになります。独立性の検定（07章02節）のために2×2のカイ2乗統計量Tを求めると、

	所有	非所有
A	90	110
B	50	100

$$T = \frac{350 \times (90 \cdot 100 - 110 \cdot 50)^2}{140 \cdot 210 \cdot 200 \cdot 150} = 4.86 > 3.84$$

ですから、有意水準5％で独立でないことがいえます。この例では$Z^2 \fallingdotseq T$が成り立っていますが、文字式で計算してみるとZ^2とTは常に等しいことが確かめられます。$Z \sim N(0,\ 1^2)$のとき、定義により$Z^2 \sim \chi^2(1)$ですから、**母比率の差の検定と2×2の独立性の検定は同じ内容の検定をしている**ことになります。

難易度 ★　実用 ★★★★★　試験 ★★★★★

09 等分散検定

分散の比の検定はF分布と覚えておくと、分散分析までカバーできます。

Point

不偏分散の比を取ってF分布に持ち込む

正規母集団A、Bの母分散が等しいかどうかを検定する。母分散はそれぞれ${\sigma_A}^2$、${\sigma_B}^2$であるとする。Aから取り出した標本のサイズをm、不偏分散を${U_A}^2$、Bから取り出した標本のサイズをn、不偏分散を${U_B}^2$とする。

$$T=\frac{{U_A}^2}{{U_B}^2}$$

を検定統計量とする。${\sigma_A}^2={\sigma_B}^2$という仮定のもとで、$T$は、自由度$(m-1,\ n-1)$の$F$分布$F(m-1,\ n-1)$に従う。

分散比をF分布で検定する等分散検定

2つの正規母集団に従う標本があったとき、それらの母分散が等しいかどうか検定するのが**等分散検定**です。

05節(2)を用いると、$\frac{(m-1){U_A}^2}{{\sigma_A}^2}$は自由度$m-1$の、$\frac{(n-1){U_B}^2}{{\sigma_B}^2}$は自由度$n-1$のカイ2乗分布に従います。よって、

$$\frac{\frac{(m-1){U_A}^2}{{\sigma_A}^2}\bigg/(m-1)}{\frac{(n-1){U_B}^2}{{\sigma_B}^2}\bigg/(n-1)}=\frac{\left(\frac{{U_A}^2}{{\sigma_A}^2}\right)}{\left(\frac{{U_B}^2}{{\sigma_B}^2}\right)}$$

は、自由度$(m-1,\ n-1)$のF分布$F(m-1,\ n-1)$に従います。

帰無仮説、対立仮説を、

$$H_0:{\sigma_A}^2={\sigma_B}^2 \qquad H_1:{\sigma_A}^2\neq{\sigma_B}^2$$

とすると、H_0のもとで$\frac{{U_A}^2}{{U_B}^2}$は$F(m-1,\ n-1)$に従います。

このように**分散（不偏分散）の比は、F分布で検定する**と覚えておきましょう。

このことは09章の分散分析にもつながっていきます。

Business 男女のテストの結果を等分散検定する

問題　男子3,000人、女子2,000人の学生が100点満点のテストを受けた。テストを受けた男子の中から30人、女子の中から20人を無作為に選び、男子、女子の標本分散を計算したところ、男子が268、女子が113であった。このとき、男女の母分散が等しいかどうか有意水準5％で検定せよ。

男子、女子の標本分散を$S_A{}^2$、$S_B{}^2$、不偏分散をそれぞれ$U_A{}^2$、$U_B{}^2$とすると、

$$U_A{}^2=\frac{30S_A{}^2}{29}=\frac{30\times 268}{29} \qquad U_B{}^2=\frac{20S_B{}^2}{19}=\frac{20\times 113}{19}$$

$$T=\frac{U_A{}^2}{U_B{}^2}=\frac{30\times 268\times 19}{29\times 20\times 113}=2.33$$

男子、女子の母分散を$\sigma_A{}^2$、$\sigma_B{}^2$とします。帰無仮説、対立仮説を、

$$H_0 : \sigma_A{}^2=\sigma_B{}^2 \qquad H_1 : \sigma_A{}^2\neq\sigma_B{}^2$$

とすると、H_0のもとで検定統計量Tは$F(29,\ 19)$に従います。

$F(29,\ 19)$の下側2.5％点は0.448、$F(29,\ 19)$の上側2.5％点は2.40です。これより、有意水準5％の棄却域は0.448以下、2.40以上です。Tの値が2.33なので帰無仮説H_0を受容します。「有意水準5％で男子の分散と女子の分散は異なる」とはいえません。

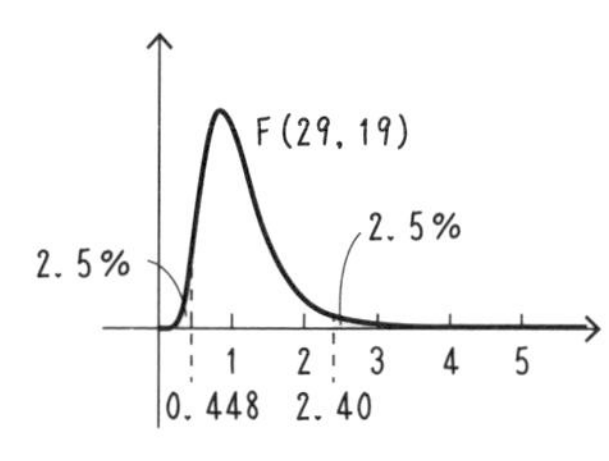

[$F(29,\ 19)$の求め方]

$F(29,\ 19)$の分布の値は表にはないので、Excelを用いて求めてみましょう。

Excelの関数F.INVは、網目部の確率（ア）に対して、目盛り（イ）を返します。

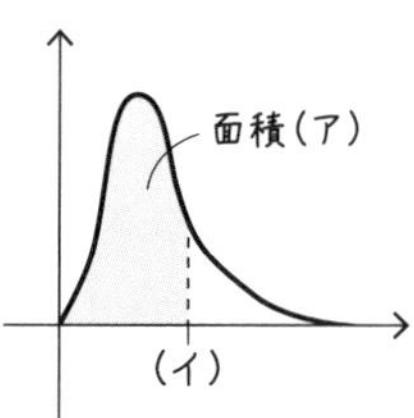

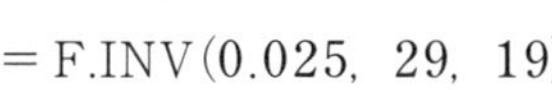

＝F.INV(0.025, 29, 19)

＝F.INV(0.975, 29, 19)

とセルに打ち込んでリターンキーを押すと、下側2.5％点、上側2.5％点が求まります。

医療現場で行われる検定

医療情報のエビデンスとは検定です。新薬開発で薬剤の有効性を調べるのであれば、同じ条件の治験者を集め、そのグループを、無作為に薬剤を飲む人（介入群）とプラセボ（偽薬）を飲む人（対照群）に分けて差の検定を行います。このような調査法は、ランダム化比較試験（randomized controlled trial：RCT）と呼ばれ、医療分野や経済分野で使われています。ネイマン-ピアソンの検定理論からすれば、RCTがエビデンスとして一番信頼がおけます。次に信頼がおけるエビデンスは、医療判断にもとづいて治療を施した人と施していない人のデータを取るコホート研究（cohort study）です。意図的な患者選択が行われ、治験者の条件がそろっていない場合もありうるので、RCTよりも統計データとして劣るのです。

RCTが良い統計データであっても、がん患者のグループを、無作為に治療Aを施す人と施さない人に分け、その生存確率を調べるというのは現実的ではありません。経過を見て治療に効果がない場合には他の治療法を試してみることもあるでしょうし、治療Aが患者に身体的負担をかけるのであれば治療Aを打ち切ることもあるでしょう。

そこでリチャード・ピートは、治療の方法が観察途中で変わった場合でも、はじめの分け方のままデータを集計して検定することを提唱しました。この解決法をITT（intention-to-treat）解析といいます。治療の効果が異なることを見出すことを目的とする場合には、ITT解析を使うことができます。なお、治験実施計画書通りの例だけを取り出し、途中で治療法を変えた人を除外してデータをまとめることをper-protocol解析といいます。ITT解析とper-protocol解析は互いに補完し合う情報といえます。

がんの新しい治療を臨床試験で確かめるときは、他の標準的治療法と同等の効果があることを示すことを目的にして実験が計画されます。本章01節で、帰無仮設H_0が受容された場合でもH_0を強く主張することはできないという原則を述べましたが、現場では帰無仮説が受容されたことが大きな意味を持つこともあるのです。

Chapter

07

ノンパラメトリック検定

Introduction

ノンパラメトリック検定とは？

06章の04節から09節の検定では、母集団が正規分布に従っていることを仮定したり、標本のサイズを大きくしたりすることで、標本（平均）が正規分布に従うことを用いて検定を行いました。

しかし、**母集団に正規分布を仮定することがふさわしくない場合や、データが質的データである場合**には、このような検定はできません。このような状況でも検定ができるように考え出されたのがノンパラメトリック検定です。

たとえば、母集団のデータが、カテゴリーデータ（by名義尺度）や順位データ（by順序尺度）の場合には、正規分布やポアソン分布といった確率分布は存在しません。このような場合でも、ノンパラメトリック検定であれば、分布に差があるかの検定を行うことができます。

また、**比率尺度や間隔尺度によるデータであっても、外れ値がある場合**などにはノンパラメトリック検定が有効です。外れ値があると06章で紹介したパラメトリック検定では検出力が落ちますが、ノンパラメトリック検定であれば検出力を落とさずに済みます。比率尺度や間隔尺度によるデータでも、あえてデータをいったん順位データに変換してから、ノンパラメトリック検定を用いることもあるのです。

パラメトリック検定に慣れている人は、分布を仮定せずに確率を計算することができるのかと不思議に思うかもしれません。ノンパラメトリック検定で確率を計算できるマジックのタネは、母集団を順序集合とみなすことです。順位と大小だけから統計量を作り、標本の実現値が起こる確率を計算するのです。

ノンパラメトリック検定の種類

各ノンパラメトリック検定の手法について、データがカテゴリーデータであるか量的データ・順位データであるか、群の個数が2群であるか多群（群の個数が3個以上）であるか、データが対になっているか（対応があるか）否かによって対応するノンパラメトリック検定をまとめると次の表のようになります。

量的データ・順位データの表では、参考までに青字で「平均の差を検定するパラメトリック検定」を書き込んであります。これらのパラメトリック検定の代わりにノンパラメトリック検定を用いることができます。**パラメトリック検定では差の平均が等しいかを検定しているのに対し、これらのノンパラメトリック検定では分布に差があるかを検定している**という違いがあることに注意しておきましょう。

クラスカル - ウォリス検定は対応のない一元配置分散分析のノンパラ版、フリードマン検定は対応のある一元配置分散分析のノンパラ版であるといえます。

群数＼対応	なし	あり
2群	独立性の検定（2×2） 正確確率検定（小標本）	マクネマー検定
多群	適合度検定 独立性の検定	コクランのQ検定

カテゴリーデータ

群数＼対応	なし	あり
2群	マン-ホイットニーのU検定 母平均の差の検定（06章06・07節）	ウィルコクソンの符号付き順位検定，符号検定 母平均の差の検定（06章07節）
多群	クラスカル-ウォリス検定 一元配置分散分析（09章02節）	フリードマン検定 対応のある一元配置分散分析（09章03節）

量的データ・順位データ

（青字はパラメトリック検定）

難易度 ★　実用 ★★★★★　試験 ★★★★★

01 適合度検定

実用的かつ統計検定試験で頻出の検定です。適用例で手順・仕組みを覚えましょう。

Point

検定統計量 $\Sigma \dfrac{(\text{観測度数} - \text{期待度数})^2}{\text{期待度数}}$ がカイ2乗分布に従う

母集団の個体の属性がk個に分かれており、それらをA_1、A_2、……、A_kとする。標本のサイズをnとしたとき、それぞれの属性の個数をX_1、X_2、……、X_kと置く$\left(\sum_{i=1}^{k} X_i = n\right)$。次の$T$を検定統計量として、母集団の分布がモデルに適合しているかを検定する。母集団中の属性A_iを持つ個体の割合がp_iという仮定のもとで

$$T = \frac{(X_1 - np_1)^2}{np_1} + \frac{(X_2 - np_2)^2}{np_2} + \cdots\cdots + \frac{(X_k - np_k)^2}{np_k}$$

は近似的に自由度$k-1$のカイ2乗分布$\chi^2(k-1)$に従う。

	A_1	A_2	…	A_k	計
観測度数	X_1	X_2	…	X_k	n
期待度数	np_1	np_2	…	np_k	n

※np_iで1未満のものがある場合や20％以上のi（属性）でnp_iが5未満の場合には、Tをχ^2分布で近似するときの誤差が多くなるので、この検定を使うことができないとされています。

Business 正しいサイコロかどうかを検定する

適合度検定（goodness of fit test）では、母集団がモデルとする分布に適合するか否かを検定します。n個の標本のうち属性がA_iである個数は、nに$P(A_i) = p_i$を掛けてnp_iであると期待されます。np_iはいわば**期待度数**（expected value）です。これと確率変数X_iの**実現値**（**観測度数**、observed value）x_iを用いて、検定統計量Tは、次のように計算しています。

$$T = \Sigma \frac{(\text{観測度数} - \text{期待度数})^2}{\text{期待度数}}$$

問題　四面体のサイコロ（目は1〜4）を80回投げたところ以下のような結果になった。このサイコロは、どの目も等確率で出るか（正しいサイコロであるか）を有意水準5％で検定せよ。

	1	2	3	4	計
回数	14	23	27	16	80

iの目が出る確率をp_iとします。帰無仮説H_0と対立仮説H_1は、

$$H_0 : p_1 = p_2 = p_3 = p_4 = \frac{1}{4} \quad H_1 : p_i \neq p_j \text{となる} i\text{、}j\text{がある}$$ （H_1はH_0の否定）

H_0のもとでTの値を計算しましょう。

標本のサイズnは$n = 80$、すべてのiで$p_i = \frac{1}{4}$ですから、$np_i = 20$です。これはH_0のもとでは、1、2、3、4の目の出る回数の期待値は、80回中それぞれ20回ということです。これはH_0の仮定のもとでの理論値（期待度数）であるといえます。**手計算するときは、これまで含めて表にしておくと良いでしょう。**

	1	2	3	4	計
回数（観測度数）	14	23	27 (x_3)	16	80
回数（期待度数）	20	20	20 (np_3)	20	80

出目が1に関して、

$$\frac{(\text{観測度数} - \text{期待度数})^2}{\text{期待度数}} = \frac{(14-20)^2}{20}$$

となります。これらを出目が1、2、3、4の場合について加えると

$$T = \frac{(x_1 - np_1)^2}{np_1} + \frac{(x_2 - np_2)^2}{np_2} + \frac{(x_3 - np_3)^2}{np_3} + \frac{(x_4 - np_4)^2}{np_4}$$
$$= \frac{(14-20)^2}{20} + \frac{(23-20)^2}{20} + \frac{(27-20)^2}{20} + \frac{(16-20)^2}{20} = 5.5$$

H_0のもとでTは自由度$4-1=3$のカイ2乗分布$\chi^2(3)$に従います。

観測度数が期待度数に一致するとき$T=0$となりますから、H_0を棄却するためにはTが大きいほうで片側検定します。

Tが$\chi^2(3)$に従うとき、$P(7.81 \leqq T) = 0.05$ですから棄却域は、$7.81 \leqq T$です。$T = 5.5$なので、帰無仮説は受容されます。

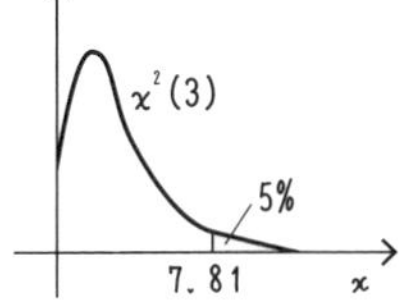

難易度 ★　実用 ★★★★★　試験 ★★★★★

02 独立性の検定（2×2のクロス集計表）

公式を覚えたくない人は、次節の一般論で済ますことができます。

Tは分母が4次式、分子が3次式

データが2×2のクロス集計表にまとめられている。

	B_1	B_2	計
A_1	a	b	$a+b$
A_2	c	d	$c+d$
計	$a+c$	$b+d$	n

$n=a+b+c+d$

表側の属性と表頭の属性が独立であるかを検定する。独立という仮定のもとで、

$$T=\frac{n(ad-bc)^2}{(a+c)(b+d)(a+b)(c+d)}$$

は、自由度1のカイ2乗分布$\chi^2(1)$に従う。

Business 入試が男女公平に行われているか検定する

ある東京の医大の入学試験で男女別の合格者、不合格者は次表のようでした。この例で独立性の検定を実行してみましょう。

	合格者	不合格者	計
男子	132	541	673
女子	68	378	446
計	200	919	1,119

男子の合格率は、132÷673＝0.1961より19.6％

女子の合格率は、68÷446＝0.1524より15.2％

ですから、男子の合格率が高いといえます。男子女子ともに同じレベルの生徒が

受験しているとすれば、男女で合格率が同じでなければなりません。しかし、実際の合格率には4.4％の開きがあります。

この合格率の差が、統計的な散らばりによるものなのか、それとも特殊な事情があるからなのかということを、検定してみましょう。

検定統計量Tの値は、

$$T=\frac{1119(132\cdot378-541\cdot68)^2}{200\cdot919\cdot673\cdot446}=3.49$$

となります。帰無仮説、対立仮説は、次のようにします。

H_0：男女で合格率の差はない（男女と合格率は独立である）

H_1：男女の合格率に差がある（男女と合格率は独立でない）

H_0（男女と合格率は独立である）のもとでTは自由度1のカイ2乗分布$\chi^2(1)$に従います。合格率が同じときは、Tの計算式で$ad-bc=0$となりますから、$T=0$になります。独立から離れるとTの値が大きくなりますから、Tの大きいほうで片側検定となります。$\chi^2(1)$の上側5％点は3.84なので、棄却域は3.84以上となります。

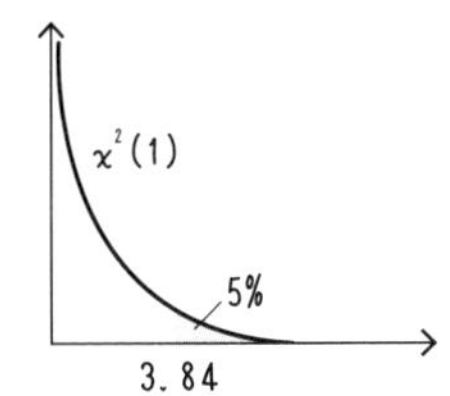

この入試の場合、$T=3.49$ですから、H_0は棄却できません。すなわち、この程度の合格率の差であれば、統計的な誤差のうちであるということです。

観測度数が小さいときは検定統計量を補正する

2×2のクロス集計表において、a、b、c、dのどれかが10未満であるとき、検定統計量Tを

$$T=\frac{n\left(|ad-bc|-\frac{n}{2}\right)^2}{(a+c)(b+d)(a+b)(c+d)}$$

と計算したほうが良いとされています。これは$k\times\ell$のクロス集計表の独立性の検定（本章03節）で、

$$\Sigma\frac{(観測度数-期待度数)^2}{期待度数}$$ の代わりに、 $$\Sigma\frac{(|観測度数-期待度数|-0.5)^2}{期待度数}$$

を計算することに対応しています。これを**イェーツの補正**（Yates's correction）といいます。

独立性の検定（$k \times l$のクロス集計表）

適合度検定と検定統計量の作り方は同じです。新しく覚えることは自由度の求め方です。

検定統計量$\Sigma \dfrac{(観測度数 - 期待度数)^2}{期待度数}$は$\chi^2$分布に従う

データが$k \times l$のクロス集計表にまとめられている。

	B_1	$\cdots$	B_l	計
A_1	x_{11}	$\cdots$	x_{1l}	a_1
$\vdots$	$\vdots$	$\ddots$	$\vdots$	$\vdots$
A_k	x_{k1}	$\cdots$	x_{kl}	a_k
計	b_1	$\cdots$	b_l	n

（表頭：$B_1 \cdots B_l$、表側：$A_1 \cdots A_k$）

これをもとに、$y_{ij} = \dfrac{a_i b_j}{n}$と置く。$x_{ij}$を**観測度数**（observed value）、y_{ij}を**期待度数**（expected value）という。表側のA_1、……、A_kと表頭のB_1、……、B_lが独立であるかを検定する。独立という仮定のもとで、検定統計量

$$T = \sum_{\substack{1 \leq i \leq k \\ 1 \leq j \leq l}} \frac{(x_{ij} - y_{ij})^2}{y_{ij}} \qquad \left(\Sigma \frac{(観測度数 - 期待度数)^2}{期待度数} \right)$$

は、自由度$(k-1)(l-1)$のカイ2乗分布$\chi^2((k-1)(l-1))$に近似的に従う。

$k = 2$、$l = 2$として計算したTは、前節のTと一致する。

※1未満のy_{ij}がある場合や表中の20％以上でy_{ij}が5未満の場合には、Tをχ^2分布で近似するときの誤差が多くなるので、この検定を使うことができないとされています。

Business 世代によって好きな歌のジャンルに差があるかを検定する

	演歌	ジャズ	ポップス	計
若者	11	17	72	100
中年	49	73	78	200
計	60	90	150	300

具体例でTを計算してみましょう。若者100人、中年200人に、演歌、ジャズ、ポップスのうちから好きな歌のジャンルを1つ選んでもらいました。結果は前ページの表のようになりました。若者と中年では、好きな歌のジャンルに差があるか検定してみましょう。

これに対して期待度数の表を作りましょう。（若者，演歌）であれば、$60 \times 100 \div 300 = 20$となります。他も同様にして次のようにまとまります。

	演歌	ジャズ	ポップス	計
若者	20	30	50	100
中年	40	60	100	200
計	60	90	150	300

これをもとにTを計算すると、

$$T = \frac{(11-20)^2}{20} + \frac{(17-30)^2}{30} + \frac{(72-50)^2}{50} + \frac{(49-40)^2}{40} + \frac{(73-60)^2}{60} + \frac{(78-100)^2}{100}$$

$$= 29.045$$

帰無仮説と対立仮説を、

H_0：若者と中年で、歌のジャンルの好みは変わらない。

H_1：若者と中年では、歌のジャンルの好みが異なる。

とします。

帰無仮説H_0(表側と表頭が独立)という仮定のもとで、Tは自由度$(2-1)(3-1)=2$のカイ2乗分布$\chi^2(2)$に従います。

計の欄の値が与えられたとき、表側と表頭が独立であると仮定して表中の値を計算したのが期待度数です。Tの式からわかるように、**観測度数が期待度数から大きく外れると、Tの値は大きくなります**。帰無仮説H_0(表側と表頭が独立)のもとではTの値が小さくなるので棄却域は大きいほうで片側に取ります。

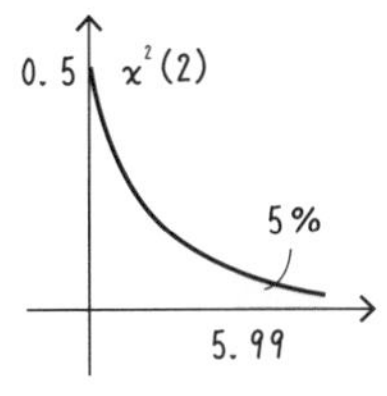

巻末「χ^2分布表」(294ページ)から有意水準5％のときの$\chi^2(2)$の棄却域は5.99以上なので、H_0は棄却されます。すなわち、有意水準5％で、若者と中年では、歌の好みが異なるといえます。

難易度 ★　実用 ★★★★★　試験 ★★★★★

04 フィッシャーの正確確率検定

度数が小さくても、フィッシャーの正確確率検定（Fisher's exact test）を用いればクロス集計表の独立性の検定ができます。

Point

多項係数を用いて直接確率を計算して検定

	X	Y	計
Z	ア	イ	z
W	ウ	エ	w
計	x	y	n

$n=x+y=z+w$

2×2のクロス集計表でx、y、z、w、nの値が固定されているものとする。アイウエの欄にn個を振り分けるすべての組み合わせが同様に確からしいとき、ア＝a、イ＝b、ウ＝c、エ＝d（a、b、c、dは表の条件を満たす数）となる確率Pは、

$$P=\frac{x!y!z!w!}{n!a!b!c!d!}$$

計を与えたもとで、クロス集計表の確率を求める

旅行者を旅行プランごとにクロス集計表に振り分ける場合で考えてみましょう。n人がア、イ、ウ、エ（たとえば、X＝北へ、Y＝南へ、Z＝朝出発、W＝夜出発）を自由に選べるとします。n人をXにx人、Yに$n-x$人と振り分ける場合の数は${}_n\mathrm{C}_x$通り、n人をZにz人、Wに$n-z$人と振り分ける場合の数は${}_n\mathrm{C}_z$通りなので、計の欄が、x、y、z、wとなる場合の数は、

$${}_n\mathrm{C}_x\times{}_n\mathrm{C}_z=\frac{n!}{x!(n-x)!}\times\frac{n!}{z!(n-z)!}=\frac{n!\times n!}{x!y!z!w!}(\text{通り})\quad\cdots\cdots\quad①$$

このうちア＝a、イ＝b、ウ＝c、エ＝dとなる場合は、n人をXとYに振り分けたあと（ここまでで${}_n\mathrm{C}_x$通り）、X（北へ）の人でZ（朝出発）である人を選ぶ場合の数${}_x\mathrm{C}_a$通り、Y（南へ）の人でZ（朝出発）である人を選ぶ場合の数${}_y\mathrm{C}_b$

通りなので、全部で、

$${}_nC_x \times {}_xC_a \times {}_yC_b = \frac{n!}{x!(n-x)!} \times \frac{x!}{a!(x-a)!} \times \frac{y!}{b!(y-b)!}$$

□は多項係数と呼ばれる

$$= \boxed{\frac{n!}{a!c!b!d!}}(\text{通り}) \quad \cdots\cdots \quad ②$$

$n-x=y$
$x-a=c$
$y-b=d$

よって、求める確率Pは、

$$P = ② \div ① = \frac{x!y!z!w!}{n!a!b!c!d!}$$

Business 少ない取組結果から力士の実力の差を検定する

力士であるAさん、Bさんは以下のような成績でした。

	勝	負
A	10	2
B	3	5

正確確率検定を用い、AさんのほうがBさんより実力があるといえるか、有意水準5％で検定してみましょう。ポイントは、クロス集計表の計の欄を変えずに、これと同じかさらに極端な場合が起こる確率を計算することです（下表(1)～(3)）。

(1)

	勝	負	計
A	10	2	12
B	3	5	8
計	13	7	20

(2)

	勝	負	計
A	11	1	12
B	2	6	8
計	13	7	20

(3)

	勝	負	計
A	12	0	12
B	1	7	8
計	13	7	20

AさんとBさんの実力が等しいという帰無仮説のもとで、(1)～(3) のうちどれかが起こる確率Pは、

$$P = \frac{13!7!8!12!}{20!10!2!3!5!} + \frac{13!7!8!12!}{20!11!1!2!6!} + \frac{13!7!8!12!}{20!12!0!1!7!}$$

$$= \frac{13!7!8!12!}{20!10!2!3!5!} \times \left(1 + \frac{2\cdot3}{11\cdot6} + \frac{2\cdot1\cdot3\cdot2}{11\cdot12\cdot6\cdot7}\right)$$

$$= \frac{7\cdot11}{5\cdot17\cdot19} \times \left(1 + \frac{1}{11} + \frac{1}{11\cdot6\cdot7}\right) = 0.0521$$

$P > 0.05$なので、帰無仮説（AさんとBさんは同程度の実力である）は受容されます。「有意水準5％でAさんのほうがBさんよりも実力がある」とはいえません。

このように**度数が小さいとき、クロス集計表で独立性の検定をするには、多項係数を用いて直接確率を計算する正確確率検定を用いると良い**わけです。

難易度 ★　実用 ★★★★★　試験 ★★★★★

05 マクネマー検定

2×2のクロス集計表の検定ですが、独立性の検定とは状況が違います。

原理は、二項分布→正規分布→カイ2乗分布という流れ

A、B 2つの結果を持つ試行を2回繰り返したとき、1回目と2回目でA、Bが起こることに差があるかどうかを検定する。

1回目＼2回目	A	B
A	a	b
B	c	d

$b+c$が十分大きいとき、$T=\dfrac{(b-c)^2}{b+c}$は近似的に自由度1のカイ2乗分布$\chi^2(1)$に従う。

マクネマー検定は同じ結果を無視して考える

式にa、dが出てこないのは間違いではありません。**マクネマー検定**（McNemar's test）は1回目と2回目に差があるかを検定するので、1回目と2回目で同じ結果であるa、dは無視して考えようというのです。もっとも1回目と2回目が同じであるということを検定するときには、a、dが重要になってきます。

マクネマー検定では、$b+c$を一定として、$b+c$回を（A，B）と（B，A）に2分の1の確率で振り分けると考えます。つまり、（A，B）に入るものの個数をXとすれば、Xは$Bin\left(b+c,\ \dfrac{1}{2}\right)$に従います。$X$の平均$\mu$、分散$\sigma^2$は、04章01節より$\mu=E[X]=\dfrac{b+c}{2}$、$\sigma^2=V[X]=\dfrac{b+c}{4}$です。$b+c$が十分大きいとき、$\dfrac{X-\mu}{\sigma}$は近似的に$N(0,\ 1^2)$に従いますから、$\left(\dfrac{X-\mu}{\sigma}\right)^2$は近似的に自由度1のカ

イ2乗分布$\chi^2(1)$に従います。

$X=b$または$X=c$とすると、$\left(\frac{X-\mu}{\sigma}\right)^2=\frac{(b-c)^2}{b+c}$となります。

Business セールストークは聞き手の心に刺さったのかを検定する

問題　洗剤販売会社Aでは80人を集めて販売会を開いた。セールストークの前後で、商品に興味があるかないかのアンケートを取ったところ、次のような結果となった。興味ありからなしに変わった人より興味なしからありに変わった人のほうが多い。

前＼後	あり	なし
あり	9	12
なし	24	35

これが偶然によるものではなく、セールストークに効果があったのか有意水準5％で検定せよ。

検定統計量Tは、

$$T=\frac{(24-12)^2}{24+12}=4$$

となります。帰無仮説、対立仮説を

H_0：（なし，あり）と（あり，なし）は2分の1の確率で振り分けられる

H_1：（なし，あり）と（あり，なし）は均等に振り分けられない

とします。

帰無仮説H_0のもとで検定統計量Tは自由度1のカイ2乗分布$\chi^2(1)$に従います。

$\chi^2(1)$の上側5％点は3.84で、棄却域は3.84以上となります。$T=4$は棄却域に入っていますから、H_0は棄却されます。

有意水準5％で、「セールストークによって、商品に興味のない人でも商品に興味を持つようになった」といえます。

$\chi^2(1)$

5%

3.84

06 コクランのQ検定

対応のある多群の比率の差の検定です。カテゴリーデータを扱います。

Point

Qの分母はB_iで，分子はL_iで作る

大きさnのk次元のカテゴリーデータが2値変量x_i, y_i, …, z_iを用いて次のような表にまとまっているとき、各群の平均に差があるかを検定する。

	個体1	個体2	…	個体n	計
1群	x_1	x_2	…	x_n	B_1
2群	y_1	y_2	…	y_n	B_2
⋮		……			⋮
k群	z_1	z_2	…	z_n	B_k
計	L_1	L_2	…	L_n	N

$N=\sum_{i=1}^{n} L_i=\sum_{i=1}^{k} B_i$

各x_i, y_i, z_iは0または1の値を取る

各群の平均（比率）に差がないという仮定のもとで、

$\overline{B}=\frac{1}{k}\sum_{i=1}^{k} B_i$

$$Q=\frac{(k-1)\left[k\sum_{i=1}^{k} B_i{}^2-\left(\sum_{i=1}^{k} B_i\right)^2\right]}{k\sum_{i=1}^{n} L_i-\sum_{i=1}^{n} L_i{}^2}=\frac{k(k-1)\sum_{i=1}^{k}(B_i-\overline{B})^2}{k\sum_{i=1}^{n} L_i-\sum_{i=1}^{n} L_i{}^2}$$

は、自由度$k-1$のカイ2乗分布$\chi^2(k-1)$に近似的に従う。

Business タレントの人気に差があるのか検定する

対応のある多群の名義データに関して、群間で差があるかを検定します。名義データを0と1の2値データにすると、比率の差について検定をすることになります。

次ページの表は、タレント事務所Jが7人にレン、カイト、ショウというタレントについて好き嫌いのアンケートを実施したときの結果です。好きを1、嫌いを0で表しています。

	1	2	3	4	5	6	7	計
レン（1群）	0	1	0	1	0	0	0	2
カイト（2群）	1	1	0	1	0	0	1	4
ショウ（3群）	0	1	1	0	1	1	1	5
計	1	3	1	2	1	1	2	11

レン、カイト、ショウのアンケートの結果を、それぞれ1群、2群、3群とします。番号1の人のアンケート結果が（0, 1, 0）となり、1群、2群、3群の値を一つにまとめて対応づけています。このように対応のある多群（カテゴリーデータ）の群間の平均（比率）の差を検定するときに用いる方法が、**コクランのQ検定**（Cochran's Q test）です。コクランのQ検定は、対応のある一元配置の分散分析のノンパラメトリック版です。

Qを計算してみましょう。$n=7$、$k=3$、表下がL_i、表右がB_iです。

$$k\sum_{i=1}^{k}B_i{}^2-\left(\sum_{i=1}^{k}B_i\right)^2=3(2^2+4^2+5^2)-(2+4+5)^2=14$$

$$k\sum_{i=1}^{n}L_i-\sum_{i=1}^{n}L_i{}^2=3\cdot 11-(1^2+3^2+1^2+2^2+1^2+1^2+2^2)=12$$

$$Q=\frac{(k-1)\left[k\sum_{i=1}^{k}B_i{}^2-\left(\sum_{i=1}^{k}B\right)^2\right]}{k\sum_{i=1}^{n}L_i-\sum_{i=1}^{n}L_i{}^2}=\frac{(3-1)\cdot 14}{12}=2.33$$

帰無仮説、対立仮説を、

H_0：各群の平均（この場合は各タレントの好きの比率）がすべて等しい

H_1：各群の平均のペアのうち少なくとも1つで差がある

とします。H_0の仮定のもとで、Qは自由度$3-1=2$のカイ2乗分布$\chi^2(2)$に近似的に従います。有意水準5％のときの$\chi^2(2)$の棄却域は5.99以上になります。

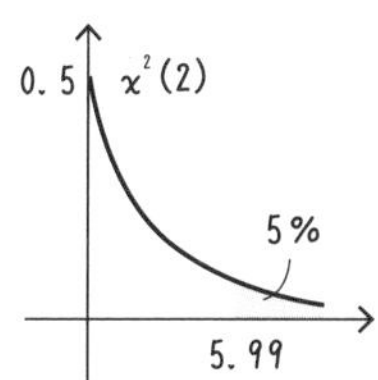

$Q=2.33<5.99$ですから、帰無仮説H_0は受容されます。

つまり、「レン、カイト、ショウのうち誰かの好きな比率が他の誰かより大きい」とはいえません。

Chapter 07 ノンパラメトリック検定

難易度 ★　実用 ★★★★★　試験 ★★★★★

07 マン - ホイットニーのU検定

対応のない2群（量的データ、順位データ）の差を検定。

Point

kl個の組み合わせについて大小をカウントする

標本Aがx_1、x_2、……、x_k、標本Bがy_1、y_2、……、y_lのとき、母集団に違いがあるかを検定する。ただし、AとBで同じ値はないものとする。

2つの標本を合わせて、値を小さい順に並べる。

各x_iに関して、x_iよりも小さいy_jの個数をa_iとし、

$$U=\sum_{i=1}^{k}a_i$$

とする。$k \geqq 20$または$l \geqq 20$のとき、標本Aと標本Bが同じ母集団から抽出されたという仮定のもとで、Uは近似的に$N\left(\dfrac{kl}{2},\ \dfrac{kl(k+l+1)}{12}\right)$に従う。

Business

チームの営業成績に差があるかを検定する

マン - ホイットニーのU検定（Mann-Whitney U test）では、順序データを扱うことができます。また、量的データの場合、データの中に外れ値が多いと、パラメトリック検定（06章06、07節）では標本平均に与える影響が大きいですが、この検定のように、**いったん順位データに置き換えてしまえば外れ値の影響を排除することができます**。具体例でUを求めてみましょう。

チームAの営業成績（標本A）が5、8、14、20（件）、チームBの営業成績（標本B）が3、9、16、17、18（件）であるとします。これを小さい順に並べると、

3、⑤、⑧、9、⑭、16、17、18、⑳　……　①

5、8、14、20のそれぞれに関して、それよりも小さい標本Bの値が何個あるかを数えて足し上げたものがUで、次のようになります。

$$U=1+1+2+5=9$$

ちなみに、3、9、16、17、18のそれぞれに関して、それよりも小さい標本Aの

値が何個あるかを数えて足したものをU'とすると、$U'=0+2+3+3+3=11$となります。9と11の和20は、標本Aのサイズ4と標本Bのサイズ5を掛けた$4\times5=20$に等しくなります。一般に、各y_jに関して、y_jよりも小さいx_iの個数をb_jとし、$U'=\sum_{j=1}^{\ell}b_j$とすると、常に$U+U'=kl$が成り立ちます。

任意のi、jについて$x_i<y_j$が成り立つとき、$U=0$。また、任意のi、jについて$x_i>y_j$が成り立つとき、$U=kl$です。Uの値は標本A、Bが同じ母集団から抽出されたという仮定のもとで、$\frac{kl}{2}$を中心に対称的に分布します。**$U+U'=kl$ですから、Uで検定してもU'で検定しても構いません。**

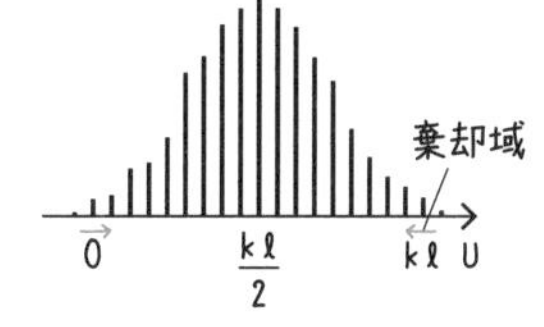

$U+U'=kl$が成り立つ理由を簡単に説明しておきます。$(x_i,\ y_j)$の組は全部でkl個あります。それぞれの組に関して、$x_i>y_j$であればUで、$x_i<y_j$であればU'でカウントしますから、$U+U'=kl$が成り立ちます。

$k\leqq20$かつ$l\leqq20$の場合は、Uを正規分布で近似すると誤差が大きくなります。この場合は、$(k,\ l)$ $(k\leqq l)$ の組ごとに$[0,\ kl]$の両端からどれくらいの幅を棄却域にすれば良いかが表（巻末「マン-ホイットニーのU検定表」(297ページ)）にまとめられています。両側確率5％の検定表で、標本のサイズが(4, 5)のときは1ですから棄却域は1以下と19以上です。$U=9$は1より小さくないので、2つのチームに営業成績の差はないという帰無仮説を受容することになります。

ウィルコクソンの順位和検定(Wilcoxon rank sum test)との関係

ウィルコクソンは①の並びでの順位を標本A（標本B）について足すことでW (W')という統計量を作りました。下のように計算して$W=19$ $(W'=26)$となります。

Aに関して　$W=\underline{2}+3+5+9=19$　　①で5は小さいほうから2番目

実は、この統計量は$U(U')$に定数（1から標本数までの和）を足して、

$U+(1+2+3+4)=9+10=19$

と計算することもできます。このような式が成り立つので、**マン-ホイットニーのU検定とウィルコクソンの順位和検定は同値な検定**であるといえます。なお、よく似た名称のウィルコクソンの符号付き順位検定とは別物です。

難易度 ★　実用 ★★★★★　試験 ★★★★

08 符号検定

対応のある2群（量的データ、順序データ）の差の検定では、符号検定とウィルコクソンの符号付き順位検定が知られています。

Point

対に関しての大小の個数に着目

2変量データ$(x_i,\ y_i)$で、標本のサイズがnであるとき、xとyの母集団に違いがあるかを検定する。

$x_i > y_i$となるiの個数をa　　$x_i < y_i$となるiの個数をb

とする。nが大きいとき$(n > 25)$、x_iの平均とy_iの平均に差がないという仮定のもとで、a、bはいずれも$N\left(\frac{n}{2},\ \frac{n}{4}\right)$に従う。

※nが小さいとき$(n \leqq 25)$は、この近似では誤差が大きくなるので、次のように直接確率を計算して検定します。

Business 洗剤の満足度に差があるかを符号検定で検定する

符号検定（sign test）は、$(x_i,\ y_i)$の大小だけに着目していますから、順序データであっても検定をすることができます。

xとyの母集団に違いがないという仮定のもとで、母集団から抽出した$(x,\ y)$が$x > y$となる確率は$\frac{1}{2}$と見立てられます。すると、aは二項分布$Bin\left(n,\ \frac{1}{2}\right)$に従います。$n$が大きいとき、これを正規分布$N\left(\frac{n}{2},\ \frac{n}{4}\right)$で近似します。

問題　洗剤A、Bの満足度（5段階）について8人にアンケートを取ったところ、次のような結果を得た。Aのほうが満足度が高いといえるかどうか、有意水準5%で検定せよ。

回答者番号	1	2	3	4	5	6	7	8
A（x_i）	4	3	5	2	1	3	4	3
B（y_i）	3	2	3	1	2	2	2	2

前ページの表のようにA、Bの満足度について、i番目の回答者は$(x_i,\ y_i)$というデータが得られたものとします。

帰無仮説と対立仮説は、次のようになります。

H_0：xとyの母集団に違いがない

H_1：xのほうがyより高い

$x_i > y_i$となるiの個数をa、$x_i < y_i$となるiの個数をbとします。すると、H_0のもとでa、bは$Bin\left(8,\ \frac{1}{2}\right)$に従うことを用いて検定します。

この例では、$a=7$、$b=1$です。$n<25$なので正規分布で近似すると誤差が大きすぎます。そこで、直接確率を計算することにします。

xのほうがyより高いとき、aは$Bin\left(n,\ \frac{1}{2}\right)$の期待値$\frac{n}{2}$より大きく、$b$は小さくなります。そこで、$H_0$のもとで$a=8$、$a=7$となる確率$P(a=7 \text{ or } a=8)$を求め、有意水準の5％と比べましょう。

$$
\begin{aligned}
P(a=7 \text{ or } a=8) &= {}_8C_7\left(\frac{1}{2}\right)^7\left(1-\frac{1}{2}\right)^{8-7} + {}_8C_8\left(\frac{1}{2}\right)^8\left(1-\frac{1}{2}\right)^{8-8} \\
&= ({}_8C_7 + {}_8C_8)\left(\frac{1}{2}\right)^8 = \frac{9}{256} = 0.035
\end{aligned}
$$

よって、有意水準5％のとき、H_0は棄却されます。

つまり、有意水準5％でAのほうが満足度が高いといえます。

ウィルコクソンの符号付き順位検定との使い分け

符号検定とウィルコクソンの符号付き順位検定は、どちらも対応のある2群の差についてのノンパラメトリック検定です。**分布に対称性があり、量的データの場合にはウィルコクソンの符号付き順位検定で検定**したほうが精度の良い検定をすることができます。ただし、量的データであっても、$|x_i - y_i|$の大きさから統計検定量を作るため、**分布が非対称の場合には帰無仮説が正しい場合でもずれが大きくなります。その場合は符号検定で検定したほうが良い**でしょう。

難易度 ★★　実用 ★★★★★　試験 ★★★

ウィルコクソンの符号付き順位検定

対応のある2群（量的データ、順序データ）の差の検定です。符号検定との違いに気をつけましょう。

Point

差の絶対値で並べて順位の和を取る

2変量データ$(x_i,\ y_i)$で、標本のサイズがn、すべてのiで$x_i \neq y_i$であるとする。xとyの母集団に違いがあるかを検定する。$|x_i - y_i|$を小さい順に並べたときの順位をr_iとする。

$$a = \sum_{x_i > y_i} r_i \qquad b = \sum_{x_i < y_i} r_i$$

差が正の順位を合計します。　差が負の順位を合計します。

と置く。nが大きいとき$(n > 25)$、x_iの分布とy_iの分布に差がないという仮定のもとで、a、bはいずれも$N\left(\frac{n(n+1)}{4},\ \frac{n(n+1)(2n+1)}{24}\right)$に従う。

a、bのどちらで検定しても構わない

すべてのiで$x_i > y_i$が成り立つとき、

$$a = \sum_{x_i > y_i} r_i = \sum_{i=1}^{n} i = \frac{n(n+1)}{2}$$

r_iは1〜nの並べ替え。

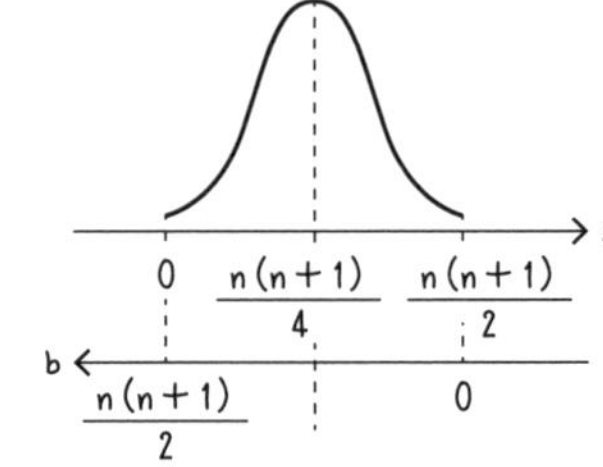

1位からn位はa、bのどちらかで足されますから、常に次の関係が成り立ちます。

$$a + b = 1 + 2 + \cdots + n = \frac{n(n+1)}{2}$$

$n > 25$のとき、xの分布とyの分布に差がないという仮定（これが帰無仮説になる）のもとで、a、bは近似的に正規分布$N\left(\frac{n(n+1)}{4},\ \frac{n(n+1)(2n+1)}{24}\right)$に従います（理由は下で）。$a$と$b$は$\frac{n(n+1)}{4}$を中心に対称の位置にありますから、$a$、$b$どちらを用いて検定しても構いません。

nが大きくなるとa、bの分布が正規分布に近づくことを示しておきます。

$x_i > y_i$のとき$X_i = 1$、$x_i < y_i$のとき$X_i = 0$となる確率変数X_iを用いると、

$$a = r_1 X_1 + r_2 X_2 + \cdots\cdots + r_n X_n$$

となります。X_iは$Be\left(\frac{1}{2}\right)$に従い、$E[X_i] = \frac{1}{2}$、$V[X_i] = \frac{1}{4}$ですから、

$$E[a] = r_1 E[X_1] + r_2 E[X_2] + \cdots\cdots + r_n E[X_n]$$
$$= \frac{1}{2}(1 + 2 + \cdots\cdots + n) = \frac{n(n+1)}{4}$$

$$V[a] = {r_1}^2 V[X_1] + {r_2}^2 V[X_2] + \cdots\cdots + {r_n}^2 V[X_n] = \frac{n(n+1)(2n+1)}{24}$$

2乗和の公式を用います。

nが大きいとき、中心極限定理によってaの分布は正規分布に近づきます。

Business 脈拍数は落ち着いてから測ると下がるのか

8人の被験者について、10分間の間隔をおいて脈拍数を2回調べました。このとき、1回目のデータと2回目のデータが同じ条件で得たものであるのかウィルコクソンの符号付き順位検定（Wilcoxon signed-rank test）で検定してみましょう。**「差」には、(1回目)－(2回目)の値を、「順位」には、差の絶対値を小さい順に並べたときの順位を書きます。**

	A	B	C	D	E	F	G	H
1回目	79	96	85	69	88	75	83	88
2回目	70	88	73	74	75	79	77	81
差	+9	+8	+12	−5	+13	−4	+6	+7
順位	6	5	7	2	8	1	3	4

これをもとにa、bを計算すると、次のようになります。

$$a = 3 + 4 + 5 + 6 + 7 + 8 = 33 \qquad b = 1 + 2 = 3$$

a、bのうち小さいほうを検定統計量とします。

$n \leqq 25$のとき、正規分布で近似すると誤差が大きくなるので、表（巻末「ウィルコクソンの符号付き順位検定表」p 298）を用いて棄却域を定めます。$n = 8$の場合、有意水準5％の片側検定の棄却域は表より5以下です。前の例では、aとbのうち小さいほうで、$b = 3 < 5$なので、帰無仮説は棄却され、対立仮説（1回目より2回目のほうが脈拍数が少ない）が採択されます。

難易度 ★★　実用 ★★★★★　試験 ★★★

10 クラスカル - ウォリス検定

対応のない多群（量的データ、順位データ）の差の検定です。

Point

データ全体での順位に直して順位和を取る

対応のないk群のデータで、各群のデータの大きさをn_i、k群全体でのデータの大きさをn、第i群の順位和を$R_i (1 \leqq i \leqq k)$とする。

順位和R_iは、k群のデータをすべて大きい順に並べて順位をつけ、第i群のデータに関する順位を足したもの。

nが十分に大きいとき、各群が同じ分布に従うという仮定のもとで、

$$H = \frac{12}{n(n+1)} \sum_{i=1}^{k} \frac{{R_i}^2}{n_i} - 3(n+1)$$

は、自由度$k-1$のカイ2乗分布$\chi^2(k-1)$に近似的に従う。

標本のサイズが14以下なら表で棄却域を求める

クラスカル - ウォリス検定（Kruskal-Wallis test）は、対応のない多群が等しいか否かを検定する**一元配置分散分析のノンパラ版**です。順位に置き換えて統計量を計算しますから、外れ値がある場合でも有効です。

nが十分に大きいときは、Hが自由度$k-1$のカイ2乗分布$\chi^2(k-1)$に従うことを用いて検定を行います。

小標本（3群ではnが15以下、4群ではnが14以下）の場合には、Hをカイ2乗分布で近似すると誤差が大きくなります。次の例の場合にはこれに当たりますから、棄却域を示す表を用いて検定をします。

なお、クラスカル - ウォリス検定の2群の場合、Hはウィルコクソンの順位和検定のRで表すことができます。このことから、2群の場合は**ウィルコクソンの順位和検定、マン - ホイットニーのU検定と同値の検定になります**。

Business タレントの好感度に差があるのか検定する

タレント事務所Sでは、ユイ、マサミ、マリコについて好感度アンケート（5段階評価）を行ったところ、次のような結果を得ました。好感度に差があるかを検索してみましょう。Hを計算してみます。左表の4は3位と4位なので、右表で$(3+4)\div 2=3.5$とします。

ユイ（1群）	5	5	4	
マサミ（2群）	4	3	2	
マリコ（3群）	3	2	1	1

アンケート結果

1.5	1.5	3.5	
3.5	5.5	7.5	
5.5	7.5	9.5	9.5

順位づけ

ユイ、マサミ、マリコのアンケート結果をそれぞれ1群、2群、3群とすると、第i群の順位和R_iは、$R_1=6.5$、$R_2=16.5$、$R_3=32$です。

$n_1=3$、$n_2=3$、$n_3=4$、$n=10$を用いてHを計算すると、

$$H=\frac{12}{n(n+1)}\sum_{i=1}^{k}\frac{{R_i}^2}{n_i}-3(n+1)$$
$$=\frac{12}{10(10+1)}\left(\frac{6.5^2}{3}+\frac{16.5^2}{3}+\frac{32^2}{4}\right)-3(10+1)=6.36$$

帰無仮説、対立仮説は以下のように設定します。

H_0：タレントの好感度はすべて同程度

H_1：タレントの好感度に同程度でないものがある

小標本の場合にあたるので、巻末「クラスカル - ウォリス検定表」(299ページ）を用いて、$n_1=3$、$n_2=3$、$n_3=4$のとき、有意水準5％の棄却域（クラスカル - ウォリス検定は片側で検定）は5.791以上となります。タレント好感度のアンケートから計算したHは6.36ですから、帰無仮説H_0（各タレントの好感度に差はない）は棄却されます。

すなわち、有意水準5％で、タレント好感度に差があるといえます。

なお、ここでは**大きいほうから順位づけしましたが、小さなほうから順位をつけてもHの値は同じ**になります。

Chapter 07 ノンパラメトリック検定

難易度 ★★★★　実用 ★★★　試験 ★

11 フリードマン検定

対応のある多群（量的データ、順位データ）の差の検定です。クラスカル-ウォリス検定との順位のつけ方の違いに注意しましょう。

Point

個票ごとに順位に変換してから成分ごとに順位和を取る

サイズnのk次元のデータ（x_i, y_i, ……）に関して、x_iを集めたデータを第1群、y_iを集めたデータを第2群、……、第k群と名づける。

個票（x_i, y_i, ……）の各成分を順位に置き換えたデータを（a_i, b_i, ……）とする。

たとえば、(10, 15, 7) に大きい順で順位をつけると (2, 1, 3)。すなわち、k次元データの場合、(a_i, b_i, ……) は、1、2、……、kの並べ替えになります。

第1群の順位和を$R_1=\sum_{i=1}^{n}a_i$、第2群の順位和を$R_2=\sum_{i=1}^{n}b_i$、……と定める。

nが十分に大きいとき、各群が同じ母集団に従う仮定のもとで、

$$Q=\frac{12}{nk(k+1)}\sum_{i=1}^{k}R_i^{\ 2}-3n(k+1)$$

は、自由度$k-1$のカイ2乗分布$\chi^2(k-1)$に近似的に従う。

対応のある一元配置分散分析のノンパラメトック版

対応のある一元配置分散分析に対応するノンパラメトリック検定には、ここで挙げた**フリードマン検定（Friedman test）**の他に**ページ検定（Page's trend test）**と呼ばれる検定もあります。フリードマン検定では、対立仮説を「群の平均順位のペアのうち等しくないものがある」としていますが、ページ検定では、対立仮説を「平均順位の昇順に並べた群に対して、隣り合う群との平均順位の等号がすべてで不成立」とし、より高い検出力が得られます。

nが十分に大きいとき、Qが自由度$k-1$のカイ2乗分布$\chi^2(k-1)$に従うことを用いて検定を行います。

小標本（3群ではnが9以下、4群ではnが5以下）の場合には、Qをカイ2乗分

布で近似すると誤差が大きくなります。そこで、小標本の棄却域については、個別に計算して表にまとめられています。

Business 旅行会社がツアー企画のために四季好感度を検定

旅行会社がA、B、Cの3人に四季の好感度についてアンケート（5段階評価）を行ったところ、以下のようになりました。

	A	B	C
春（1群）	4	2	5
夏（2群）	3	5	2
秋（3群）	5	4	4
冬（4群）	1	1	3

アンケート結果

	A	B	C	R_i（計）
春（1群）	2	3	1	6
夏（2群）	3	1	4	8
秋（3群）	1	2	2	5
冬（4群）	4	4	3	11

順位づけ

春、夏、秋、冬のアンケート結果をそれぞれ第1群、第2群、第3群、第4群とすると、第i群の順位和R_iは、

$$R_1 = 6、R_2 = 8、R_3 = 5、R_4 = 11$$

となります。データの大きさ$n = 3$、群の数$k = 4$を用いてQを計算すると、

$$Q = \frac{12}{nk(k+1)}\sum_{i=1}^{k} {R_i}^2 - 3n(k+1)$$
$$= \frac{12}{3\times 4(4+1)}(6^2 + 8^2 + 5^2 + 11^2) - 3\times 3(4+1) = 4.2$$

上で例に挙げた、四季の好感度のアンケートの場合を検定してみましょう。

H_0：四季の好感度はすべて同程度

H_1：四季の好感度に同程度でないものがある

表（巻末「フリードマン検定表」298ページ）によれば、4群で$n = 3$のとき、有意水準5％の棄却域は7.40以上となっています。四季の好感度のアンケートから計算したHは4.2ですから、帰無仮説H_0（四季の好感度に差はない）は受容されます。すなわち、「春、夏、秋、冬の好感度に差がある」とはいえません。

なお、ここでは**大きな順に順位づけしましたが、小さな順に順位をつけてもQの値は同じに**なります。

統計学　紛らわしい用語集

●一般線形モデル　一般化線形モデル

目的変数を説明変数の1次式で説明するのが一般線形モデル。目的変数を説明変数の1次式と一般の関数の合成関数で説明するのが一般化線形モデル。08章07節参照。

●標準偏差　標準誤差

標準偏差はデータのバラツキ。標準誤差は推定量のバラツキ。05章Column参照。

●偏回帰係数　偏相関係数　重相関係数

偏回帰係数は、重回帰分析での回帰方程式の係数。y、zの偏相関係数は、y, zを目的変数とした回帰分析で，y、zから他の変数の影響を取り除いた残差e_y, e_zの相関係数。yの重相関係数は、yと予測値$\hat{y}$の相関係数であり，2乗したものは決定係数になります。ちなみに、重回帰係数という用語はありません。

●残差平方和　誤差平方和

残差平方和は主に回帰分析での用語。誤差平方和は、誤差変動ともいい分散分析での用語。誤差平方和を残差平方和という場合もあるからややこしいです。

●尤度関数　尤度

パラメータθにより定まる確率密度（質量）関数$f(x;\theta)$に対して、xを固定して$f(x;\theta)$をθの関数として見たものが尤度関数または尤度。最尤法のときはθを動かすので関数といったほうがしっくりきます。強調して$L(\theta;x)=f(x;\theta)$と書くこともあります。一方、ベイズ更新のための式$\pi(\theta\mid D)\propto f(D\mid\theta)\pi(\theta)$の右辺では、$\theta$を動かす感じがしないので$f(D\mid\theta)$を尤度関数ではなく尤度という場合が多いです。

Chapter 08

回帰分析

回帰分析とは?

父親の身長から息子の成人したときの身長をある程度は予測できます。このとき用いるのが回帰分析です。

父親の身長をx、成人した息子の身長をyとし、2次元データ（x, y）を集め、それを分析します。父親の身長（x）から息子の身長（y）を求めようという意図があってこのデータを分析するとき、xを**説明変数**（explanatory variable）、yを**目的変数**（objective variable）といいます。

x、yの変数の呼び方には、下表のようにいろいろありますが、本書の節の中では説明変数、目的変数と呼ぶことにします。

$\boldsymbol{x}$	予測変数（predictor variable）、独立変数（independent variable）
$\boldsymbol{y}$	応答変数（response variable）、従属変数（dependent variable）

説明変数が1個、目的変数が1個の場合を**単回帰分析**といいます。説明変数が2個以上で、目的変数が1個の場合を**重回帰分析**といいます。

父親と母親の両方の身長から、息子の身長を予測しようとする場合は重回帰分析です。

回帰分析は外的基準のある多変量解析

回帰分析では、説明変数を原因となる変数、目的変数を結果となる変数ととらえて、変数どうしの因果関係を分析しています。結果として捉える目的変数（応答変数、従属変数）を**外的基準**（external criterion）と呼びます。

変量が2つ以上あるデータを分析する統計手法には数多くの種類があります。これらを総称して**多変量解析**（multivariate analysis）といいます。多変量解析の分析法は外的基準があるかないかによって大きく2つに分けられます。回帰分析は、観測変数を説明変数と目的変数に分けて分析するので、外的基準がある多変量解析です。外的基準がない多変量解析では、観測変数を説明変数と目的変数に区別しません。

外的基準を持つ多変量解析は、回帰分析の他、判別分析、数量化Ⅰ類・Ⅱ類、対数線形モデルなどがあります。外的基準のないものも含めて、詳しくは10章Introductionで扱います。

外的基準のある多変量解析の目的は、新規データの予測・グループ判別や変数どうしの因果関係の探索です。回帰分析でも、新規データが与えられたとき説明変数の値から目的変数の値を予測したり、変量間の偏相関係数から変数どうしの相関関係を評価したりします。

単回帰分析の仕組みを理解すれば、他の回帰分析の仕組みもわかります。重回帰分析は説明変数を増やしただけですし、ロジスティック回帰分析・プロビット回帰分析は目的変数の値域を制限するために関数で変数変換しただけだからです。

単回帰分析・重回帰分析ではモデルを直線・平面（超平面）で設定していますが、一般の回帰分析ではモデルを一般の曲線にした一般化線形モデルによる分析を選択することができます。相関係数は直線的な関係性しか拾うことができませんでしたが、一般化線形モデルではこれよりも幅広い関係性を扱うことができるといえます。

回帰分析では、パラメータの入ったモデルを設定します。モデルは、単回帰分析では平面上の直線、重回帰分析では空間中の平面（超平面）、ロジスティック回帰分析・プロビット回帰分析では0から1まで変化する滑らかな曲線（曲面）です。実測値とモデルの誤差を計算し、それが最小となるように（最小2乗法など）、あるいはデータを実現する確率が最大となるように（最尤法）、パラメータを決めます。これが回帰分析に共通した原理です。

なお、モデルを設定したあと、回帰式を導くまでの詳細な計算は、紙幅を取ってしまうため、本書では割愛しています。単回帰分析、重回帰分析、多重共線性の説明では結果だけを述べるにとどめました。

難易度 ★★　実用 ★★★　試験 ★★★

01 単回帰分析

求め方の原理（最小2乗法）まで押さえておけば完璧です。

Point

説明変数（x）で、目的変数（y）を予測する

2次元のデータ（x_i, y_i）に対して、x、yの平均をそれぞれ、$\bar{x}$、$\bar{y}$、xの分散を$s_x{}^2$、xとyの共分散をs_{xy}とする。このとき、

$$y=\frac{s_{xy}}{s_x{}^2}(x-\bar{x})+\bar{y}$$

を**回帰直線**（regression line）または回帰方程式という。この式の1次の係数を**回帰係数**、定数項を**切片**という。

回帰直線の式を求める原理は最小二乗法

Pointでは公式を与えましたが、回帰直線を求める原理を説明しておきます。

直線の式を$y=ax+b$と置きます。これに対して、

$$f(a,\ b)=\sum_{i=1}^{n}(y_i-ax_i-b)^2$$

と置きます。データが与えられたとき（x_i, y_i）は具体的な数になりますから、$f(a,\ b)$はa、bの2次式になります。$f(a,\ b)$を最小にするようなaとbを求める（高校数学で学んだ平方完成の要領で求めることができます）と、$y=ax+b$が回帰直線になります。このときのaとbを（x_i, y_i）で表すと、

$$a=\frac{s_{xy}}{s_x{}^2},\quad b=-\frac{s_{xy}}{s_x{}^2}\bar{x}+\bar{y}$$

モデルとなる直線を$y=ax+b$と置いたとき、$\hat{y}_i=ax_i+b$を**予測値**（predicted value）といいます。実現値y_iと予測値$\hat{y}_i$の差e_iを**残差**（residual）といいます（$e_i=y_i-\hat{y}_i=y_i-ax_i-b$）。回帰直線は、**「残差平方和を最小とするような直線」**であると特徴づけられます。このような回帰直線の求め方を**最小二乗法**（least-squares method：LSM）といいます。

yの偏差平方和を$S_y{}^2$、残差eの平方和を$S_e{}^2$、予測値$\hat{y}$の偏差平方和を$S_{\hat{y}}{}^2$とす

るとき、$S_{\hat{y}}{}^2 = S_y{}^2 + S_e{}^2$が成り立ちます。これらを用いて、

$$R^2 = 1 - \frac{S_e{}^2}{S_y{}^2} = \frac{S_{\hat{y}}{}^2}{S_y{}^2}$$

と置きます。R^2を**決定係数**（coefficient of determination）といいます。決定係数は回帰直線の当てはまりの良さを示す指標です。

Business テストを休んだ7人目の新人のTOEICの点数を予測

xによってyを求めようというのが回帰分析の動機です。このときxを**説明変数**、yを**目的変数**といいます。6人がTOEFLとTOEICのテストを受けたときの結果（10点満点整数に換算）で、回帰直線の式を求めてみましょう。

x（TOEFL）	4	6	7	7	8	10
y（TOEIC）	2	4	6	8	7	9

$\bar{x} = 7$、$\bar{y} = 6$ですから、

$x-\bar{x}$	-3	-1	0	0	1	3	計	
$(x-\bar{x})^2$	9	1	0	0	1	9	20	$s_x{}^2 = \frac{20}{6}$
$y-\bar{y}$	-4	-2	0	2	1	3		
$(x-\bar{x})(y-\bar{y})$	12	2	0	0	1	9	24	$s_{xy} = \frac{24}{6}$

回帰直線の式は、

$$y = \frac{s_{xy}}{s_x{}^2}(x - \bar{x}) + \bar{y} = \frac{24}{20}(x - 7) + 6 = 1.2x - 2.4 \qquad y = 1.2x - 2.4$$

となります。散布図に書き込むと下の図のようになります。xとyの関係をざっくりと示した直線になっています。**回帰直線はx、yそれぞれの平均の点（$\bar{x}$, $\bar{y}$）を常に通る**ことを覚えておきましょう。

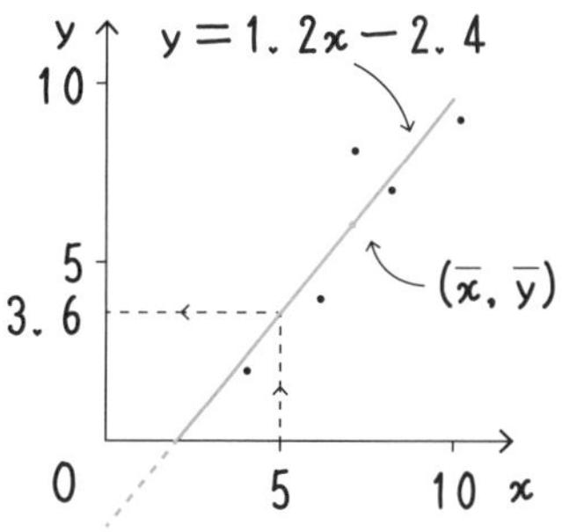

単回帰分析

$x = 5$のとき、$y = 1.2 \times 5 - 2.4 = 3.6$です。このことから、TOEFLしか受けることができなかった生徒のTOEFLの点数が5点の場合、TOEICの点数は3.6点ぐらいであろうと予想できます。

重回帰分析

自由度調整済み決定係数は実践的です。

Point

説明変数を増やして、単回帰分析を拡張する

3次元のデータ（x_i, y_i, z_i）に対して、x、y、zの平均をそれぞれ、$\bar{x}$、$\bar{y}$、$\bar{z}$、xの分散をs_{xx}、xとyの共分散をs_{xy}などと表すことにする。

$$z = u(x - \bar{x}) + v(y - \bar{y}) + \bar{z}$$

$$\begin{pmatrix} u \\ v \end{pmatrix} = \begin{pmatrix} s_{xx} & s_{xy} \\ s_{xy} & s_{yy} \end{pmatrix}^{-1} \begin{pmatrix} s_{xz} \\ s_{yz} \end{pmatrix} \quad \cdots\cdots ①$$

を**回帰方程式**という。①の式の右辺の行列は、分散共分散行列の逆行列である。uをxの**偏回帰係数**（partial regression coefficient）、vをyの偏回帰係数という。

単回帰から重回帰へ

単回帰分析のときに比べて説明変数が1つ増えています。説明変数がx、y、目的変数がzです。（x_i, y_i, z_i）をxyz空間にプロットするとき（3D散布図）、回帰方程式は平面を表します。

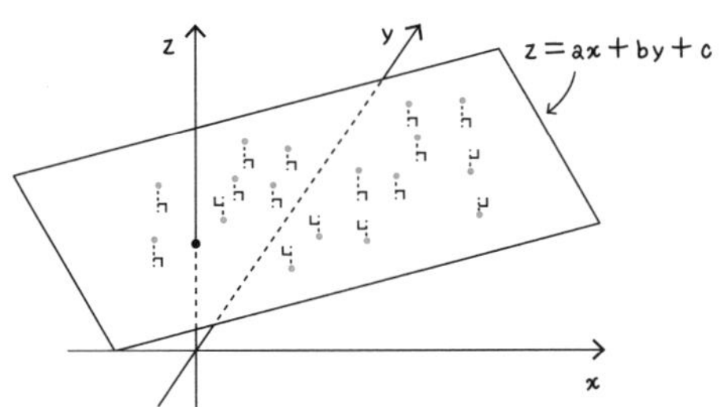

回帰方程式を求める原理は、単回帰分析のときと同じように最小二乗法です。モデルとなる式を$z = ax + by + c$とすると、残差は$z_i - ax_i - by_i - c$です。

残差の平方和

$$f(a,\ b,\ c) = \sum_{i=1}^{n} (z_i - ax_i - by_i - c)^2$$

を最小にするようなa、b、cのとき、$z = ax + by + c$は回帰方程式となります。

$f(a,\ b,\ c)$の極値を求めるために偏微分が0という式を立てます。

$$\frac{\partial f}{\partial a} = 0 \quad \frac{\partial f}{\partial b} = 0 \quad \frac{\partial f}{\partial c} = 0$$

これを**正規方程式**（normal equations）といいます。これを解いてPointの式が求まります。Pointの①を計算すると、回帰方程式は次のようになります。

$$z = \frac{s_{yy}s_{xz} - s_{xy}s_{yz}}{s_{xx}s_{yy} - s_{xy}{}^2}(x - \bar{x}) + \frac{s_{xx}s_{yz} - s_{xy}s_{xz}}{s_{xx}s_{yy} - s_{xy}{}^2}(y - \bar{y}) + \bar{z}$$

Pointでは3次元データの場合を示しましたが、k次元データで$k-1$個の変量を説明変数にし、1個の変量を目的変数にして回帰方程式を求めることができます。偏回帰係数は①と同様にベクトルと行列で表されます。

回帰方程式の精度を測る

重回帰分析のときも、単回帰分析のときと同じように決定係数R^2を計算すると回帰方程式の精度が悪い場合でも大きめの値が出る傾向があります。これは説明変数が多くなるとそれだけで決定係数R^2は大きくなるからです。

そこで重回帰分析で分析の精度を測るには、**自由度調整済み決定係数R^2**（adjusted coefficient of determination）を用います。標本のサイズをn、説明変数の個数をkとすると、

$$\bar{R}^2 = 1 - \frac{n-1}{n-k-1}(1 - R^2)$$

と計算できます。p次元のデータで重回帰分析をするとき、説明変数を$p-1$個にしなくても構いません。$\bar{R}^2$が大きくなるように説明変数を決めれば良いのです。

Business 賃貸マンションの家賃を重回帰分析で予測する

不動産仲介会社Eでは、賃貸料を目的変数、部屋の専有面積、築年数、駅からの徒歩分数を説明変数として、駅ごとに重回帰分析を行い、これをホームページ上で公開し、好評を得ています。

難易度 ★★★★★　実用 ★★★★★　試験 ★★★

03 重相関係数・偏相関係数

偏回帰係数と偏相関係数をしっかりと区別しましょう。

Point

残差にしてから相関係数を計算

重相関係数（multiple correlation coefficient）

$p+1$次元データ（x_1, ……, x_p, y）で、x_1、……、x_pを説明変数、yを目的変数としたときの回帰方程式が、

$$y = a_1x_1 + \cdots\cdots + a_px_p + a_{p+1}$$

であるとする。i番目のデータ（x_{1i}, ……, x_{pi}, y_i）について

$$\hat{y}_i = a_1x_{1i} + \cdots\cdots + a_px_{pi} + a_{p+1}$$

を**予測値**、$e_i = y_i - \hat{y}_i$を**残差**という。観測値yと予測値$\hat{y}$の相関係数$r_{y\hat{y}}$を、x_1, ……, x_pとyとの**重相関係数**といい$r_{y|1\cdots p}$で表す。

$$r_{y|1\cdots p} = r_{y\hat{y}}$$

$0 \leqq r_{y|1\cdots p} \leqq 1$が成り立つ。

偏相関係数（partial correlation coefficient）

$p+2$次元データの（x_1, ……, x_p, y, z）で、x_1、……、x_pを説明変数、y、zをそれぞれ目的変数としたときの残差をそれぞれe、e'とする。eとe'の相関係数、

$$r_{yz|1\cdots p} = r_{ee'}$$

を、y、zの**偏相関係数**という。

重相関係数で回帰方程式の精度を測る

$s_{\hat{y}}{}^2$, $s_e{}^2$を予測値、残差の標本分散とすると、

$$s_y{}^2 = s_{\hat{y}}{}^2 + s_e{}^2$$

が成り立ちます。重相関係数$r_{y|1\cdots p}$と$s_y{}^2$、$s_{\hat{y}}{}^2$、$s_e{}^2$、$s_{y\hat{y}}$との間には、

$$(r_{y|1\cdots p})^2=(r_{y\hat{y}})^2=\frac{(s_{y\hat{y}})^2}{{s_y}^2{s_{\hat{y}}}^2}=\frac{{s^2}_{\hat{y}}}{{s_y}^2}=1-\frac{{s_e}^2}{{s_y}^2}$$

という関係があります。重相関係数の2乗は**決定係数**に一致します。重相関係数が1に近いほど$\boldsymbol{y}$の値をx_1、……、x_pで説明できている、**すなわち重相関係数が1に近いほど、回帰方程式の精度が良いことを表しています。**

偏相関係数で疑似相関を見抜く

$\boldsymbol{y}$、$\boldsymbol{z}$の偏相関係数は、$\boldsymbol{y}$と$\boldsymbol{z}$から$\boldsymbol{x}_1$、……、$\boldsymbol{x}_p$の影響を取り除いたあとの$\boldsymbol{y}$と$\boldsymbol{z}$の相関係数、いわば$\boldsymbol{y}$と$\boldsymbol{z}$の真の相関関係を表しています。

x_iと$\boldsymbol{y}$の相関係数をr_{iy}と表し、$\boldsymbol{r}_{xy}$、$\boldsymbol{r}_{xz}$を

$$\boldsymbol{r}_{xy}=\begin{pmatrix} r_{1y} \\ \vdots \\ r_{py} \end{pmatrix} \qquad \boldsymbol{r}_{xz}=\begin{pmatrix} r_{1z} \\ \vdots \\ r_{pz} \end{pmatrix}$$

とし、(x_1, ……, x_p)の相関行列を$\boldsymbol{S}$とします。すると、x_1, ……, x_pのときの$\boldsymbol{y}$と$\boldsymbol{z}$の偏相関係数$r_{yz|1\cdots p}$は、

$$r_{yz|1\cdots p}=\frac{r_{yz}-{\boldsymbol{r}_{xy}}^T S^{-1}\boldsymbol{r}_{xz}}{\sqrt{1-{\boldsymbol{r}_{xy}}^T S^{-1}\boldsymbol{r}_{xy}}\sqrt{1-{\boldsymbol{r}_{xz}}^T S^{-1}\boldsymbol{r}_{xz}}}$$

と計算できます。特に$\boldsymbol{p}=1$のとき、すなわち説明変数が1つのときは、相関行列$\boldsymbol{S}$は単なる数(1)になるので、次のようになります。

$$r_{yz|x}=\frac{r_{yz}-r_{xy}r_{xz}}{\sqrt{1-{r_{xy}}^2}\sqrt{1-{r_{xz}}^2}}$$

Business 偏相関係数で疑似相関を見抜き、レイアウト変更を思い留まる

あるスーパーでは、xをビールの売上、$\boldsymbol{y}$を紙おむつの売上として相関係数を計算したところ$r_{xy}=0.7$でした。ビール売場の近くに紙おむつを置こうかと考えましたが、$\boldsymbol{z}$を店全体の売上として相関係数を計算したところ、$r_{yz}=0.8$、$r_{xz}=0.8$。これからxと$\boldsymbol{y}$の偏相関係数は、$r_{xy|z}=0.17$となります。xと$\boldsymbol{y}$は直接的な関係が薄い(疑似相関である)として売場のレイアウト変更はしませんでした。

難易度 ★★★　実用 ★★★★★　試験 ★★★★

04 多重共線性（マルチコ）

実用面では非常に重要です。多重共線性が起こる理由を理解しておきましょう。

変数に無駄があるということ

- 多重共線性がある：重回帰分析の説明変数の間に強い相関があること。偏回帰係数の値に信頼性がなくなる。

3次元データの場合に多重共線性があるとどうなるのか

下左図のように、データが3D散布図でほぼ平面上に分布しているときは精度の高い回帰方程式を得ることができます。

一方、下右図のようにデータがほぼ直線上に分布しているときは回帰方程式の精度が下がります。どうしてそうなるのか説明してみましょう。

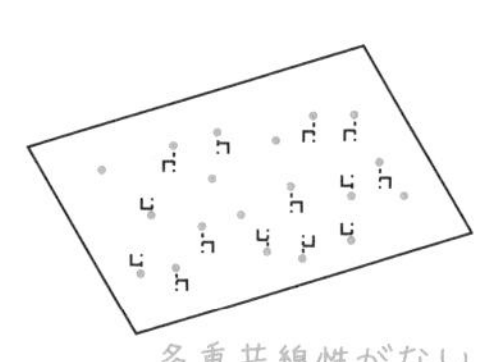

多重共線性がない

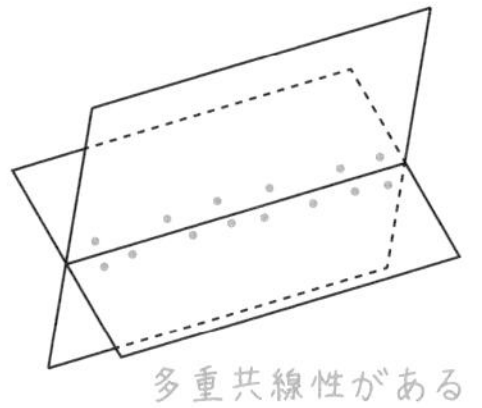

多重共線性がある

たとえば、3次元データ（x, y, z）でxとyの値が完全な1次の関係にあるとしましょう（$y=ax+b$）。すると、xとyの相関係数は1であり、02節の偏回帰係数の分母の式$s_{xx}s_{yy}-s_{xy}{}^2$は0になります。xとyがほぼ1次の関係の場合でも、$s_{xx}s_{yy}-s_{xy}{}^2$は0に近い値になります。偏回帰係数を求めるときのz_iの値が少し変化した場合、$s_{yy}s_{xz}-s_{xy}s_{yz}$、$s_{xx}s_{yz}-s_{xy}s_{xz}$（偏回帰係数の分子）の値も少し変化しますが、$s_{xx}s_{yy}-s_{xy}{}^2$（偏回帰係数の分母）は0に近い値なので、偏回帰係数の値は大きく変化します。xとyにほぼ1次の関係がある場合には、求めた偏回帰係数の値が疑わしくなります。

このように重回帰分析の説明変数の間にほぼ1次の関係があることを**多重共線**

性（multicollinearity）があるといいます。

なぜ多重共線性と呼ぶのでしょうか。3次元データ（x、y、z）が重回帰分析できるとき、xとyにほぼ1次の関係があると、データをxyz空間にプロットした様子は、上図のようにほぼ直線状になります。回帰方程式$z = ax + by + c$が表す平面はこの直線を（ざっくり）含むものになりますが、上図のように直線を含む平面がいくつもある状態（多くの平面が直線を共線としている）です。このようなときは、平面を1つに選ぶことができない、すなわち回帰方程式が1つに決まらないのです。

線形代数の言葉を使えば、説明変数が従属に近い（変数に無駄がある）とき多重共線性が疑われることになります。**独立に近い説明変数を選ぶことが望ましい**ということです。

多重共線性の見つけ方と回避方法

n次元のデータ（x_1, x_2, ……, x_n）で、特定のx_iを目的変数とし、x_i以外の変数（説明変数）を用いてx_iを回帰分析したときの決定係数を$R_i{}^2$とします。$R_i{}^2$が1に近いときは、x_iが他の説明変数でほぼ説明できてしまうということです。$R_i{}^2$が1に近いときは多重共線性があると判断し、x_iを取り除くのが良いとされています。実際には、$R_i{}^2$をもとにして作ったVIF_i（variance inflation factor）、

$$VIF_i = \frac{1}{1 - R_i{}^2}$$

や、この分母の$1 - R_i{}^2$（**許容度**、tolerance）を指標として用います。VIF_iが10以上のときは変数x_iを除外する対応が必要です。VIF_iの値は5以下が望ましいとされています。

多重共変性がある場合には、$R_i{}^2$、VIF_i、自由度調整済み決定係数$\bar{R}^2$、赤池情報量基準AIC（11章09節）などの基準を用いて有効な説明変数を選びます。すべての指標を良くすることができるとは限りませんから、あらかじめ手順を決めておいたほうが良いでしょう。

はじめにすべての変数を使った状態からはじめて間引いていく**変数減少法**、定数項のみからはじめて変数を加えていく**変数増加法**、増減を交えて求める**変数増減法**など、説明変数の絞り方にはいろいろなバリエーションがあります。

難易度 ★★★★★　実用 ★★★★★　試験 ★★

単回帰分析での区間推定

回帰分析のモデルについて知りたい方向けの説明です。

Point

標本回帰係数を自由度$n-2$のt分布で推定

母集団に線形回帰モデルを設定し、サイズnの標本（x_i, y_i）で回帰分析する。xが定まったときの予測値$\hat{y}$の95％信頼区間は、

$$\left[\hat{a}x+\hat{b}-\alpha\sqrt{\frac{\hat{\sigma}^2}{n}\left(1+\frac{(x-\bar{x})^2}{{s_x}^2}\right)},\ \hat{a}x+\hat{b}+\alpha\sqrt{\frac{\hat{\sigma}^2}{n}\left(1+\frac{(x-\bar{x})^2}{{s_x}^2}\right)}\right]$$

$\hat{a}=\dfrac{s_{xy}}{{s_x}^2}$、$\hat{b}=-\bar{x}\dfrac{s_{xy}}{{s_x}^2}+\bar{y}$、

$\hat{\sigma}^2=\dfrac{1}{n-2}\sum_{i=1}^{n}(y_i-\hat{a}x_i-\hat{b})^2$

α：$t(n-2)$の上側2.5％点

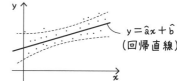

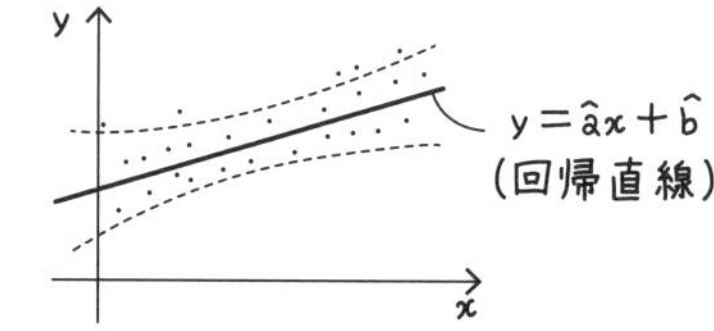

回帰分析によるyの95％信頼区間

回帰直線の区間推定の仕組み

母集団の分布が、

$$Y_i=ax_i+b+\varepsilon_i$$

に従っているものとします。$y=ax+b$を**母回帰直線**（population regression line)、a、bを**母回帰係数**（population regression coefficient)、ε_iを**誤差項**（error term）といいます。ε_iは確率変数で、$E[\varepsilon_i]=0$、$V[\varepsilon_i]=\sigma^2$（これを誤差分散 (error variance) といいます）Cov(ε_i, ε_j)＝0（$i \neq j$）に従っているものとします。このモデルを**線形回帰モデル**（linear regression model）といいます。特に、εが$N(0,\ \sigma^2)$に従っているとするとき、**正規線形回帰モデル**（normal linear regression

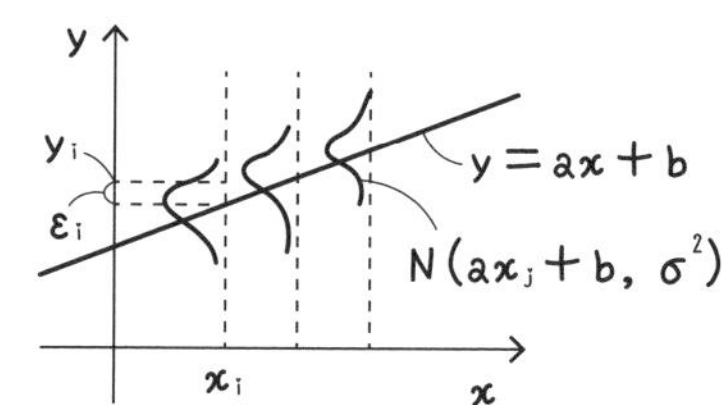

母集団の正規線形回帰モデル

model）といいます。このときは、母集団から変量xの値がx_iである個体を抽出すると、その個体の変量yの値y_iは前ページの図のように$N(0,\ \sigma^2)$に従って分布しています。標本（$x_i,\ y_i$）から求めた回帰方程式（本章01節）でyを予測値$\hat{y}$に変え、回帰係数と切片の予測値を、$\hat{a}=\frac{s_{xy}}{{s_x}^2}$、$\hat{b}=-\bar{x}\frac{s_{xy}}{{s_x}^2}+\bar{y}$と置くと、

$$\hat{y}=\frac{s_{xy}}{{s_x}^2}(x-\bar{x})+\bar{y}=\hat{a}x+\hat{b}$$

となります。この式を**標本回帰直線**（sample regression line）といいます。この$\hat{a}$、$\hat{b}$は、母回帰係数a、bの推定量であると捉えます。正規線形回帰モデルで$\hat{a}$、$\hat{b}$の期待値、分散を計算すると、

$$E[\hat{a}]=a\quad V[\hat{a}]=\frac{\sigma^2}{n{s_x}^2}\quad E[\hat{b}]=b\quad V[\hat{b}]=\frac{\sigma^2}{n}\left(1+\frac{\bar{x}^2}{{s_x}^2}\right)\quad \mathrm{Cov}[\hat{a},\ \hat{b}]=-\frac{\sigma^2\bar{x}}{n{s_x}^2}\qquad \cdots\cdots ①$$

$\hat{a}$、$\hat{b}$は不偏推定量です。（第1式、第3式）。$\hat{y}$の期待値、分散を計算すると、

$$E[\hat{y}]=ax+b\quad V[\hat{y}]=\frac{\sigma^2}{n}\left(1+\frac{(x-\bar{x})^2}{{s_x}^2}\right)\quad \cdots\cdots ②$$

となります。

正規線形回帰モデルのとき、$\hat{a}$、$\hat{b}$は①を平均・分散・共分散に持つ2次元正規分布に、$\hat{y}$は②を平均・分散に持つ正規分布に従います。しかし、このままでは母数である誤差分散σ^2が含まれているので、標本だけからは$\hat{a}$、$\hat{b}$、$\hat{y}$の分布がわかりません。そこで、t分布に持っていきます（**スチューデント化**）。

残差平方和を$n-2$で割ったもの、

$$\hat{\sigma}^2=\frac{1}{n-2}\sum_{i=1}^{n}(y_i-\hat{y}_i)=\frac{1}{n-2}\sum_{i=1}^{n}(y_i-\hat{a}x_i-\hat{b})^2$$

を作ると、$E[\hat{\sigma}^2]=\sigma^2$となり、誤差分散の不偏推定量となります。これを用いて、

$$T_a=\frac{\hat{a}-a}{\sqrt{\frac{\hat{\sigma}^2}{n{s_x}^2}}}\qquad T_b=\frac{\hat{b}-b}{\sqrt{\frac{\hat{\sigma}^2}{n}\left(1+\frac{\bar{x}^2}{{s_x}^2}\right)}}\qquad T_y=\frac{\hat{y}-\hat{a}x-\hat{b}}{\sqrt{\frac{\hat{\sigma}^2}{n}\left(1+\frac{(x-\bar{x})^2}{{s_x}^2}\right)}}$$

を作ると、それぞれ自由度$n-2$のt分布$t(n-2)$に従います。

これによりpointの信頼区間の式が得られます。

$\sqrt{\frac{\hat{\sigma}^2}{n{s_x}^2}}$、$\sqrt{\frac{\hat{\sigma}^2}{n}\left(1+\frac{\bar{x}^2}{{s_x}^2}\right)}$、$\sqrt{\frac{\hat{\sigma}^2}{n}\left(1+\frac{(x-\bar{x})^2}{{s_x}^2}\right)}$をそれぞれ$\hat{a}$、$\hat{b}$、$\hat{y}$の**標準誤差**（standard error）といいます。

難易度 ★★　　実用 ★★★★★　試験 ★★★

ロジスティック回帰分析・プロビット回帰分析

適用できる場面は多く、応用が利きます。理論も難しくありません。

Point

値域が0～1の関数を用いてモデルとする

y_iが0、1の2値を取る2次元データ（x_i, y_i）について、次の式をモデルにして回帰分析を行う。

ロジスティック回帰分析（logistic regression analysis）

$$y = f(\alpha + \beta x) = \frac{e^{\alpha + \beta x}}{1 + e^{\alpha + \beta x}}$$

ここで$f(x)$は、ロジスティック関数$f(x) = \frac{e^x}{1 + e^x}$

プロビット回帰分析（probit regression analysis）

$$y = \Phi(\alpha + \beta x) = \int_{-\infty}^{\alpha + \beta x} \frac{1}{\sqrt{2\pi}} e^{-\frac{t^2}{2}} dt$$

ここで$\Phi(x)$は、標準正規分布の累積分布関数。

※「probit」は、考案者のチェスター・ブリスが「probability」＋「unit」から命名。

Business 年収と持ち家の関係性を回帰分析する

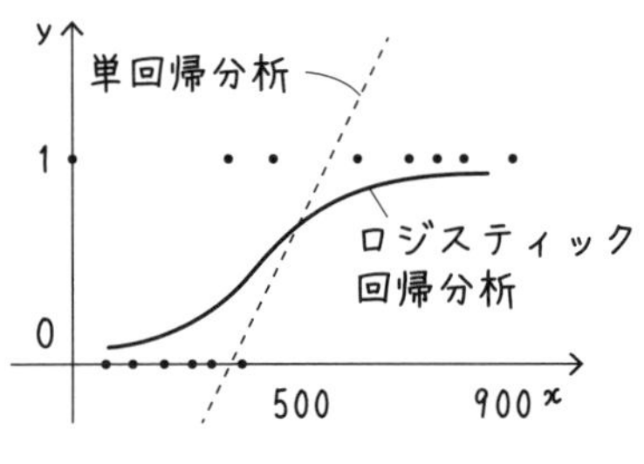

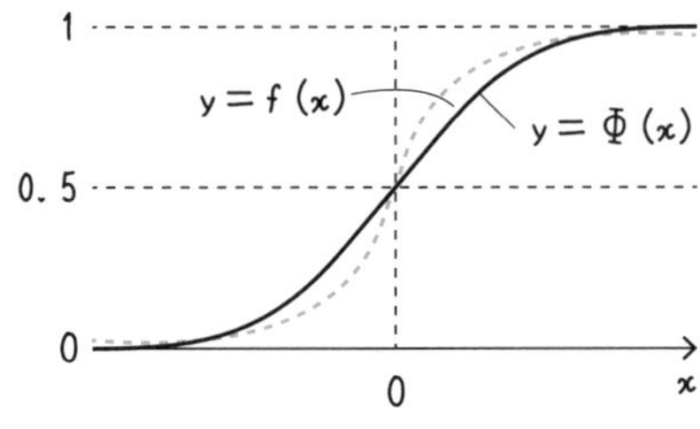

年収と持ち家の関係を調べるアンケートを取りました。年収をx、持ち家の人を$y = 1$、持ち家でない人を$y = 0$としてデータを取ったところ、上左図のような

散布図になりました。xとyで単回帰分析をすると、回帰直線では負の値や1以上の値が出てきてうまくありません。そこで、直線の代わりに、xが大きくなるに従って1に近づき、xが小さくなるに従って0に近づくような関数を用いて回帰分析をしようというのが、ロジスティック回帰分析やプロビット回帰分析です。

$x\to\infty$で1、$x\to-\infty$で0となるような関数として、$f(x)$や$\Phi(x)$が選ばれたわけです。$y=f(x)$、$y=\Phi(x)$のグラフは前ページの右図のようになります。

前ページの左図実線のようなグラフを得ることができれば、**yの値は年収xの人が持ち家である確率を表していると解釈できます**。この例の他、毒物の摂取量と致死率、温度と発芽率などにも適用できます。

得られたデータ（x_i, y_i）から、α、βを求めるには最尤法（05章03節）を用います。すなわち、プロビット分析であれば、尤度関数を

$$L(\alpha,\ \beta)=\prod_{y_i=1}\Phi(\alpha+\beta x_i)\prod_{y_i=0}\{1-\Phi(\alpha+\beta x_i)\}$$

と設定します。線形回帰の場合と異なり、α、βの最尤値は（x_i, y_i）を用いて明示的に表すことはできません。そこで、コンピュータによる数値計算で求めます。

ロジスティック回帰と対数オッズは関連がある

ロジスティック回帰の式で$p=\dfrac{e^{\alpha+\beta x}}{1+e^{\alpha+\beta x}}$と置くと、$1-p=\dfrac{1}{1+e^{\alpha+\beta x}}$

$$\log\left(\frac{p}{1-p}\right)=\alpha+\beta x$$

となります。確率pに対して、$\dfrac{p}{1-p}$を**オッズ**（odds）、$\log\left(\dfrac{p}{1-p}\right)$を**対数オッズ**または$p$の**ロジット関数**といいます。**ロジスティック回帰分析とは、対数オッズをxの1次式で表すモデルを用いた回帰分析**であるといえます。

説明変数をk個にして、

$$y=f(\alpha+\beta_1x_1+\cdots\cdots+\beta_kx_k)\qquad y=\Phi(\alpha+\beta_1x_1+\cdots\cdots+\beta_kx_k)$$

をモデルにした場合も同様に、**ロジスティック回帰分析**、**プロビット回帰分析**といいます。

なお、（x_1, x_2, ……, x_k, y）（yは0または1）型の予測は判別分析でもできます。しかし、この回帰分析のように予測値が0から1までの実数値で返ってくるわけではありません。

 ★★★★★  ★  ★

一般線形モデルと一般化線形モデル（GLM）

本章で扱った回帰分析を総括する見方です。

Point

ロジスティック回帰・プロビット回帰分析はGLMの1例

一般線形モデル（general linear model）

目的変数を確率変数Y_1、Y_2、……、Y_nと見て、

$$\boldsymbol{Y}=X\boldsymbol{\beta}+\varepsilon$$

$(\cdots\cdots)^T$ で縦ベクトルを表します。

$\boldsymbol{Y}=(Y_1,\ Y_2,\ \cdots\cdots,\ Y_n)^T$、$X=n\times k$行列：データ行列、

$\boldsymbol{\beta}=(\beta_1,\ \beta_2,\ \cdots\cdots,\ \beta_k)^T$：係数パラメータ

$\boldsymbol{\varepsilon}=(\varepsilon_1,\ \varepsilon_2,\ \cdots\cdots,\ \varepsilon_n)^T$：各$\varepsilon_i$は、独立に$N(0,\ \sigma^2)$に従う確率変数

と置くモデルを**一般線形モデル**という。

一般化線形モデル（generalized linear model：GLM）

Y_iが指数分布族に属する分布に従うものとして、単調で微分可能な関数$g(x)$を用いて、

$$g(E[\boldsymbol{Y}])=X\boldsymbol{\beta}$$

$g(E[\boldsymbol{Y}])$は$(g(E[Y_1]),\ \cdots\cdots,\ g(E[Y_n]))^T$のこと。

と置くモデルを**一般化線形モデル**という。$g(\boldsymbol{x})$を**連結関数**（link function）、右辺の$X\boldsymbol{\beta}$を**線形予測子**（linear predictor）という。

※Y、β、εを行列として、$Y=X\beta+\varepsilon$とする場合もあります。

重回帰分析や分散分析も一般線形モデルの一種

重回帰分析では、サイズnのデータ（$x_{1i},\ x_{2i},\ \cdots\cdots,\ x_{ki},\ y_i$）（$1\leqq i\leqq n$）に対して、各$y_i$を確率変数$Y_i$とみなし、

$$Y_i=\beta_0+\beta_1x_{1i}+\beta_2x_{2i}+\cdots\cdots+\beta_kx_{ki}+\varepsilon_i\quad \varepsilon_i\sim N(0,\ \sigma^2)\quad (i.i.d.)$$

ε_iは$N(0,\ \sigma^2)$に従う

とモデルを置いています。Pointの式で、

$X=$［1列目の成分が1で、$(p,\ q+1)$成分がx_{qp}である$(n,\ k+1)$型行列］

$$\boldsymbol{\beta} = (\beta_0,\ \beta_1,\ \cdots\cdots,\ \beta_k)^T$$

としたものになっていますから、**重回帰分析は一般線形モデルの一種**です。

一元配置分散分析では、第i群のデータ（群の個数はr）、

$$y_{ip} \quad (1 \leqq i \leqq r、1 \leqq p \leqq [第 i 群のサイズ])$$

のそれぞれを確率変数Y_{ip}とみなし、

$$Y_{ip} = \mu_i + \varepsilon_{ip} \qquad \mu_i：第 i 群の平均、\varepsilon_{ip} \sim N(0,\ \sigma^2) \quad (i.i.d.)$$

と置いています。Pointの式で、

$$X = \left[\begin{array}{l} (1列目に第1群のサイズだけ1を、2列目の\ [(第1群のサイズ)+1] \\ 行目から\ [(第1群のサイズ)+(第2群のサイズ)]\ 行目まで1を、\\ \cdots\cdots と並べ、それ以外は0である \qquad ([全標本のサイズ],\ r)\ 型行列。\end{array}\right]$$

$$\boldsymbol{\beta} = (\mu_1,\ \mu_2,\ \cdots\cdots,\ \mu_r)^T$$

と置いたものになっていますから、**分散分析は一般線形モデルの一種**です。**二元配置分散分析、共分散分析も同様にして一般線形モデルを用いている**ことが示せます。

一般線形モデルを拡張した一般化線形モデル

一般化線形モデルにおいて，Y_iが指数分布族である正規分布$N(\mu_i,\ \sigma^2)$に従い、$g(x) = x$とすれば一般線形モデルになります。一般化線形モデルは、一般線形モデルをさらに拡張したモデルです。

2次元データ$(x_i,\ y_i)$のモデルでは線形予測子は$\alpha + \beta x$となります。Yが$Be(p)$に従っているとき、連結関数を$g(x) = \log\left(\dfrac{x}{1-x}\right)$と取ると、

$$g(E[Y]) = g(p) = \log\left(\frac{p}{1-p}\right) = \alpha + \beta x \qquad p = \frac{e^{\alpha+\beta x}}{1+e^{\alpha+\beta x}}$$

となり、**ロジスティック回帰分析**になります。また、$g(x)$として、正規分布の累積分布関数$\Phi(x)$の逆関数$\Phi^{-1}(x)$を取ると、$p = \Phi(\alpha + \beta x)$ となり、**プロビット回帰分析**になります。

Yがポアソン分布$Po(\lambda)$に従っているとき、連結関数を$g(x) = \log x$に取ると、

$$g(E[Y]) = g(\lambda) = \log\lambda = \alpha + \beta x \qquad \lambda = e^{\alpha+\beta x}$$

となります。これは**ポアソン回帰モデル** (Poisson regression model) といいます。

このように**連結関数にお好みの関数を用いれば、モデルをカスタマイズできる**わけです。

ワインの値段を重回帰分析する

回帰分析は、単回帰分析からはじまり、変数を多くした重回帰分析、さらには曲線・曲面のモデルを扱う一般化線形モデルへと、より多くの現象に対応できるように発展していきました。それに伴い、応用される分野も生物学以外に広がっていきました。経済学の中でも、計量経済学では回帰分析が主な道具になっています。

経済学誌『アメリカン・エコノミック・レビュー』の編集者を務めたプリンストン大学の経済学者オーリー・アッシェンフェルターは、大のワイン好きが高じ、ワインの値段について重回帰分析を行いました。その回帰方程式は、「ワインの方程式」と呼ばれています。

$$
\begin{aligned}
&\log\left(\frac{\text{ボルドーワインの価格}}{\text{61年物の平均価格}}\right)\\
&= -12.145 + 0.00117 \times [\text{冬（10月～3月）の降雨量}]\\
&\quad + 0.614 \times [\text{育成期（4月～9月）の平均気温}]\\
&\quad - 0.00386 \times [\text{収穫期（8、9月）の降雨量}]\\
&\quad + 0.0239 \times [\text{ワインの熟成年数}]
\end{aligned}
$$

ワインに詳しい方であれば、収穫前年の冬に雨が多く降ったときはワインの値段が高くなる、すなわち冬の降雨量とワインの値段が正の相関を持っていることはご存じだと思います。それでも、こうして回帰方程式の形で定量化すると感慨深いです。

この式が発表された当初、発売前のワインを試飲することで価格を決めていたワイン評論家は、数式でワインの価格が決まるわけはないと、この方程式を馬鹿にしていました。1986年ヴィンテージを批評家は上質と判断していましたが、オーリーは方程式から凡庸であると主張しました。結果的にオーリーのほうが正しかったので、批評家たちもこの方程式を無視できなくなりました。

相関関係があり、変量の定量化が可能であれば、ワインの価格の例のように重回帰分析を施して目的変数を回帰方程式の形で表すことができるのです。

分散分析と多重比較法

分散分析と多重比較法で解決できる問題

06章06、07節で、2つのグループの平均が等しいかどうかの検定（母平均の差の検定）を紹介しました。それでは3つのグループの平均が等しいかどうかを検定するときはどうしたら良いでしょうか。一見、3つのグループのうちから2つずつを取って検定すれば良いように思います。**しかし、この方法では少々問題が生じます。**詳しく説明してみましょう。

たとえば、3つのグループA_1、A_2、A_3の平均μ_1、μ_2、μ_3に差があるかを検定したいとします。このとき帰無仮説を、$H_0: \mu_1 = \mu_2 = \mu_3$とします。

母平均の差の検定を用いて、$H_{12}: \mu_1 = \mu_2$について検定し、$H_{13}: \mu_1 = \mu_3$について検定し、$H_{23}: \mu_2 = \mu_3$について検定をしたとします。各検定で有意水準は5％であるとします。H_{12}、H_{13}、H_{23}の少なくとも1つが棄却されれば、帰無仮説H_0が棄却されたことになります。H_0が正しいとき、H_{12}、H_{13}、H_{23}がすべて受容される確率は0.95^3ですから、H_{12}、H_{13}、H_{23}の少なくとも1つが棄却される確率は$1 - 0.95^3 = 0.143$となり、有意水準が14.3％（5％より大きい）の検定を行うことになってしまうのです。有意水準が高いと、危険率も高くなり（第1種の誤りの確率が高くなり）、検定の信頼性に欠けます。ですから、**検定を繰り返すのはまずい**のです。

この問題点を解決するには、分散分析と多重比較法の2つがあります。

分散分析では、帰無仮説を$H_0: \mu_1 = \mu_2 = \mu_3$として、これを棄却するのか受容するのかを一発で判定します。データが3つのそれぞれ別の要因A_1、A_2、A_3によって得られた結果であるとするとき、A_1とA_2などの**交互作用まで測定できるところが分散分析の優れている点です**。しかし、分散分析では帰無仮説を棄却する場合でも、$H_0: \mu_1 = \mu_2 = \mu_3$を否定するだけで、$\mu_1$、$\mu_2$、$\mu_3$の個別の大小について判定することはできません。標本の平均で（A_1の平均）＞（A_2の平均）が成り立っているからといって、有意に$\mu_1 > \mu_2$が主張できる根拠にはなりません。これに対して多重比較法では、その名の通りH_{12}、H_{13}、H_{23}を帰無仮説に取り、一度の検定でそれらの**帰無仮説を個別に判定することができます。**

多重比較法には、大きく分けて3つの方針があります。

1つ目は、有意水準5％の検定であれば、1回ごとの有意水準を低く抑えて全体の有意水準を5％に抑える方法です。上の例でいえばH_{12}、H_{13}、H_{23}のそれぞれの検定の有意水準を5％よりも小さく設定するということです。これには**ボンフェローニ法、ホルム法、シェイファー法**などがあります。

2つ目は、検定1回ごとの検定統計量を小さくして全体の有意水準を5％に保つという方法です。これには**シェフェ法**などがあります。

3つ目は、検定を繰り返しても全体の有意水準が大きくならないような特別な確率分布を作り出し、そのもとで検定を行う方法です。これには**テューキー-クレーマー法、ダネット法、ウィリアムズ法**などがあります。

1元配置の分散分析と多重比較法は似ていますが別物ですから、多重比較法の前に分散分析をするのは一般には好ましくありません。シェフェ法に関しては、分散分析を含んだ多重比較といえますからその限りではありません。

多重比較法では帰無仮説のファミリーを考える

4つの母平均μ_1、μ_2、μ_3、μ_4が等しいかどうかの検定について考えてみましょう。分散分析では、$H_{\{1,2,3,4\}}: \mu_1 = \mu_2 = \mu_3 = \mu_4$という**包括的帰無仮説**（overall null hypothesis）を立てました。これに対して多重比較法では、

$$H_{\{2,3\}}: \mu_2 = \mu_3 \quad H_{\{1,2\}\{3,4\}}: \mu_1 = \mu_2 \text{かつ} \mu_3 = \mu_4$$

などと表される複数の**部分的帰無仮説**（subset null hypothesis）を一度に検定します。たとえば、テューキー-クレーマー法という多重比較法では、

$$\mathcal{F} = \{H_{\{1,2\}}, H_{\{1,3\}}, H_{\{1,4\}}, H_{\{2,3\}}, H_{\{2,4\}}, H_{\{3,4\}}\}$$

という部分的帰無仮説の集合を設定します。このような集合を**ファミリー**または**帰無仮説族**（family of subset null hypothesis）といいます。多重比較法での有意水準αとは、このファミリーに対して設けられた危険率であるということに留意しましょう。

難易度 ★★★　実用 ★★★★★　試験 ★★★

01 分散分析（概説）

この節は分散分析の全体についての説明です。02節以降が各論になります。実務者は分散分析表の読み方ができるようになりましょう。

Point

分散比を作ってF分布で検定

分散分析（analysis of variance:ANOVA）

いくつかのグループの平均がすべて等しいという帰無仮説を立て、**分散比**（F値）を検定統計量にしてF分布で検定する手法。

変動（平方和）から分散比を作る

分散分析はフィッシャーがロザムステッド農事試験場に勤めているとき、農作物に適した生育条件（肥料、日照、気温、土壌など）を研究するために開発した統計手法です。異なる条件のもとでの収穫量を比較し、効果に差があるか否かを検定するのです。

A_1、A_2、A_3の3つのグループがあり、それぞれの平均をμ_1、μ_2、μ_3とします。A_1、A_2、A_3から抽出した標本から、帰無仮説H_0：$\mu_1 = \mu_2 = \mu_3$を検定するのが分散分析の基本形です。2群の差の検定を繰り返すことでμ_1、μ_2、μ_3に差があるかを検定してはいけない理由についてはIntroductionで述べたので繰り返しません。

帰無仮説を検定するために、分散分析では検定統計量として分散比を作ります。標本全体での偏差平方和S_Tを分散分析では**全変動**（total variation）または**全平方和**（SST：sum of squares total）と呼びます。分散比を作るために、これをいくつかの変動の和に分けます。

たとえば、03節の二元配置分散分析（繰り返しなし）では、

（全変動）＝（A群間変動）＋（B群間変動）＋（誤差変動）

といった具合です。各変動には自由度が計算されています。変動を自由度で割って分散にしたあと、組み合わせて分散比を作ります。これが検定統計量になりま

す。**分散比を*F*分布で検定するのが分散分析に共通した手法です**。*F*検定にかけるので分散比のことを*F*値とも呼びます。

このあらすじを頭に入れて、実例から先に当たるのが良いでしょう。統計学の利用だけを目指している方は、次の分散分析表の読み方さえできれば十分です。

分散分析は各グループ内の分散が互いに等しいことを仮定しています。この前提条件が成り立たない場合は分散分析ができないので注意しましょう。※

二元配置分散分析（繰り返しあり）では、単にグループの平均が等しいかどうかだけでなく、要因どうしの**交互作用**（相乗効果や相殺効果）があるか否かまで検定できるところが興味深いところです。

Business 自動車のアクセサリーを売り込むのはどこが良いか？

カーアクセサリーの会社を経営するH氏は、世界の6地域（アジア、アフリカ、オセアニア、ヨーロッパ、南アメリカ、北アメリカ）、83か国に関する国民1,000人当たりの自動車保有台数のデータを用いて、自動車の平均保有台数に地域差があるのかを分散分析することにしました。統計ソフトの結果（分散分析表）は次のようになりました。

出力結果

Analysis of Variance Table

Response : car

	自由度 Df	変動(平方和) Sum Sq	分散(平方平均) Mean Sq	分散比 F value	p値 Pr(>F)
region	5	2785835	557167	27.568	6.898e-16
Residuals	77	1556194	20210		

この検定は自由度（5, 77）の*F*分布で検定します。分散比（F value）が27.568で、*p*値が6.89×10^{-16}ですから、有意水準1％でも帰無仮説は棄却、すなわち自動車の平均保有台数には地域差があることになります。分散分析表を読むポイントは、Pr(＞F）の値です。これが有意水準より小さければ帰無仮説を棄却、大きければ帰無仮説を受容します。分散分析は要約するとこれだけです。

※等分散が仮定できないときの分散分析はこの本では紹介していません。

難易度 ★　実用 ★★★★★　試験 ★★★★★

02 一元配置の分散分析

分散分析の基本形です。ここで分散分析の仕組みを理解しましょう。

Point

(群間の分散)÷(群内の分散) の大きさで判断

1	$x_{11}, x_{12}, \cdots, x_{1n_1}$
2	$x_{21}, x_{22}, \cdots, x_{2n_2}$
⋮	……
k	$x_{k1}, x_{k2}, \cdots, x_{kn_k}$

k群の標本がある。

第1群は大きさn_1でデータの値をx_{1j}、第2群は大きさn_2でデータの値をx_{2j}、……、とする。

標本全体の大きさは、$n=\sum_{i=1}^{k} n_i$

第i群の平均をm_i、k群合わせた平均をmとする。すると、

$$x_{ij}=m+\underset{\text{(群間偏差)}}{(m_i-m)}+\underset{\text{(群内偏差)}}{(x_{ij}-m_i)}$$

と表すことができる。この式で、

m_i-mを**群間偏差**（deviation between group, intergroup deviation）、

$x_{ij}-m_j$を**群内偏差**（deviation within group, intragroup deviation）という。

これをもとに、次のように定める。

- 全変動（total variation）：

$S_T=\sum_{i,j}(x_{ij}-m)^2$　（自由度$n-1$）

- 群間変動（between-group variation）：

$S_B=\sum_{i=1}^{k} n_i(m_i-m)^2$　（自由度$k-1$）

- 群内変動（within-group variation）：

自由度は定義式に対して計算して求めるものです。

$$S_W=\sum_{i=1}^{k}\left(\sum_{j=1}^{n_i}(x_{ij}-m_i)^2\right)\quad（自由度n-k）$$

$$=\sum_{j=1}^{n_1}(x_{1j}-m_1)^2+\sum_{j=1}^{n_2}(x_{2j}-m_2)^2+\cdots+\sum_{j=1}^{n_k}(x_{kj}-m_k)^2$$

S_T、S_B、S_Wの間には、常に次の式が成り立つ。

$$S_T=S_B+S_W$$

各群の母平均と母分散が等しい(x_{i1}, x_{i2}, $\cdots$, x_{in_i}が独立に同じ$N(\mu_i,\ \sigma^2)$

に従い、$\mu_1 = \cdots = \mu_k$）という仮定のもとで、検定統計量

$$F = \frac{\dfrac{S_B}{k-1}}{\dfrac{S_W}{n-k}} \qquad \frac{\dfrac{(\text{群間変動})}{(\text{群の個数})-1}}{\dfrac{(\text{群内変動})}{(\text{標本全体の大きさ})-(\text{群の個数})}}$$

は、自由度（$k-1$, $n-k$）のエフ分布$F(k-1,\ n-k)$に従う。

※S_Tを全平方和（sum of squares total：SST）、S_Bを群間平方和（sum of squares between：SSB）、S_Wを群内平方和（sum of squares within：SSW）ともいいます。

Business 分散分析で肥料の効果の差を検定する

S化学では，肥料の開発をしています。ある作物を肥料なしで3株、肥料Aで4株、肥料Bで3株栽培したところ、1株当たりの収穫量は次のようになりました。肥料A、Bの効果があるかどうか分散分析をしてみましょう。

肥料なし	4	5	3	
肥料A	8	9	8	7
肥料B	7	5	9	

一元配置（one way layout）の**分散分析**（analysis of variance：ANOVA）では、この例のように異なる条件で実験観察をして、条件ごとにグループを作ります。このグループをPointでは群と表現しています。

分散分析では、結果に影響を与える原因（この例では肥料）を**要因**（factor）といい、要因を構成する条件（この場合は、なし、A、B）を**水準**（level）といいます。この例では1要因3水準になっています。

肥料なし、肥料A、肥料Bのそれぞれの平均は4、8、7、全体の平均は6.5ですから、上の表の値を群間偏差、群内偏差に置き換えると、

肥料なし	−2.5	−2.5	−2.5	
肥料A	1.5	1.5	1.5	1.5
肥料B	0.5	0.5	0.5	

群間偏差

肥料なし	0	1	−1	
肥料A	0	1	0	−1
肥料B	0	−2	2	

群内偏差

これをもとに群間変動S_B、群内変動S_Wを計算すると，

$$S_B = 3 \times (-2.5)^2 + 4 \times 1.5^2 + 3 \times 0.5^2 = 28.5$$

$$S_W = 0^2 + 1^2 + (-1)^2 + 0^2 + 1^2 + 0^2 + (-1)^2 + 0^2 + (-2)^2 + 2^2 = 12$$

S_BはPointの定義式（n_i倍する）を用いて計算しましたが、上の左表の数の平方和を取って、

$$S_B = (-2.5)^2 + (-2.5)^2 + (-2.5)^2 + 1.5^2 + 1.5^2 + 1.5^2 + 1.5^2 + 0.5^2 + 0.5^2 + 0.5^2 = 28.5$$

と計算するのと同じです。検定統計量Fの値は、

$$F = \frac{\dfrac{28.5}{3-1}}{\dfrac{12}{10-3}} = 8.31$$

となります。帰無仮説、対立仮説を

H_0：各群の平均が等しい（各x_{ij}が同一の正規分布に従う）

H_1：各群の平均には差がある（x_{ij}の中に異なる正規分布に従うものがある）

とすると、H_0のもとでFは自由度（2, 7）のエフ分布$F(2, 7)$に従うので，有意水準5％の棄却域は4.74以上です。この例の場合$F = 8.31 > 4.74$ですから、H_0は棄却されます。すなわち、有意水準5％で肥料の有無または種類の違いにより収穫量に差があるといえます。

[$S_T = S_B + S_W$を確かめる]

全変動S_Tも計算しておきます。

肥料なし	−2.5	−1.5	−3.5	
肥料A	1.5	2.5	1.5	0.5
肥料B	0.5	−1.5	2.5	

偏差

より、

$$S_T = (-2.5)^2 + (-1.5)^2 + (-3.5)^2 + 1.5^2 + 2.5^2 + 1.5^2 + 0.5^2 + 0.5^2 + (-1.5)^2 + 2.5^2 = 40.5$$

です。$S_B + S_W = 40.5$ですから、$S_T = S_B + S_W$が成り立つことが確かめられました。

分散分析表にまとめる

分散分析では全変動まで含めて、次のような**分散分析表**にまとめることができ

ます。統計ソフトには、結果を分散分析表の形で出力するものがあります。

	変動	自由度	分散	F(分散比)	5%点
群間	28.5	2	14.25	8.31	4.74
群内	12.0	7	1.714		
全	40.5	9			

分散分析表

分散の欄には、(変動)÷(自由度)を書きます。F(分散比)は、

(群間の分散)÷(群内の分散)$= 14.25 \div 1.714 = 8.31$

と計算しています。5%点にはこの場合、自由度(7, 2)のF分布の上側5%点を書き込みます。F(分散比)の値と5%点の値を比較して検定ができます。

この場合、F(分散比)の値のほうが5%点より大きいので棄却域に入ります。

分散分析のモデルを確認する

3群の場合で分散分析のモデルについて説明しておきます。各群のデータを

第1群のi番目のデータが、$X_i = \mu_1 + \varepsilon_{1i}$

第2群のi番目のデータが、$Y_i = \mu_2 + \varepsilon_{2i}$

第3群のi番目のデータが、$Z_i = \mu_3 + \varepsilon_{3i}$

とモデル化しています。ここで、μ_1、μ_2、μ_3は定数、X_i、Y_i、Z_i、ε_{1i}、ε_{2i}、ε_{3i}は確率変数です。ε_{1i}、ε_{2i}、ε_{3i}は独立で、$N(0,\ \sigma^2)$に従っているものとします。

分散分析の帰無仮説、対立仮説は、

$H_0 : \mu_1 = \mu_2 = \mu_3$

$H_1 : \mu_1 = \mu_2$、$\mu_2 = \mu_3$、$\mu_1 = \mu_3$のうち、少なくとも1つは不成立

H_0の仮定のもとで、群間変動が自由度[(群の個数)－1]のカイ2乗分布に、群内変動が自由度[(標本全体のサイズ)－(群の個数)]のカイ2乗分布に従うことを用いて、検定統計量Fを作っています。

分散分析の場合H_1はH_0の否定になっていますが、多重比較ではもう少し複雑になります。**H_1の立て方から考えて、H_0が棄却されたとしても、肥料Aと肥料なしの間に差があるとまではいえない**ことに注意しましょう。

難易度 ★　実用 ★★★★★　試験 ★★★★★

03 二元配置の分散分析（繰り返しなし）

繰り返しなしと次節の繰り返しありの違いを確認しましょう。

Point

平均＋A群間偏差＋B群間偏差＋誤差の4つに分解しよう

要因Aのk個の水準A_1、……、A_k、要因Bのl個の水準B_1、……、B_lについて水準（A_i, B_j）での観測値がx_{ij}であった。

	B_1	$\cdots$	B_l
A_1	x_{11}	$\cdots$	x_{1l}
$\vdots$	$\vdots$		$\vdots$
A_k	x_{k1}	$\cdots$	x_{kl}

水準A_iでの平均を$m_{Ai}\left(=\dfrac{1}{l}\sum_{j=1}^{l} x_{ij}\right)$、

水準B_jでの平均を$m_{Bj}\left(=\dfrac{1}{k}\sum_{i=1}^{k} x_{ij}\right)$、

全体の平均を$m\left(=\dfrac{1}{kl}\sum_{i,j} x_{ij}\right)$とする。

$$x_{ij}=m+\underset{(A\text{群間偏差})}{(m_{Ai}-m)}+\underset{(B\text{群間偏差})}{(m_{Bj}-m)}+\underset{(\text{誤差})}{(x_{ij}-m_{Ai}-m_{Bj}+m)}$$

この式で$m_{Ai}-m$を要因Aでの群間偏差、$m_{Bj}-m$を要因Bでの群間偏差、$x_{ij}-m_{Ai}-m_{Bj}+m$を誤差という。

これをもとに次のように定める。

- 全変動：　$S_T=\sum_{i,j}(x_{ij}-m)^2$　（自由度$kl-1$）
- A群間変動：$S_A=l\sum_{i=1}^{k}(m_{Ai}-m)^2$　（自由度$k-1$）
- B群間変動：$S_B=k\sum_{j=1}^{l}(m_{Bj}-m)^2$　（自由度$l-1$）
- 誤差変動：　$S_E=\sum_{i,j}(x_{ij}-m_{Ai}-m_{Bj}+m)^2$　（自由度（$k-1$）（$l-1$））

このとき、次の式が成り立つ。

$$S_T=S_A+S_B+S_E$$

$\sum_{i=1}^{k}\alpha_i=0$, $\sum_{j=1}^{l}\beta_j=0$を満たすα_i, β_jがあり、x_{ij}が$N(\mu+\alpha_i+\beta_j,\ \sigma^2)$に従うときに、各水準$\mathrm{A}_i$の母平均が等しい（$\alpha_1=\cdots=\alpha_k=0$）という仮定の

下で、検定統計量、

$$F=\frac{\dfrac{S_A}{k-1}}{\dfrac{S_E}{(k-1)(l-1)}} \qquad \frac{\dfrac{(A\text{群間変動})}{(A\text{群間変動の自由度})}}{\dfrac{(\text{誤差変動})}{(\text{誤差変動の自由度})}}$$

は、自由度$(k-1,\ (k-1)(l-1))$のエフ分布$F(k-1,\ (k-1)(l-1))$に従う。AをBに入れ替えても同様のことが成り立つ。

Business 日照と肥料の最適条件を二元配置分散分析（繰り返しなし）で探る

Y農業法人のD農業試験場では収穫量を最大にする日照条件と肥料を見つけようとしています。

ある作物に関して、日照の条件をA_1、A_2、A_3、肥料の条件をB_1、B_2、B_3、B_4とし、3×4の12通りの組み合わせについて栽培し、収穫量を記録したところ次のようになりました。**二元配置分散分析（繰り返しなし）**（two way layout analysis of variance without replication）の分散分析表を作りましょう。

日照＼肥料	B_1	B_2	B_3	B_4	平均
A_1	4	5	7	8	6
A_2	3	7	8	10	7
A_3	5	6	9	12	8
平均	4	6	8	10	7

全体の平均は7、日照A_1、A_2、A_3での平均はそれぞれ6、7、8、肥料B_1、B_2、B_3、B_4での平均はそれぞれ4、6、8、10ですから、表中の数値をA群間偏差、B群間偏差に置き換えると、次のようになります。

	B_1	B_2	B_3	B_4
A_1	−1	−1	−1	−1
A_2	0	0	0	0
A_3	1	1	1	1

A群間偏差（$m_{Ai}-m$）

	B_1	B_2	B_3	B_4
A_1	−3	−1	1	3
A_2	−3	−1	1	3
A_3	−3	−1	1	3

B群間偏差（$m_{Bi}-m$）

誤差と偏差も次のように表にしておきます。

	B_1	B_2	B_3	B_4
A_1	1	0	0	−1
A_2	−1	1	0	0
A_3	0	−1	0	1

誤差 $(x_{ij}-m_{Ai}-m_{Bj}+m)$

	B_1	B_2	B_3	B_4
A_1	−3	−2	0	1
A_2	−4	0	1	3
A_3	−2	−1	2	5

偏差 $(x_{ij}-m)$

前ページの表をもとにして変動を計算してみましょう。S_A, S_BはPointの定義式を用いて計算してみましょう。実は、**各変動は各表の平方和に一致しています。** そのような事実があるので、あえて上のような表を作ったのです。この計算から定義式の意味を実感できるでしょう。

$$S_A = 4\{(-1)^2 + 0^2 + 1^2\} = 8$$

$$S_B = 3\{(-3)^2 + (-1)^2 + 1^2 + 3^2\} = 60$$

$$S_E = 1^2 + 0^2 + 0^2 + (-1)^2 + (-1)^2 + 1^2 + 0^2 + 0^2 + 0^2 + (-1)^2 + 0^2 + 1^2 = 6$$

$$S_T = (-3)^2 + (-2)^2 + 0^2 + 1^2 + (-4)^2 + 0^2 + 1^2 + 3^2 + (-2)^2 + (-1)^2 + 2^2 + 5^2 = 74$$

これらをもとに分散分析表を作ります。

	変動	**自由度**	**分散**	F	**5%点**
A**群間**	8	2	4	4	5.14
B**群間**	60	3	20	20	4.76
誤差	6	6	1		
合計	74	11			

分散分析表

変動の合計がS_Tの値になることで、Pointの式$S_T = S_A + S_B + S_E$が確かめられます。自由度の合計もS_Tの自由度に一致することを確認しておきましょう。

Fは分散比を表しています。A群間のFは、

(A群間の分散) ÷ (誤差分散) $= 4 \div 1 = 4$

と計算します。A群間の5%点の欄には、有意水準5%のときの$F(2, 6)$の棄却域を示す値5.14を書き込みます。

分散分析で3グループの平均が一致しているかを検定する

日照の各水準A_1、A_2、A_3の間に収穫量の差があるか検定してみましょう。

帰無仮説、対立仮説は、

H_0：A_1、A_2、A_3の間に収穫量の差がない

H_1：A_1、A_2、A_3の間に収穫量の差がある

とします。

要因Aについて差がなく、各水準の組み合わせについて分散が等しいとき、A群間のF値は自由度(2, 6)のエフ分布$F(2, 6)$に従います。有意水準5％のときの$F(2, 6)$の棄却域は5.14以上となります。

A群間のFは4なので棄却域に入りません。H_0を棄却することはできません。日照A_1、A_2、A_3の間に収穫量の差があるとはいえないということになります。

結局、分散分析表のFの欄と5％点の欄の数値を比べて、

(Fの数値)≧(5％点の数値) ならば、有意水準5％で差があるといえる

(Fの数値)＜(5％点の数値) ならば、差があるといえない

と判断できることになります。

B群間のFの欄の数値と5％の欄の数値を比べると、20＞4.76ですから、B_1、B_2、B_3、B_4には有意水準5％で差があるといえます。

Excelでは、「データ分析」の「分析ツール」の中に分散分析があります。**Excelを用いると簡単に分散分析表を作ることができます。**上のような見方を覚えれば、検定による結論もすぐにわかります。

対応のある一元配置の分散分析と見なすこともできる

たとえば、被験者40人に対して、投薬なし、投薬1錠、投薬2錠の3つの条件を試すとき、被験者をA_1, ……, A_{40}、投薬（要因）の3つの水準をB_1, B_2, B_3として二元配置の分散分析の枠組みを用いることができます。このような分散分析は、**対応のある一元配置の分散分析**と呼ばれます。個体差（A_iの差が）がある場合でも、B_iの効果についてより精度の高い分析をすることが可能です。

Chapter 09 分散分析と多重比較法

難易度 ★　実用 ★★★★★　試験 

04 二元配置の分散分析（繰り返しあり）

繰り返しがある場合には、要因どうしの交互作用を検定できます。

Point

繰り返しがあるので（A_i, B_j）の平均が取れる

	…	B_j	…
⋮			
A_i		x_{ij1}, … …, x_{ijn}	
⋮		n個	

要因Aのk個の要因A_1、……、A_k、

要因Bのl個の要因B_1、……、B_lについて

水準（A_i, B_j）での第r回の観測値が

x_{ijr}（$r=1, 2, \ldots\ldots, n$）であった。

水準A_iでの平均を$m_{Ai}\left(=\dfrac{1}{ln}\sum_{j,r}x_{ijr}\right)$、

水準B_jでの平均を$m_{Bj}\left(=\dfrac{1}{kn}\sum_{i,r}x_{ijr}\right)$、

水準（A_i, B_j）での平均を$m_{ij}\left(=\dfrac{1}{n}\sum_{r=1}^{n}x_{ijr}\right)$、

全体の平均を$m\left(=\dfrac{1}{kln}\sum_{i,j,r}x_{ijr}\right)$とする。

$$x_{ijr}=m+\underset{(A\text{群間偏差})}{(m_{Ai}-m)}+\underset{(B\text{群間偏差})}{(m_{Bj}-m)}+\underset{(\text{交互作用})}{(m_{ij}-m_{Ai}-m_{Bj}+m)}+\underset{(\text{誤差})}{(x_{ij}-m_{ij})}$$

$m_{Ai}-m$を要因Aでの群間偏差、$m_{Bj}-m$を要因Bでの群間偏差、$m_{ij}-m_{Ai}-m_{Bj}-m$を交互作用、$x_{ij}-m_{ij}$を誤差という。

これをもとに、次のように定める。

- 全変動：　$S_T=\sum_{i,j,r}(x_{ijr}-m)^2$　（自由度$kln-1$）
- A群間変動：　$S_A=ln\sum_{i=1}^{k}(m_{Ai}-m)^2$　（自由度$k-1$）
- B群間変動：　$S_B=kn\sum_{j=1}^{l}(m_{Bj}-m)^2$　（自由度$l-1$）
- 交互作用変動：$S_{A\times B}=n\sum_{i,j}(m_{ij}-m_{Ai}-m_{Bj}+m)^2$　（自由度（$k-1)(l-1)$））
- 誤差変動：　$S_E=\sum_{i,j,r}(x_{ijr}-m_{ij})^2$　（自由度$kl(n-1)$）

各変動の間には次の式が成り立つ。

$$S_T=S_A+S_B+S_{A\times B}+S_E$$

$\sum_{i=1}^{k}\alpha_i=0,\ \sum_{j=1}^{l}\beta_j=0,\ \sum_{i,j}\gamma_{ij}=0$を満たす$\alpha_i,\ \beta_j,\ \gamma_{ij}$があり、$x_{ijr}$が$N(\mu+\alpha_i+\beta_j+\gamma_{ij},\ \sigma^2)$に従うときに、交互作用がない$\gamma_{ij}=0(1\leqq i\leqq k$、$1\leqq j\leqq l)$という仮定の下で、検定統計量

$$F=\frac{\dfrac{S_{A\times B}}{(k-1)(l-1)}}{\dfrac{S_E}{kl(n-1)}}\qquad\frac{\dfrac{(交互作用)}{(交互作用変動の自由度)}}{\dfrac{(誤差変動)}{(誤差変動の自由度)}}$$

は$F((k-1)(l-1)$、$kl(n-1))$に従う。

Business 肥料と日照の交互作用の有無を調べることができる

二元配置の分散分析（繰り返しあり）（two way layout analysis of variance with replication）※の場合には、**交互作用**（interaction effect）が出てくるところが繰り返しなしとの違いです。

ライバルのY農業法人に勝とうと、Z農業法人は収穫量を最大にする日照条件と肥料を見つけるために同じ条件のもとで2回繰り返し実験をしました。

要因Aを肥料なし、肥料あり、要因Bを日陰、日なたとして2回実験を繰り返したところ、収穫量が下の表1のようになりました。各水準の組み合わせで2回の実験の平均（m_{ij}）は表2の太枠のようになります。また、表2の太枠の外には各要因についての平均（肥料なしの平均$m_{A1}=4$）を書き込んであります。

A＼B	日陰	日なた
肥料なし	0、2	6、8
肥料あり	7、11	10、12

表1

A＼B	日陰	日なた	平均
肥料なし	1	7	4
肥料あり	9	11	10
平均	5	9	7

表2

表2から、要因Aと要因Bを組み合わせたときの平均をグラフにすると次の図1のようになります。

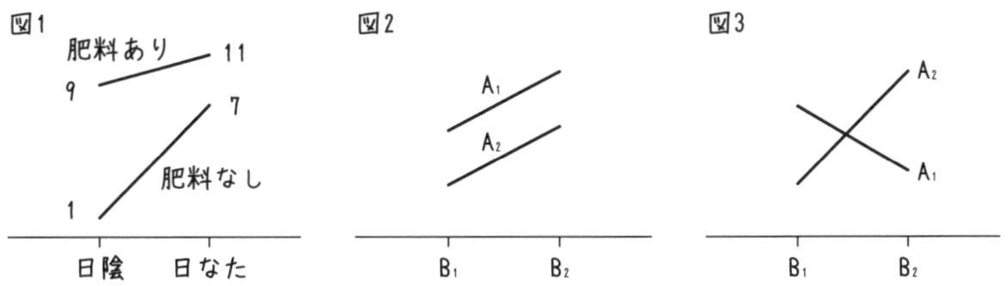

※反復測定分散分析と呼ばれることもあります。

日陰でも日なたでも、肥料ありのほうが肥料なしよりも平均の収穫量が多いことがわかります。特に日陰において肥料の効果が顕著であり、日照条件と肥料の条件には交互作用があることがわかります。

水準A_1、A_2と水準B_1、B_2で同様のグラフと描いたとき、図2のように平行線になるとき要因Aと要因Bには交互作用はないと考えられます。これに対し、図1、図3のように平行でないとき、要因間に交互作用があると考えられます。

2元配置の分散分析で繰り返しがあるときは、交互作用の有無の検定をすることができます。

Business 分散分析表を書いて交互作用の有無を検定する

表1の各値に関して表2を用いて、A群間偏差、B群間偏差、交互作用、誤差に置き換えてみましょう。

A群間偏差（$m_{Ai}-m$）

A＼B	日陰	日なた
肥料なし	−3、−3	−3、−3
肥料あり	3、3	3、3

表3

B群間偏差（$m_{Bj}-m$）

A＼B	日陰	日なた
肥料なし	−2、−2	2、2
肥料あり	−2、−2	2、2

表4

交互作用（$m_{ij}-m_{Ai}-m_{Bj}+m$）

A＼B	日陰	日なた
肥料なし	−1、−1	1、1
肥料あり	1、1	−1、−1

表5

誤差（$x_{ijr}-m_{ij}$）

A＼B	日陰	日なた
肥料なし	−1、1	−1、1
肥料あり	−2、2	−1、1

表6

※この表3、4、5、6の同じ位置にある数を足すと偏差$x_{ijr}-m$になることを確かめましょう。

変動を求めるためには、表それぞれの平方和を求めれば良いのですが、ここではPointの定義式を使いましょう。

$$S_A=2\cdot2\{(-3)^2+3^2\}=72 \qquad S_B=2\cdot2\{(-2)^2+2^2\}=32$$

$$S_{A\times B}=2\{(-1)^2+1^2+1^2+(-1)^2\}=8$$

$$S_E=(-1)^2+1^2+(-1)^2+1^2+(-2)^2+2^2+(-1)^2+1^2=14$$

これを分散分析表にまとめます。

	変動	自由度	分散	F	5％
A	72	1	72	20.6	7.71
B	32	1	32	9.1	7.71
$A\times B$	8	1	8	2.3	7.71
誤差	14	4	3.5		
合計	126	7			

ここでAとBに交互作用があるか分散分析してみましょう。

帰無仮説、対立仮説は、

H_0：A, Bには交互作用がない（すべてのi, jで$\gamma_{ij}=0$）

H_1：A, Bには交互作用がある（あるi, jで$\gamma_{ij}\neq 0$）

交互作用がないという仮定のもとで、$A\times B$のFは自由度（1, 4）のエフ分布$F(1,\ 4)$に従います。

有意水準5％のとき、$F(1,\ 4)$の棄却域は7.71以上です。$F=2.3<7.71$ですから、H_0は棄却されません。「交互作用があるとはいえない」ことになります。

ついでに、要因A、要因Bについても分散分析をしておきましょう。Pointには書いてありませんが、分散分析表から要因A、要因Bのそれぞれの水準間で差が認められるかを分散分析することができます。

$F=20.6>7.71$より、有意水準5％で、肥料なしと肥料ありでは、収穫量に差があることがいえます。

$F=9.1>7.71$より、有意水準5％で、日陰と日なたでは、収穫量に差があることがいえます。

全変動S_Tを計算してみましょう。

A＼B	日陰	日なた
肥料なし	−7、−5	−1、1
肥料あり	0、4	3、5

$$S_T=(-7)^2+(-5)^2+(-1)^2+1^2+0^2+4^2+3^2+5^2=126$$

となりますから、$S_T=S_A+S_B+S_{A\times B}+S_E$が成り立つことが確認できました。

なお、繰り返しのある二元配置法をさらに三元にすることもできます。

フィッシャーの3原則

統計的手法を用いて因果推定をするすべての人の心構えです。

実験計画法の3原則のこと

実験研究で効率的に信頼性の高いデータを得るために重要な3要素

(1) 局所管理

(2) 無作為化

(3) 繰り返し

農業実験をフィッシャーの3原則で行う

農場で肥料の効果について調べるときのことを例に取って説明しましょう。

肥料がA、B、Cと3種類あり、ある作物の収穫量にどのような影響を与えるかを屋外の農場で栽培実験するものとします。

1年に1種類ずつ、3年かけて実験するのではなく、1年に3種類の肥料を一度に実験しなくてはいけません。これは、年により自然条件（日照、降雨）が異なり、肥料の違い以上に収穫量に影響を与えてしまうことが考えられるからです。また、A、B、Cをそれぞれ異なった場所で実験することも避けなければいけません。場所により、日照、土壌の条件が異なるかもしれないからです。

要因効果を精度良く調べるには、肥料の違い以外の要因が同じになるように実験を計画しなければなりません。そのためには、時間的・空間的に小さい限られた範囲で実験を行うことが肝要です。これを**局所管理の原則**といいます。

局所管理の原則によって、3m四方の農地で3種類の肥料の効果を実験することにしました。このとき、次のページの左図のように縦に区分けしてA、B、Cを施肥するよりも、右図のように1m四方に区分けしてA、B、Cの肥料を施肥するほうが信頼性の高い実験となります。

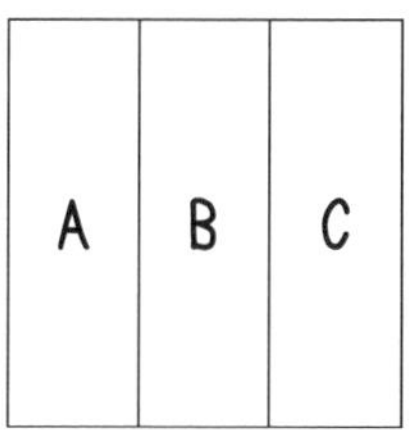

C	B	A
B	A	C
A	C	B

たとえ3m四方の農地であっても細かく見れば、日照、土壌の成分、水はけの条件が異なっているからです。たとえば、この農地では西側に大きな木立があって、東側は連作していて、南斜面かもしれません。これらは制御できないものです。そこで、小割りにしてランダムに割り付けることで実験条件の影響を偶然誤差に置き換えようというわけです。これが空間における誤差の無作為化です。加えて時間における誤差の無作為化もしなければなりません。施肥実験の例ではありませんが、同じ計測器で実験するときなど、実験の順序を無作為化しなければなりません。これを**無作為化の原則**といいます。

局所化、無作為化された実験であっても1回だけでは足りません。なぜなら、たとえ水準間で異なる値のデータが得られても、それが要因の効果によるものなのか、偶然による誤差なのかを判別することができないからです。偶然誤差の大きさを評価するためには、同一条件の実験を2回以上繰り返すことが必要です。これを**繰り返しの原則**といいます。

局所管理、無作為化、繰り返しを満たした実験法を**乱塊法**（らんかいほう）（randomized block design）、無作為化、繰り返しを満たした実験法を**完全無作為化法**（completely randomized method）といいます。

Business プラセボ効果を防ぐための検定法

医薬品でない錠剤であっても、効果がある薬だと思って飲むと効能が出ることがあります。これをプラセボ効果といいます。医薬品開発の臨床試験では、無作為に被験者を2群に分けて、薬品成分の入った錠剤とそうでない錠剤（プラセボ）を服用させ、2群の平均の差の検定を行います※。このとき、薬剤とプラセボの振り分けを第三者が管理し、医薬品を投与する医師にも知らせないで試験する方法を**二重盲検法**（double blind test）といいます。医師の思い込みが被験者に影響を与えることを避けるためです。

※介入群（新薬）、対照群（従来治療）、プラセボ群の3群に分ける場合も多いです。

難易度 ★★★　実用 ★★★★★　試験 ★★★

直交配列表

仕組みがわかると感動します。ただし、仕組みがわからなくても使えます。

Point

直交とはベクトルの直交

直交配列表（orthogonal array table）

直交配列表 $L_8(2^7)$

実験＼要因	1	2	3	4	5	6	7
実験①	1	1	1	1	1	1	1
実験②	1	1	1	2	2	2	2
実験③	1	2	2	1	1	2	2
実験④	1	2	2	2	2	1	1
実験⑤	2	1	2	1	2	1	2
実験⑥	2	1	2	2	1	2	1
実験⑦	2	2	1	1	2	2	1
実験⑧	2	2	1	2	1	1	2

直交配列表を用いると効率的に実験ができる

7種類の要因について各2水準（1, 2とする）あるとき、これらのすべての水準の組み合わせは2^7通りあります。しかし、この表を用いると8回の実験で効率的に、7つの要因すべての効果について分散分析することができます。

上の表は、どの2要因を選んでも8回の実験の中で（1, 1）、（1, 2）、（2, 1）、（2, 2）がそれぞれ2回ずつ出てきます。たとえば、要因2と要因4に関しての水準の組み合わせは2×2＝4通りあり、それぞれに対して表1

要因2＼要因4		水準 1	水準 2
水準	1	①,⑤	②,⑥
水準	2	③,⑦	④,⑧

表1　（表中は実験番号）

のように実験を割り当てたことになります。

これは、繰り返しのある2元配置分散分析をしていることになります。このとき、同じ水準の組み合わせの実験（たとえば水準（2, 1）では、実験③と実験⑦）では、2と4以外の要因については水準1と2が均等に出てくることを確認してください。**表1にもとづいて分散分析を行えば、他の要因については水準が打ち消し合って、要因2と要因4の効果だけを取り出すことができる**と考えられます。

Pointの直交配列表では水準を1と2で表していましたが、1→－1、2→1と置き換えた表を考えてみましょう。このとき、実験①～⑧に割り当てる要因jの水準を8次元の縦ベクトルと見て$\boldsymbol{a}_j$と置きます。また、成分がすべて1の8次元縦ベクトルを$\boldsymbol{a}_0$と置きます。すると、$\boldsymbol{a}_i \cdot \boldsymbol{a}_j = 0 (i \neq j)$が成り立ち、8本のベクトル$\boldsymbol{a}_0$、$\boldsymbol{a}_1$、……、$\boldsymbol{a}_7$はどの2本も直交します。これが直交配列表の由来です。

直交配列表で交互作用を考慮せずに実験計画を立てる

要因2と要因4で2元配置の分散分析を進めてみましょう。結果の平均をmとします。要因2の水準ごとの平均、要因4の水準ごとの平均が表2のようになったとします。ここで、要因2の水準ごとの群間偏差はd_2を用いて表されています。

要因2＼要因4		水準 1	水準 2	平均
水準	1	①, ⑤	②, ⑥	$m-d_2$
	2	③, ⑦	④, ⑧	$m+d_2$
平均		$m-d_4$	$m+d_4$	m

表2　（表中は実験番号）

8回の実験結果を8次元縦ベクトル$\boldsymbol{x} = (x_1, \ x_2, \ \cdots\cdots, \ x_8)^T$と置きます。ここで要因2と要因4は明らかに交互作用がないと仮定しましょう。実験iの群内偏差（誤差）をe_iとして、8次元縦ベクトルを$\boldsymbol{e} = (e_1, \ e_2, \ \cdots\cdots e_8)^T$と設定すると、実験①〔水準は（1, 1)〕の結果$x_1$については、交互作用が0なので、

$$x_1 = m - d_2 - d_4 + e_1$$

が成り立ちます。実験①～⑧の結果をまとめてベクトルで表現すると、

$$\boldsymbol{x} = m\boldsymbol{a}_0 + d_2\boldsymbol{a}_2 + d_4\boldsymbol{a}_4 + \boldsymbol{e}$$

が成り立っています。これの絶対値を取って2乗すると、

$$|\boldsymbol{x}|^2 = (m\boldsymbol{a}_0 + d_2\boldsymbol{a}_2 + d_4\boldsymbol{a}_4 + \boldsymbol{e}) \cdot (m\boldsymbol{a}_0 + d_2\boldsymbol{a}_2 + d_4\boldsymbol{a}_4 + \boldsymbol{e})$$

$\boldsymbol{a}_i$と$\boldsymbol{e}$は直交するので、$\boldsymbol{a}_j \cdot \boldsymbol{e} = 0 (j = 0, \ 2, \ 4)$となります。

$$= m^2 |\boldsymbol{a}_0|^2 + {d_2}^2 |\boldsymbol{a}_2|^2 + {d_4}^2 |\boldsymbol{a}_4|^2 + |\boldsymbol{e}|^2$$
$$= 8m^2 + 8{d_2}^2 + 8{d_4}^2 + |\boldsymbol{e}|^2$$

ここで、要因2の群間変動をS_2などと置くと、

$$\underline{|x|^2 - 8m^2} = 8{d_2}^2 + 8{d_4}^2 + |\boldsymbol{e}|^2$$

分散の8倍になっています。↑　$S_T = S_2 + S_4 + S_e$

という式が得られます。S_T、S_2、S_4、S_eの自由度を7、1、1、7－1－1＝5として**分散分析表を作って*F*分布の値と見比べれば要因2、要因4の効果を検定することができます**。

上では2つの要因について分散分析をしましたが、要因を増やしても構いません。

たとえば、要因1，2、4、7であれば、$\boldsymbol{x}$を

$$\boldsymbol{x} = m\boldsymbol{a}_0 + d_1\boldsymbol{a}_1 + d_2\boldsymbol{a}_2 + d_4\boldsymbol{a}_4 + d_7\boldsymbol{a}_7 + \boldsymbol{e}$$

と表します。$\boldsymbol{x}$が与えられるとm、d_1、d_2、d_4、d_7が決まりますから、この式で$\boldsymbol{e}$も決まります。交互作用がないという仮定のもとで、要因2つの場合と同様に、変動について、

変動　$S_T = S_1 + S_2 + S_4 + S_7 + S_e$

自由度　7 ＝1 ＋1 ＋1 ＋1 ＋3

という式を得ます。これをもとに分散分析表を作れば良いのです。

直交配列表で交互作用を考慮して実験計画を立てる

交互作用を考慮する場合の直交配列表の使用方法について紹介しましょう。

2つの要因について実験する場合を考えます。要因Aと要因Bを、直交配列表の要因1（第1列）と要因2（第2列）に割り当て、表の水準の配列に従って8回の実験をしたとします。交互作用には第3列を用いることを説明しましょう。

要因Aと要因Bに交互作用があると仮定してみましょう。すると、2要因2水準では本章04節の表5に見られるように、交互作用は要因Aと要因Bの水準（1，1）と（2，2）で同じ値、水準（1，2）と（2，1）で同じ値になります。交互作用が右の表のようになったとします。

交互作用

A(1) ＼ B(2)		水準 1	水準 2
水準	1	$-d, -d$ (①), (②)	d, d (③), (④)
水準	2	d, d (⑤), (⑥)	$-d, -d$ (⑦), (⑧)

水準（1, 1）、(2, 2) の実験①、②、⑦、⑧で $-d$、水準（1, 2）、(2, 1）の実験③、④、⑤、⑥で d ですから、交互作用はベクトルを用いて $d\boldsymbol{a}_3$ と表すことができます。8回の実験結果 $\boldsymbol{x}$ に対して、

$$\boldsymbol{x} = m\boldsymbol{a}_0 + d_A\boldsymbol{a}_1 + d_B\boldsymbol{a}_2 + d\boldsymbol{a}_3 + \boldsymbol{e}$$

と表すことができるわけです。これに対応して、変動については、

$$\begin{array}{lccccccccc} \text{変動} & S_T & = & S_A & + & S_B & + & S_{A\times B} & + & S_e \\ \text{自由度} & 7 & = & 1 & + & 1 & + & 1 & + & 4 \end{array}$$

が成り立ちます。これを用いて分散分析表を作ります。

もしも、要因 A を第3列に、要因 B を第5列に割り当てると、交互作用 $A\times B$ は第6列を用いることになります。$\boldsymbol{a}_3$ と $\boldsymbol{a}_5$ の同成分の積を計算したベクトルが $-\boldsymbol{a}_6$ となるからです。

前ページで、要因を4つに増やした例として、第1、2、4、7列を選びました。実は、1、2、4、7のどの2つを選んでも、その交互作用に対応する列は、1、2、4、7の中にはありません。そのようにうまく選んであるのです。第1、2、3、4列では、3が1と2の交互作用に対応してうまくいきません。

Pointで挙げた直交配列表は $L_8(2^7)$ です。2水準系直交配列表には、$L_4(2^3)$、$L_8(2^7)$、$L_{16}(2^{15})$、$L_{32}(2^{31})$、……などがあります。また、3水準系直交配列表には $L_9(3^4)$［(9−1）÷2＝4］、$L_{27}(3^{13})$、$L_{81}(3^{40})$、……などがあります。

Business 直交配列表でバイトのシフト表も楽々作成

ファミリーレストランの店長のS氏は、A～Gの7人のバイトのシフト表作りに悩んでいました。

- 1日に必要なバイトの人数はちょうど4人
- 誰もが7日間にちょうど4日出勤する
- どの2人を取っても一緒に働くのはちょうど2日間

こんなシフト表は作ることができないものかと。

直交配列表 $L_8(2^7)$ を用いればこれが可能です。要因の1～7を7人のバイトに実験番号の②～⑧を1週間に見立て、水準の2を出勤日にすれば良いのです。

難易度 ★★★　実用 ★★★★★　試験 ★

ボンフェローニ法・ホルム法

一番簡単な多重比較法です。これだけ知れば間違いは防げます。

Point

検定1回当たりの有意水準を小さくする

部分的帰無仮説の集合（ファミリー）を次のように定める。

$$\mathcal{F}=\{H_1,\ H_2,\ \cdots\cdots,\ H_k\}$$

ボンフェローニ（Bonferroni）法

$\mathcal{F}$に対して有意水準αの検定をするために、帰無仮説H_iに対する有意水準α/k（$\alpha\div k$の意）の検定をk回行う。

ホルム（Holm）法

帰無仮説H_iを検定するための検定統計量をT_iとする。

標本からT_iの実現値t_iを求め、H_iのp値、$p_i=P(T_i \geqq t_i)$を計算する。

p_1、p_2、……、p_kを小さい順から並べて番号を振り直し、

$$p_{(1)}<p_{(2)}<\cdots\cdots<p_{(k)}$$

とする。これに対応して帰無仮説も$H_{(1)}$、$H_{(2)}$、……、$H_{(k)}$と名前をつけ直す。

(1)　$i=1$と置く

(2)　$p_{(i)}>\dfrac{\alpha}{k-i+1}$であれば、$H_{(i)}$、$H_{(i+1)}$、……、$H_{(k)}$を保留して検定終了

　　$p_{(i)}\leqq\dfrac{\alpha}{k-i+1}$であれば、$H_{(i)}$を棄却して(3)へ進む

(3)　iを1だけ増やして(2)へ進む

k回繰り返すときは1回当たりの有意水準をk分の1にするボンフェローニ法

H_iが棄却されるという事象をA_iで表すことにします。帰無仮説H_iを有意水準α/kで検定するということは、$P(A_i)\leqq\alpha/k$が成り立つように、検定統計量、棄却域をアレンジするということです。

$\mathcal{F}$が棄却されるという事象Bは、$A_1 \cup A_2 \cup \cdots\cdots \cup A_k$と表され、

$$P(B) = P(A_1 \cup A_2 \cup \cdots\cdots \cup A_k) \leqq P(A_1) + P(A_2) + \cdots\cdots + P(A_k) \leqq (\alpha/k) \times k = \alpha$$

が成り立ちますから、帰無仮説H_iに対する有意水準α/kの検定を$i = 1, 2, \cdots, k$のk回行うことは、$\mathcal{F}$を有意水準α（以下）で検定していることになります。

ボンフェローニ法は、1回当たりの有意水準をk分の1にした検定をk回繰り返すだけです。繰り返す検定にはいろいろありえます。パラメトリックでもノンパラメトリックでも構いません。

たとえば、k群の標本があり、各群の平均が等しいかどうかを検定したいのであれば、2群に対する母平均の差の検定（06章06、07節）を繰り返します。また、$k \times l$（k行、l列）のクロス集計表があるとき、k行から選んだ2行が独立であるかを検定するのであれば、$2 \times l$のクロス集計表についてのカイ2乗統計量を用いた独立性の検定（07章03節）を繰り返します。

上の不等式（2行目）からわかるように、**検出力が小さいことがボンフェローニ法の欠点**です。特に、kが大きくなると1回当たりの有意水準α/kが小さくなり、検出力が落ちます。

ボンフェローニの欠点を補うホルム法、シェイファー法

そこで、ホルムは帰無仮説を棄却されやすい順に並べて、棄却されやすい帰無仮説から順に検定していく方法を考案しました。帰無仮説が棄却された場合には、棄却されずに残っている帰無仮説（i個）に対してボンフェローニ法を適用することで1回当たりの有意水準をα/iまで引き上げることができるのです。このことにより、**ホルム法はボンフェローニ法よりも検出力が高くなります**。

さらに、シェイファーは、帰無仮説を棄却していく過程で、論理的に同時に立てられる帰無仮説の個数に着目すれば、有意水準をもっと引き上げられると考えました。たとえば、$\mu_0 = \mu_1 = \mu_2 = \mu_3$を検定するとき、ファミリー$\mathcal{F}$を

$$\mathcal{F} = \{H_{\{1,2\}}, H_{\{1,3\}}, H_{\{1,4\}}, H_{\{2,3\}}, H_{\{2,4\}}, H_{\{3,4\}}\}$$

と設定して、はじめに$H_{\{1,2\}}$が棄却されたとします。ボンフェローニ法では次の検定も有意水準$\alpha/6$で検定しますが、ホルム法では有意水準$\alpha/5$で検定します。

さらに**シェイファー法**では、論理的に同時に成り立つ帰無仮説は最大で$H_{\{2,3\}}$, $H_{\{2,4\}}$, $H_{\{3,4\}}$の3個なので有意水準$\alpha/3$で検定します。

難易度 ★★★　実用 ★★★★★　試験 ★

08 シェフェ法

検定統計量を調整して検定1回当たりの危険率を下げる多重比較法です。難しいと思った人は飛ばしましょう。

Point

平均の1次式がファミリーになる

k個のグループA_1、A_2、……、A_kはそれぞれ正規分布$N(\mu_1,\ \sigma^2)$、$N(\mu_2,\ \sigma^2)$、……、$N(\mu_k,\ \sigma^2)$［分散は等しいと仮定］に従っているものとする。グループA_iの標本の大きさをn_i、平均をm_i、不偏分散をV_iとする。

$N=\sum_{i=1}^{k} n_i$として、誤差自由度ϕ_e、誤差分散V_eを、

$$\phi_e = N-k \qquad V_e = \frac{\sum_{i=1}^{k}(n_i-1)V_i}{\phi_e}$$

とする。

ファミリー$\mathcal{F}$として、

$$\mathcal{F}=\left\{H_{\boldsymbol{c}}:\ \sum_{i=1}^{k} c_i\mu_i = 0 \mid ただし、\sum_{i=1}^{k} c_i = 0\right\}$$

を設定する。$\boldsymbol{c}=(c_1,\ c_2,\ \cdots\cdots,\ c_k)$で表される部分的帰無仮説$H_{\boldsymbol{c}}$を検定するには、検定統計量として、

$$F=\frac{\left\{\sum_{i=1}^{k} c_i m_i\right\}^2 \Big/ (k-1)}{V_e\sum_{i=1}^{k}(c_i{}^2/n_i)}$$

を計算し、自由度（$k-1,\ \phi_e$）のF分布の上側α点$F_{k-1,\,\phi e}(\alpha)$と比べる。

$F \geqq F_{k-1,\,\phi e}(\alpha)$のとき、$H_{\boldsymbol{c}}$を棄却（reject）する

$F < F_{k-1,\,\phi e}(\alpha)$のとき、$H_{\boldsymbol{c}}$を保留（retain）する

帰無仮説をカスタマイズできるシェフェ法

シェフェ（Scheffé）法のファミリーは、$\sum_{i=1}^{k} c_i = 0$を満たす無数の$\boldsymbol{c}=(c_1,\ c_2,\ \cdots\cdots,\ c_k)$について、

$$H_c：\sum_{i=1}^{k} c_i \mu_i = 0$$

で表される**部分的帰無仮説を集めたもの**です。少なくとも1つの$\boldsymbol{c}$についてH_cが棄却される確率がαです。通常は、$(c_1, c_2, \cdots\cdots, c_k)$に具体的な数を入れて検定しますが、この場合の危険率はαよりずっと小さくなります。

$c_1 = 1$、$c_2 = -1$、$c_3 = 0$、……、$c_k = 0$であれば、帰無仮説H_cは、

$$H_c：\mu_1 = \mu_2 \quad (\mu_1 - \mu_2 = 0)$$

になり、検定統計量は、

$$F = \frac{(m_1 - m_2)^2 / (k-1)}{V_e\left(\dfrac{1}{n_1} + \dfrac{1}{n_2}\right)}$$

となります。$c_1 = \dfrac{1}{2}$、$c_2 = \dfrac{1}{2}$、$c_3 = -1$、$c_4 = 0$、……、$c_k = 0$であれば、帰無仮説H_cは、次のようになります。

$$H_c：\frac{\mu_1 + \mu_2}{2} = \mu_3 \quad \left(\frac{\mu_1 + \mu_2}{2} - \mu_3 = 0\right)$$

分散分析で棄却されたときだけやれば良い

全体の平均をmとすると、

$$\left\{\sum_{i=1}^{k} c_i m_i\right\}^2 = \left\{\sum_{i=1}^{k} c_i (m_i - m)\right\}^2 = \left\{\sum_{i=1}^{k} \frac{c_i}{\sqrt{n_i}} \times \sqrt{n_i}(m_i - m)\right\}^2$$

$$\leqq \left(\sum_{i=1}^{k} \frac{{c_i}^2}{n_i}\right) \times \left(\sum_{i=1}^{k} n_i (m_i - m)^2\right) \quad \text{(コーシー－シュワルツの不等式)}$$

となりますから、シェフェ法の検定統計量は、

$$F = \frac{\left\{\sum_{i=1}^{k} c_i m_i\right\}^2 \Big/ (k-1)}{V_e \sum_{i=1}^{k} ({c_i}^2 / n_i)} \leqq \frac{\sum_{i=1}^{k} n_i (m_i - m)^2 \Big/ (k-1)}{V_e} \qquad \frac{\dfrac{(\text{群間変動})}{(\text{群の個数}) - 1}}{\dfrac{(\text{郡内変動})}{\left(\text{標本全体の大きさ}\right) - (\text{群の個数})}}$$

（これをF_oと置く）

と、一元配置の分散分析の検定統計量F_oで上から抑えられます。

一元配置の分散分析が有意水準αで受容されるとき、

$$F \leqq F_o < F_{k-1,\,\phi e}(\alpha)$$

が成り立ち、シェフェ法の任意の部分的帰無仮説も保留されます。シェフェ法は、一元配置の分散分析で棄却されたときのみ検定を実行すれば良いのです。

難易度 ★★★　実用 ★★★　試験 ★

09 テューキー-クレーマー法

ソフト頼りの人も仕組みを知っておいたほうが良いでしょう。

Point

等分散2群の母平均の差の検定量に似せて${}_kC_2$個の検定量を作る

k個のグループA_1、A_2、……、A_kはそれぞれ正規分布$N(\mu_1,\ \sigma^2)$、$N(\mu_2,\ \sigma^2)$、……、$N(\mu_k,\ \sigma^2)$［分散は等しいと仮定］に従っているものとする。

グループA_iの標本の大きさをn_i、平均を$\bar{x}_i$、不偏分散をV_iとする。

$N=\sum_{i=1}^{k} n_i$として、誤差自由度ϕ_e、誤差分散V_eを、

$$\phi_e = N - k \qquad V_e = \frac{\sum_{i=1}^{k}(n_i - 1)V_i}{\phi_e}$$

帰無仮説を$H_{\{i,\ j\}}:\mu_i=\mu_j$、対立仮説を$H'_{\{i,\ j\}}:\mu_i \neq \mu_j$とする。

${}_kC_2$個（1、2、……、kから2個取り出す）の部分的帰無仮説の集合$\mathcal{F}$（ファミリー）を

$$\mathcal{F}=\{H_{\{1,\ 2\}},\ H_{\{1,\ 3\}},\ \cdots,\ H_{\{k-2,\ k\}},\ H_{\{k-1,\ k\}}\}$$

とし、$\mathcal{F}$に対して有意水準αの検定を行うには、すべてのi、jの組に対して、次の検定統計量を計算する。

$$t_{ij}=\frac{\bar{x}_i-\bar{x}_j}{\sqrt{V_e\left(\frac{1}{n_1}+\frac{1}{n_2}\right)}}$$

を用いて、

$|\ t_{ij}\ | \geqq \frac{q(k,\ \phi_e,\ \alpha)}{\sqrt{2}}$のとき、$H_{\{i,\ j\}}$を棄却する

$|\ t_{ij}\ | < \frac{q(k,\ \phi_e,\ \alpha)}{\sqrt{2}}$のとき、$H_{\{i,\ j\}}$を保留する

ここで$q(k,\ \phi_e,\ \alpha)$は、「スチューデント化された範囲の分布」の上側α点。

300ページの表から求めます。

Business どの2つの工場で差があるのか、一度に検定しよう

多重比較法では、一度に多くの帰無仮説を立てます。**テューキー - クレーマー法**では、k群のとき${}_k\mathrm{C}_2$個の帰無仮説を立て、1つずつを一度に検定することができます。

検定統計量の作り方は、等しい分散を持つ2群の母平均の差を検定するときの検定統計量（06章06節）の作り方に似ています。分母の平方根の中の2群の不偏分散を、k群の不偏分散に変えれば良いのです。

G製菓の4つの工場（A_1〜A_4）では同じ商品を作っています。商品の内容量に差があるか検定します。A_1、A_2、A_3、A_4の各サイズが10で、t_{ij}を計算したら右表のようになったとき、有意水準5％で検定してみましょう。

t_{ij}	2	3	4
1	1.91	2.99	2.67
2		2.31	1.56
3			3.04

群の個数$k = 4$、誤差自由度$\phi_e = 10 \times 4 - 4 = 36$ですから、$q$の値をスチューデント化された範囲の分布の表（上側5％点）（300ページ）で調べると、

$$q(k,\ \phi_e,\ \alpha) = q(4,\ 36,\ 0.05) = 3.809 \quad \frac{q(4,\ 36,\ 0.05)}{\sqrt{2}} = \frac{3.809}{1.414} = 2.69$$

2.69より大きいt_{ij}を持つ、$H_{\{1,\ 3\}}$、$H_{\{3,\ 4\}}$が棄却されます。

つまり、工場A_1とA_3、A_3とA_4の内容量に差があるといえます。

グループのサイズが等しい（$n = n_1 = n_2 = \cdots\cdots = n_k$）場合は、特に**テューキー（Tukey）法**と呼ばれます。歴史的にはこちらが先で、**グループのサイズが等しくない場合に拡張したのが、テューキー - クレーマー法**です。

テューキー法では、すべてのi、jの組に対して、

$$t'_{ij} = \frac{\bar{x}_i - \bar{x}_j}{\sqrt{\dfrac{V_e}{n}}}$$

を計算して、

$$|t'_{ij}| \geqq q(k,\ \phi_e,\ \alpha)\text{のとき、}H_{\{i,\ j\}}\text{を棄却する}$$
$$|t'_{ij}| < q(k,\ \phi_e,\ \alpha)\text{のとき、}H_{\{i,\ j\}}\text{を保留する}$$

と判断します。

現代の推測統計学の祖・フィッシャー

ベイズ統計以前の推測統計学の理論は、そのほとんどがロナルド・エイルマー・フィッシャー（Ronald Aylmer Fisher）によって構築されたものです。フィッシャーと名のつくものはもちろん、他にも分散分析、実験計画法、推定量の基準（不偏性、一致性）、最尤（さいゆう）法、自由度、……。枚挙にいとまがありません。

小標本理論に欠かせないt分布は、ギネスビールの技師であったウィリアム・ゴセットが発見しました。ゴセットが投稿した論文のペンネームがスチューデント（学生）だったので、スチューデント（Student）のt分布と呼ばれています。しかし、このt分布も数学的に厳密な証明を与えたのはフィッシャーです。フィッシャーは、統計学の“ゴッドファーザー”といっても良いでしょう。

フィッシャーは、1980年に有名な競売会社の共同経営者であったジョージ・フィッシャーの子として生まれました。8人兄弟の末っ子でした。幼いころから数学が得意で、ケンブリッジ大学では数学を専攻しましたが、ゴールトンの優生学の支持者となり、遺伝学にも興味を持っていました。視力が弱いため軍隊には入隊できず、1915年から1919年までパブリックスクールで数学と物理を教えていました。

1919年からは、ロザムステッド農事試験場で働きはじめます。ロザムステッドでは、実験の計画法、統計の解析法など、農事試験場以外からも多くの研究者がフィッシャーに相談を持ち込みました。これらの経験がフィッシャーの3原則などにまとまりました。フィッシャーの3原則が農場での実験と親和性が高いのはそういうわけです。

フィッシャーは人と心情的に向き合うのが苦手で、自分が否定されたと思うと攻撃的になり怒りが爆発してしまうタイプの人でした。ですから、他の統計学者とは論争が絶えず、一時期は良好な関係を保っていた人でもそのうち仲たがいをしてしまいました。推測統計学の基礎は、孤高の天才によってなされたということでしょうか。

Chapter

10

多変量解析

多変量解析とは?

2次元以上のデータ、多変量のデータを分析する手法をひとくくりにして多変量解析といいます。この章では回帰分析以外の多変量解析の手法を紹介します。

多変量解析の分析法は外的基準（08章Introduction参照）があるかないかによって大きく2つに分かれます。外的基準のない分析法の主な分析目的はデータの要約・分類で、外的基準のある分析法の主な分析目的は変量の予測や新規データのグループ判別です。

A　データの要約・分類を目的とする手法（外的基準なし）

B　変量の予測、新規データの判別を目的とする手法（外的基準あり）

この章で紹介するA　データの要約・分類を目的とする多変量解析は、扱うデータの種類（主に量的データを扱うか、主に質的データを扱うか）によってさらに2つに分類できます。表にすると次のようになります。

量的データ	主成分分析（10章01、02節）　因子分析（10章08節） 共分散構造分析（10章09節）、 階層的クラスター分析（10章10節） 多次元尺度構成法（計量）（10章11節）
質的データ	数量化Ⅲ類・コレスポンデンス分析（10章07節）、 多次元尺度構成法（非計量）（10章11節）

データの要約・分類のための多変量解析（外的基準なし）

B　変量の予測・データのグループ判別を目的する多変量解析では、説明変数（予測変数、独立変数）から目的変数（応答変数、従属変数）の値を予測したり、説明変数から導かれた目的変数の値で所属グループを判別したりします。本書で紹介する多変量解析を、説明変数、目的変数が量的データであるか、質的データであるかによって分類してまとめると次ページのようになります。

説明変数＼目的変数	量的データ	質的データ
量的データ	単回帰分析（08章01節） 重回帰分析（08章02節）	判別分析（10章03節） ロジスティック回帰分析 プロビット回帰分析 （08章06節）
質的データ	数量化Ⅰ類（10章06節）	数量化Ⅱ類（10章06節） 対数線形モデル

予測・判別のための多変量解析（外的基準あり）

なお、回帰分析や分散分析は一般線形モデル（08章07節）の1種であり、多変量解析に含まれますが、他の章で扱っています。

主成分分析と因子分析はアプローチ方法が真逆

主成分分析と因子分析は**どちらも多次元データの要約を目的としています**が、根本にある動機も分析結果も大きく異なります。

主成分分析では、**データを表すために用いた変量から要約をするための新しい変量を作り、次元を圧縮**します。分析のアルゴリズムは一定していて、誰が行っても同じ結果になる客観的な分析方法であるといえます。

一方、因子分析では、**データの変量を表すために新しい変量を用意し、新しい変量の１次結合でデータの変量を表す**ことを目論見ます。因子分析は主成分分析とは逆のアプローチになります。これによって、条件式の個数よりも未知数の個数が多くなることがしばしば起こり、分析結果は1つに決まりません。因子分析では、新しい変数にはじめから意味をつけて分析していきます。分析者があらかじめ自分のモデルを持ち、それに当てはまるように係数を調節していくことも可能です。因子分析は自由度のある主観的な分析方法であるといえるでしょう。

難易度 ★★★　実用 ★★★★★　試験 ★★★

01 主成分分析（概説）

ここでは例を通して主成分分析の感触をつかみましょう。

高い次元のデータを低い次元のデータに縮約する手法

標準化されたn次元データ$\boldsymbol{x}=(x_1, x_2, \cdots, x_n)$※を、座標変換を用いて、情報量をなるべく落とさないように、k次元データ$\boldsymbol{a}=(a_1, a_2, \cdots, a_k)$に縮約する方法を**主成分分析**（principal component analysis）という。

影の長さの平方和を最大にする平面を探せ

3次元データを2次元データに縮約する主成分分析で原理を説明しましょう。

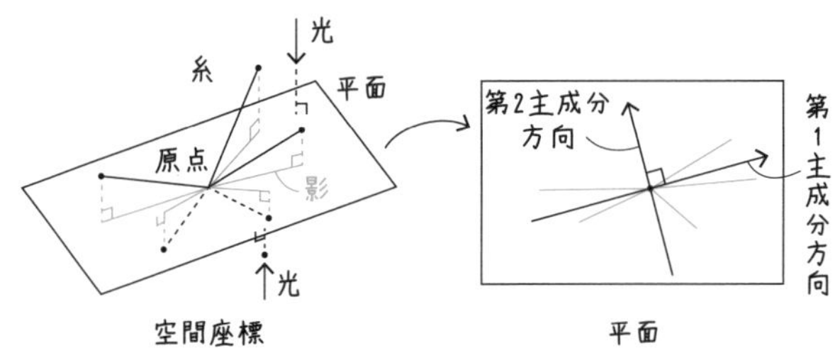

3次元空間座標にデータをプロットし空間座標の原点と糸で結びます。原点を通る平面を用意してこれに垂直方向の光（2方向ある）を当てます。このとき平面にできる糸の影の長さの平方和が最大になるような平面を選びます。

次にこの平面上に、第1成分の平方和が最大になるような座標軸を設定します。この座標軸で影の先端の座標を読んだ値が（第1主成分，第2主成分）となります。これが縮約後の2次元データです。

（影の長さの平方和）÷（糸の長さの平方和）を**寄与率**といいます。これが高いほど情報をよく反映している主成分分析であるといえます。Pointの「情報量」とはデータの平方和のことなのです。

※i番目のデータは、$x_i=(x_{i1}, x_{i2}, \cdots, x_{in})$となります。

Business コーヒー豆をブランディングする

5種類のコーヒー豆について酸味、苦み、コクをバリスタに5段階で評価してもらいました（下左表）。これを主成分分析し、各コーヒー豆を座標平面上に表現してみましょう。サンプルのサイズは5、$n=3$、$k=2$の主成分分析になります。

酸味、苦み、コクについてそれぞれ標準化したあと、主成分分析すると下右表のようになります。第i主成分の値を第i主成分得点といいます。

	酸味	苦み	コク
A	3	1	2
B	2	3	3
C	5	2	1
D	1	5	5
E	4	4	4

	第1主成分	第2主成分
A	1.134	−0.800
B	−0.327	−0.518
C	1.816	0.481
D	−2.184	−0.133
E	−0.438	0.970

※標準化には不偏分散を用いています。

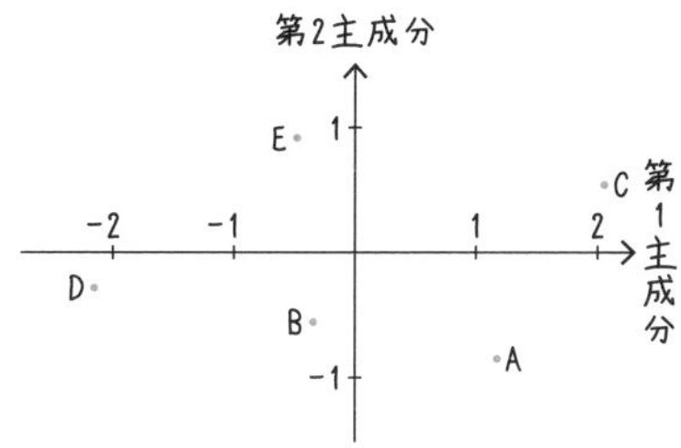

第1主成分方向は（酸味，苦み，コク）＝（−0.517，0.583，0.627）なので、たとえば「芳醇」と軸に名前をつけましょう。第2主成分方向は（0.819，0.550，0.164）なのでたとえば「馥郁（ふくいく）」と名づけましょう。3次元を2次元にするので新しい方向性は出てきませんが、次元が大きい（たとえば15次元）ところから2次元に縮約するときは統合的でコンセンサスの得られる名前をつけたほうが良いでしょう。ネーミングセンスが問われます。

この場合の寄与率を計算すると0.979です。3次元から2次元にしても情報量の欠落はほとんどないといえます。

難易度★★★★★　実用★★★★★　試験★★★★★

02 主成分分析（詳説）

下の図でアウトラインをつかみましょう。線形代数の知識は必須です。

固有値の大きい順に固有ベクトルを並べて空間を張る

標準化されたn次元のデータ$\boldsymbol{x}=(x_1,\ x_2,\ \cdots\cdots,\ x_n)$の分散共分散行列を$V$とする。$V$の固有値を大きい順に並べたものを$\lambda_1$、$\lambda_2$、……、$\lambda_n$、これに属する大きさ1の固有ベクトルを$\boldsymbol{p}_1$、$\boldsymbol{p}_2$、……、$\boldsymbol{p}_n$とする。個別のデータ$\boldsymbol{x}$を、

$$\boldsymbol{x}=a_1\boldsymbol{p}_1+a_2\boldsymbol{p}_2+\cdots\cdots+a_n\boldsymbol{p}_n$$

と表すとき、$\boldsymbol{p}_1$を第1主成分、$\boldsymbol{p}_2$を第2主成分、……、a_1を第1主成分の主成分得点、$\sqrt{\lambda_1}\boldsymbol{p}_1$の各成分を第1主成分の**主成分負荷量**（principal component loading）または**因子負荷量**（factor loading）という。このように座標変換してデータを書き換えることを主成分分析（principal component analysis）という。データ$\boldsymbol{x}$を$\boldsymbol{a}=(a_1,\ \cdots\cdots,\ a_k)$で表せば、$n$次元データを$k$次元データに縮約したことになる。

2次元データの主成分分析

主成分分析のイメージを2次元の場合で説明しましょう。2次元のデータが下図の散布図で表されているものとします。個体データを表す点はほぼ直線状に並んでいますから、新しく座標軸l_1を設定して、$(x,\ y)$の代わりにℓ_1軸の座標の値に置き換えればおよそのことはわかります。このデータの場合、もともとは2次元ですが、データの特徴から1次元に縮約できるのです。

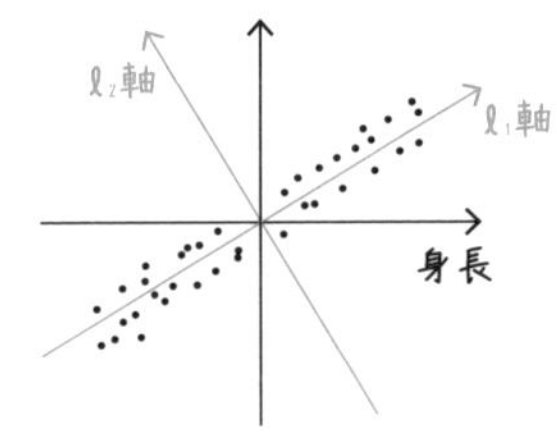

座標軸のℓ_1の選び方の基準について説明しましょう。ℓ_1は原点を通る直線のうち、点から下ろした垂線の長さの平方和が一番小さいものを選んでいます。このℓ_1軸方向の成分が第1主成分です。この場合の固有ベクトル$\boldsymbol{p}_1$は、ℓ_1軸方向のベクトルになります。固有

ベクトル$\boldsymbol{p}_2$はℓ_1軸方向と直交します。「身長，体重のデータ（標準化してある）」の場合、ℓ_1軸成分は体の大きさ、ℓ_2軸成分は肥満度を表していると解釈できます。

次元が高くなっても原理は同じで、n次元データのとき、k次元まで主成分方向のベクトル$\boldsymbol{p}_1$、……、$\boldsymbol{p}_k$を選んだとき、$k+1$番目の主成分方向$\boldsymbol{p}_{k+1}$を求めるには次のようにします。$k+1$個のベクトル$\boldsymbol{p}_1$、……、$\boldsymbol{p}_{k+1}$で張るn次元空間中の（$k+1$）次元超平面への垂線の長さの平方和が最小になるように$\boldsymbol{p}_{k+1}$を選べば良いのです。

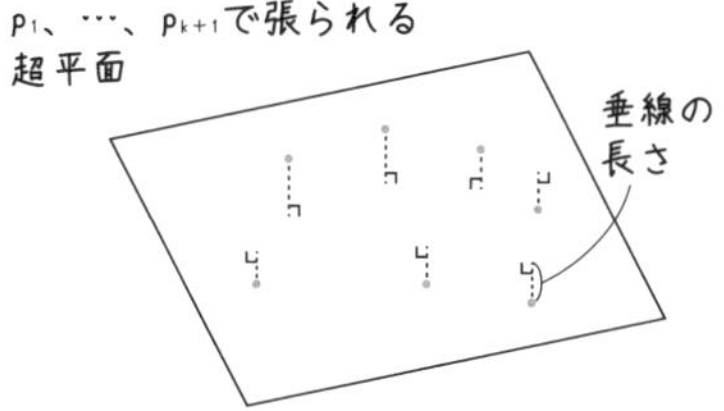

実はこうしてn個までベクトルを選ぶと、$\boldsymbol{p}_1$、……、$\boldsymbol{p}_n$は分散共分散行列$\boldsymbol{V}$の固有ベクトル（大きさ1）を固有値の大きい順に並べたものになることが線形代数の理論によって示せます。それでPointのようにまとめることができるのです。

なお、分散共分散行列$\boldsymbol{V}$は半正定値対称行列ですから、線形代数の一般論により固有値λ_1、λ_2、……、λ_nはすべて0以上で、固有ベクトル$\boldsymbol{p}_1$、……、$\boldsymbol{p}_n$は互いに直交します。$\boldsymbol{p}_1$、……、$\boldsymbol{p}_n$は正規直交基底になるわけです。

変量の単位が同じ場合には、データを標準化まで整えず、偏差に置き換えた段階で主成分分析をかけることもあります。この場合、標準化したデータから得た結果とは異なった結果を得ます。データを標準化しない場合でも、分散共分散行列$\boldsymbol{V}$の代わりに相関係数行列$\boldsymbol{R}$を用いれば、標準化したときと同じ結果を得ます。

寄与率はいわばデータの活用度

Pointのように、$\boldsymbol{x}$を$\boldsymbol{a}=(a_1,\ \cdots\cdots,\ a_k)$で表すことは、$a_{k+1}$から$a_n$の成分を無視しているということです。$|\boldsymbol{x}|>|\boldsymbol{a}|$が成り立ちます。$k$を大きくすればするほど、$|\boldsymbol{x}|$と$|\boldsymbol{a}|$の差は縮まり、$\boldsymbol{x}$の情報を詳しく表すことができます。極端な話、$k=n$とすれば完全ですが、それではデータの縮約になりません。

kの値を決めるときの参考になるのが**累積寄与率**です。

$$(\text{累積寄与率})=\frac{\lambda_1+\cdots\cdots+\lambda_k}{\lambda_1+\cdots\cdots+\lambda_n}=\frac{\sum|\boldsymbol{a}|^2}{\sum|\boldsymbol{x}|^2}$$

$\sum$はすべてのデータについての総和。

これは右辺のように、$\boldsymbol{a}$の大きさの平方和と$\boldsymbol{x}$の大きさの平方和の比になっています。つまり、どれだけ情報を生かしているかの目安になっています。

判別分析（概説）

ここでは例を通して判別分析の感触をつかみましょう。

Point

A, Bのどちらに属するかを判別する

n次元のデータ$\boldsymbol{x} = (x_1, x_2, \cdots, x_n)$が、A, Bの2つのグループに分けられている。

未知のデータがA, Bどちらのグループに属するかを判別する$\boldsymbol{x}$の関数を作ることを**判別分析**（discriminant analysis）という。この$\boldsymbol{x}$の関数を**判別関数**（discriminant function）という。

関数を作って未知のデータがどちらに属するかを判別する

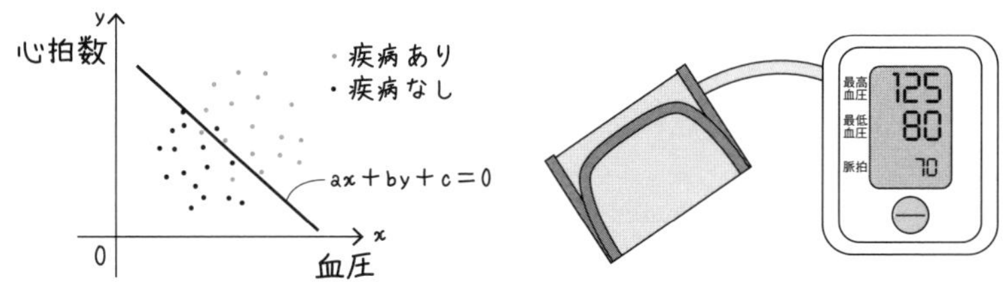

$n = 2$のときの例を挙げてみます。

上図は、ある臨床現場で測定した血圧と心拍数の散布図です。散布図の各点は患者を表しています。その患者が、疾病ありの場合は青点で、疾病なしの場合は黒点で表しています。新しい患者が来たとき、血圧と心拍数から疾病があるかないかを判断したいとき、判別分析の結果が1つの目安となります。

これを統計学の言葉に言い直してみましょう。血圧をx、心拍数をyとします。血圧と心拍数(x, y)に対して、xとyの1次式で$z = ax + by + c$（a、b、cは定数）という関数を作ります。

新しい患者の血圧と心拍数が(x_p, y_p)であれば、この値を代入してz_pを、$z_p = ax_p + by_p + c$と計算します。$z_p > 0$であれば疾病あり、$z_p < 0$であれば疾病なしと判断できるように、関数を決定する（データからa、b、cを求める）ことが判別分析の行っていることです。この場合zがx、yの1次式で表される関数なので**線形判別関数**（linear discriminant function）といいます。データが与えられたときのa、b、cの具体的な求め方は次節で示します。

a、b、cが定数のとき、$ax + by + c = 0$はxy座標平面上で直線を表します。ですから、$z = ax + by + c$という関数で$z = 0$となるような点(x, y)は直線上の点です。

散布図では$ax + by + c = 0$で表される直線が座標平面を2つの領域に分けています。一方の領域では$z > 0$が、もう一方の領域では$z < 0$が成り立ちます。

この散布図上の点を$ax + by + c = 0$が表す直線のどちら側にあるかで判別しているわけです。散布図を見てもわかるように、そもそも直線では疾病ありとなしをきっちり分けることはできません。ですから求められた直線（線形判別関数）は疾病ありとなしを判断するための一応の目安になります。

直線の代わりに曲線を用いれば、より良く分類できる場合もあります。このときの関数の作り方の1つが05節の**マハラノビス距離**です。

回帰分析は説明変数も目的変数も量的データでした。判別分析では説明変数は量的データですが、目的変数はA（疾病あり）or B（疾病なし）なので質的データです。

Business 次に破綻する信用組合はどこだ！

K総合研究所では、信用組合の業界研究をしています。平成10年から平成15年には多くの信用組合が破綻しました。この間に破綻した信用組合と存続できた信用組合の財務データから、

$$a \times (\text{資本金}) + b \times (\text{貸付残高}) + c \times (\text{預金残高}) + d \times (\text{純利益}) + e \times (\text{不良債権}) + f$$

という判別関数の定数a、b、c、d、e、fを求めました。この式を用いると、破綻しそうな信用組合を予想することができます。a、b、c、d、e、fは企業秘密なのでここで明かすことはできません。

難易度 ★★★★★　実用 ★★★　試験 ★★★★

判別分析（詳説）

多次元の量的データから質的データを導く多変量解析です。

Point

グループAとグループBに線引きをする

p次元のデータ$\boldsymbol{x}=(x_1,\ x_2,\ \cdots\cdots,\ x_p)$がA、Bの2つのグループに分けられている。

$\boldsymbol{x}=(x_1,\ x_2,\ \cdots\cdots,\ x_p)$に対して、

$$y=a_1x_1+a_2x_2+\cdots\cdots+a_px_p+a_{p+1}$$

を設定し、**$y>0$のときxはAに属し、$y<0$のときxはBに属すると判断**できるようにしたい。このようなときに用いるyを**線形判別関数**という。

線形判別関数の求め方

線形判別関数は、次のような基準で求めます。$p=2$であるとします。

グループAのデータを（$x_1,\ y_1$）、……、（$x_n,\ y_n$）、Aのx成分、y成分の平均を$\bar{x}_A$、$\bar{y}_A$、グループBのデータを（$x_{n+1},\ y_{n+1}$）、……、（$x_{n+m},\ y_{n+m}$）、Bのx成分、y成分の平均を$\bar{x}_B$、$\bar{y}_B$、（$\bar{x}_A,\ \bar{y}_A$）と（$\bar{x}_B,\ \bar{y}_B$）の中点を（$x_0,\ y_0$）とします。

$(x,\ y)$に対してzを対応させる線形判別関数を作ります。線形判別関数は$(x,\ y)=(x_0,\ y_0)$のとき$z=0$となるようにしましょう。グループAとグループBのそれぞれの平均点の真ん中であれば0という意味です。直線の法線方向を$a^2+b^2=1$を満たすa、bを用いて$(a,\ b)$とします。すると、zは、

$$z=a(x-x_0)+b(y-y_0)\quad\cdots\cdots①$$

となります。

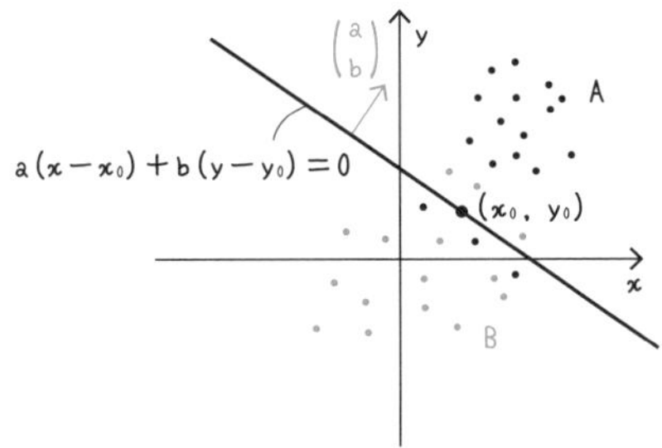

$(x_i,\ y_i)$、$(\bar{x}_A,\ \bar{y}_A)$ に対して、$z_i,\ \bar{z}$、$\bar{z}_A$を

$$z_i = a(x_i - x_0) + b(y_i - y_0) \qquad \bar{z} = \frac{1}{n+m}\sum_{i=1}^{n+m} z_i$$

$$\bar{z}_A = a(\bar{x}_A - x_0) + b(\bar{y}_A - y_0)$$

と置きます。

zについて、全変動S_T、群間変動S_Bを計算します。

$$S_T = \sum_{i=1}^{n+m}(z_i - \bar{z})^2 = \sum_{i=1}^{n+m}\{a(x_i - \bar{x}) + b(y_i - \bar{y})\}^2$$

$$S_B = n(\bar{z}_A - \bar{z})^2 + m(\bar{z}_B - \bar{z})^2$$

$$= n\{a(\bar{x}_A - \bar{x}) + b(\bar{y}_A - \bar{y})\}^2 + m\{a(\bar{x}_B - \bar{x}) + b(\bar{y}_B - \bar{y})\}^2$$

ここで、$\dfrac{S_B}{S_T}$の値を最大にするような $(a,\ b)$ を選びます。$\bar{z}_A$は$\begin{pmatrix}\bar{x}_A - \bar{x}\\ \bar{y}_A - \bar{y}\end{pmatrix}$の$\begin{pmatrix}a\\ b\end{pmatrix}$方向の正射影の長さになりますから、①がA, Bをよく区別する方向のときに$\bar{z}_A - \bar{z}$、$\bar{z}_B - \bar{z}$の絶対値は大きくなります。全変動S_Tに対して群間変動S_Bの占める割合が大きいときは、AとBがしっかり区別できているということです。この $(a,\ b)$ を①の式に代入すると線形判別関数が得られます。このような $(a,\ b)$ の方向は、

$$\begin{pmatrix}a\\ b\end{pmatrix} /\!/ \begin{pmatrix}s_{xx} & s_{xy}\\ s_{xy} & s_{yy}\end{pmatrix}^{-1}\begin{pmatrix}\bar{x}_A - \bar{x}_B\\ \bar{y}_A - \bar{y}_B\end{pmatrix}$$

//は平行を表します。

と求めることができます。①の式は、次のようになります。

$$z = (x - x_0 \quad y - y_0)\begin{pmatrix}s_{xx} & s_{xy}\\ s_{xy} & s_{yy}\end{pmatrix}^{-1}\begin{pmatrix}\bar{x}_A - \bar{x}_B\\ \bar{y}_A - \bar{y}_B\end{pmatrix}$$

$(a,\ b)$ が条件を満たすとき $(-a,\ -b)$ も条件を満たしますから、$(a,\ b)$ か $(-a,\ -b)$ のどちらかを選ぶことで、$z>0$のとき $(x,\ y)$ がAのグループになるように調整することができます。

難易度 ★★★★　実用 ★★　試験 ★★★★

05 マハラノビス距離

判別分析の発展形として覚えておきましょう。

Point

線形でない判別関数の作り方

2次元データ $(x,\ y)$ に関して、

$$D^2 = (x-\bar{x}, y-\bar{y})\begin{pmatrix} s_{xx} & s_{xy} \\ s_{xy} & s_{yy} \end{pmatrix}^{-1}\begin{pmatrix} x-\bar{x} \\ y-\bar{y} \end{pmatrix}$$

で定める$D(>0)$を**マハラノビス距離**(Mahalanobis distance)という。

グループAで計算したマハラノビス距離を$D_A(x,\ y)$、グループBで計算したマハラノビス距離を$D_B(x,\ y)$とする。

$D_A(x,\ y) < D_B(x,\ y)$のとき、$(x,\ y)$ はAに属する

$D_A(x,\ y) > D_B(x,\ y)$のとき、$(x,\ y)$ はBに属する

と判別することを、**マハラノビス距離による判別**という。

マハラノビス距離による判別の仕組み

1次元データでマハラノビス距離による判別をします。グループAに属するデータは$N(\mu_A,\ \sigma_A{}^2)$に従い、グループBに属するデータは$N(\mu_B,\ \sigma_B{}^2)$に従うものとします。このとき、xがどちらのグループに属しているかを判別するにはどうしたら良いでしょうか。

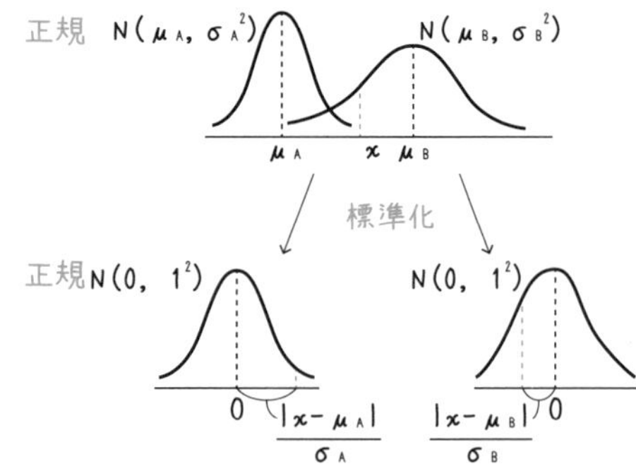

$\dfrac{|x-\mu_A|}{\sigma_A} < \dfrac{|x-\mu_B|}{\sigma_B}$ のとき、xはAに属する

$\dfrac{|x-\mu_A|}{\sigma_A} > \dfrac{|x-\mu_B|}{\sigma_B}$ のとき、xはBに属する

と判別すると妥当です。

A、Bそれぞれの平均、標準偏差で標準化して絶対値の小さいほうのグループを選んでいるわけです。絶対値が小さいほうが相対的に平均に近いといえます。これは、正規分布の確率密度関数$f(x)=\frac{1}{\sqrt{2\pi}\sigma}e^{-\frac{(x-\mu)^2}{2\sigma^2}}$の$e$の指数部分が大きいほうを選んでいることになります。

2次元データの判定でも2つのデータを比べるだけで良い

2次元の場合も同様に考えます。2次元データ$(x,\ y)$に関してグループAの平均が$(\bar{x}_A,\ \bar{y}_A)$、分散共分散がs_{xx}、s_{yy}、s_{xy}、相関係数がρであるとします。グループAのデータが2次元正規分布に従っているとすると、分布の形は、$N(\bar{x}_A,\ \bar{y}_A,\ s_{xx},\ s_{yy},\ \rho)$となります。この分布の確率密度関数の$e$の指数は、

$$-\frac{1}{2}(x-\bar{x}_A, y-\bar{y}_A)\begin{pmatrix} s_{xx} & s_{xy} \\ s_{xy} & s_{yy} \end{pmatrix}^{-1}\begin{pmatrix} x-\bar{x}_A \\ y-\bar{y}_A \end{pmatrix}=-\frac{1}{2}{D_A}^2$$

です。D_Aが小さいところでは$(x,\ y)$がグループAに属する確率が大きく、D_Aが大きいところでは確率は小さくなります。

$D_A(x,\ y)$と$D_B(x,\ y)$を比べるだけで、どちらのグループに属する確率のほうが大きいかがわかるのです。

$D=$(一定)の曲線は常に楕円になります。前節の線形判別分析では判別関数はxとyの1次式でしたが、一般にマハラノビス距離を用いた判別関数による境界線は2次曲線になります（2次元に限る）。A、Bの分散共分散行列が一致すると、境界線は直線（線形判別関数の直線）になります。

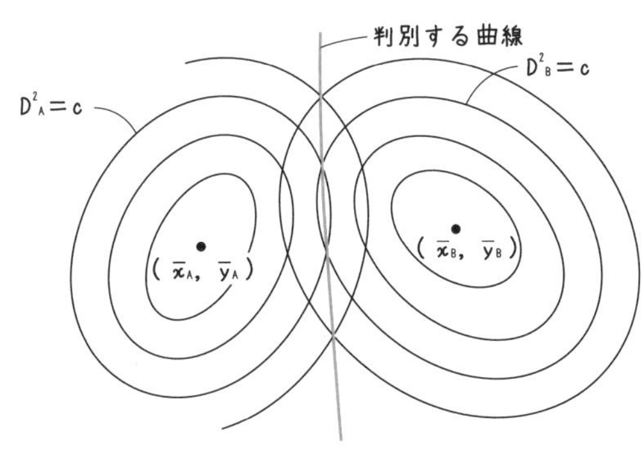

難易度 ★　実用 ★★★★★　試験 ★★★★★

06 数量化Ⅰ類・Ⅱ類

日本発の多変量解析です。ダミー変数の使い方をマスターしましょう。

Point

説明変数の取る値を0、1にする

- **数量化Ⅰ類**：説明変数を質的データ、目的変数を量的データに取った回帰分析
- **数量化Ⅱ類**：説明変数を質的データ、目的変数を質的データに取った判別分析

説明変数に質的データを用いる数量化理論

質的データを扱う多変量解析の理論は**数量化理論**と呼ばれています。数量化理論にはⅠ類からⅥ類まであります。

回帰分析も判別分析も説明変数は量的データでした。**説明変数を質的データにした場合が数量化Ⅰ類、数量化Ⅱ類です。**回帰分析も判別分析も目的変数があります。目的変数があることを**外的基準がある**ともいいます。

たとえば、数量化Ⅰ類で扱うデータは、下の左表のようなデータです。これは、AからEまでの5人に、「恋人がいるかいないか、親と同居しているかいないか、1か月に使うお小遣いの額はいくらか」という質問をした結果をまとめたものです。

	恋人	親と同居	お小遣い（万円）
A	いる	いる	3
B	いない	いる	2
C	いない	いない	1
D	いる	いない	1.5
E	いない	いる	2.5

	x	y	z
A	1	1	3
B	0	1	2
C	0	0	1
D	1	0	1.5
E	0	1	2.5

左表に対して、恋人がいるとき$x=1$、いないとき$x=0$、同居しているとき

$y = 1$、同居していないとき$y = 0$、お小遣いの額をzとして書き直したものが右表です。このときの0と1を**ダミー変数**といいます。数量化Ⅰ類は、この右表でx、yを説明変数、zを目的変数として重回帰分析を行うことと同じです。回帰分析を実行すると、$z = 0.64x + 1.35y + 0.92$となります。このとき、「恋人」のような質的変数を**アイテム**、恋人が「いる」「いない」を**カテゴリー**、0.64を恋人（がいる）にあてられた**カテゴリースコア**あるいは**カテゴリーウェイト**といいます。**カテゴリーに数量が与えられて分析する**ので数量化理論というのです

さらに、**カテゴリーが3つ以上あるときでも、2つ以上のダミー変数を用意すれば、やはり0と1のダミー変数で分析可能です。**

目的変数で判別する数量化Ⅱ類

たとえば、数量化Ⅱ類で扱うデータは、下の左表のようなデータです。これはAからEまでの5人に「歯磨きの習慣はあるか、甘いものが好きか、虫歯はあるか」という質問をした結果です。歯磨きの習慣と甘いものが好きか、虫歯の有無に対して「ある」や「はい」を1、「ない」や「いいえ」を0とすると、右表のようになります。

	歯磨き	甘いもの	虫歯
A	ある	はい	ない
B	ない	いいえ	ある
C	ない	はい	ある
D	ある	いいえ	ない
E	ない	いいえ	ない

	x	y	z
A	1	1	0
B	0	0	1
C	0	1	1
D	1	0	0
E	0	0	0

zを目的変数、x、yを説明変数として回帰分析すると、$z = -0.71x + 0.28y + 0.57$となります。虫歯のある群の平均$(0,\ 0.5)$と、虫歯のない群の平均$(0.67,\ 0.33)$との中点は$(x_0,\ y_0) = (0.33,\ 0.42)$ですから、$(x,\ y) = (x_0,\ y_0)$のとき$z = 0$になるように切片を決めて、$z = -0.71x + 0.28y + 0.12$とすれば**$z$の正負で虫歯の有無を判別できるようになります**。zは本章02節の方法で求めた判別関数の定数倍であり、判別関数として使えます。

数量化III類・コレスポンデンス分析

外的基準のない数量化手法です。マーケティングで応用例が多数あります。

Point

ざっくり主成分分析の数量化版

- **数量化III類**：表中の数が0、1のクロス集計表について、相関係数が最大になるようにカテゴリーを数量化する分析法。
- **コレスポンデンス分析**：クロス集計表について、相関係数が最大になるようにカテゴリーを数量化する分析法。

※主成分分析をダミー変数にするだけでは、数量化III類にはなりません。

1を斜めに並べる

A、B、C、D 4人に、朝、昼、夜の好き嫌いのアンケートを取ったところ（好き＝1、嫌い＝0）、表1のような結果になりました。表側、表頭のカテゴリーを並べ替えて、なるべく対角線上に1が並ぶようにすると、表2のようになります。表2で隣り合う人は、似た嗜好であるといえるでしょう。**これをもとにグループ分けやポジショニングなどの分析が可能です**。この例であれば、AとCの間で分けて、B、Aを朝夜派、C、Dを昼派と名づけます。

表1

	朝	昼	夜
A	0	0	1
B	1	0	1
C	0	1	1
D	0	1	0

表2

	朝	夜	昼
B	1	1	0
A	0	1	0
C	0	1	1
D	0	0	1

数量化して並べ替える

上では目視で並べ替えましたが、数量化して並べ替えてみましょう。

A、B、C、Dをx_1、x_2、x_3、x_4、朝、昼、夜をy_1、y_2、y_3とします。

これをもとに右表のように6個のデータ（x_1, y_1）、……があるとします。

		朝 y_1	昼 y_2	夜 y_3
A	x_1			(x_1, y_3)
B	x_2	(x_2, y_1)		(x_2, y_3)
C	x_3		(x_3, y_2)	(x_3, y_3)
D	x_4		(x_4, y_2)	

このデータの**相関係数が最大となるようにx_iとy_iを決めます**。相関係数は変数の1次変換で不変ですから、x_iもy_iも標準化されているものとして構いません。すなわち、

$\bar{x}=0$、${s_x}^2=1$、$\bar{y}=0$、${s_y}^2=1$

x_i、y_iで書いて、

$$x_1+2x_2+2x_3+x_4=0 \qquad {x_1}^2+2{x_2}^2+2{x_3}^2+{x_4}^2=1$$

$$y_1+2y_2+3y_3=0 \qquad {y_1}^2+2{y_2}^2+3{y_3}^2=1$$

を満たしているものとします。この条件のもとで、共分散、

$$s_{xy}=x_1y_3+x_2y_1+x_2y_3+x_3y_2+x_3y_3+x_4y_2$$

が最大となるようなx_iとy_iを求めれば良いことになります。

大学で習う微分や線形代数の知識（ラグランジュの未定係数法、固有値・固有ベクトル）を用いてx_i、y_iを求めると次のようになります。

$$(x_1,\ x_2,\ x_3,\ x_4)=\frac{1}{10}(-\sqrt{5},\ -2\sqrt{5}, \sqrt{5}, 3\sqrt{5})$$

$$(y_1,\ y_2,\ y_3)=\frac{1}{30}(-3\sqrt{30},\ 3\sqrt{30},\ -\sqrt{30})$$

x_iとy_jを小さい順に並べ替えると、

$$x_2<x_1<x_3<x_4 \qquad y_1<y_3<y_2$$

これをもとにA、B、C、Dと朝、昼、夜を入れ替えると、表2になります。

Business 中間管理職はつらくてタバコを吸ってしまう

数量化Ⅲ類では表中の数が0と1のクロス集計表を扱いましたが、コレスポンデンス分析では0と1以外の数が入ったクロス集計表を扱います。コレスポンデ

ンス分析も数量化Ⅲ類と原理は同じで、相関係数が最大となるようにカテゴリーに数値を与えます。

例として、グリーンエーカーによる職種と喫煙習慣に関するデータを用いてコレスポンデンス分析をしてみましょう。

喫煙習慣 / 職種	吸わない	少ない	中くらい	多い	計
上級管理職	4	2	3	2	11
中間管理職	4	3	7	4	18
中堅社員	25	10	12	4	51
若手社員	18	24	33	13	88
秘書	10	6	7	2	25
計	61	45	62	25	193

出所：Greenacre（1984）のデータ

職種と喫煙習慣との関係

求め方は**数量化Ⅲ類と同じように標準化したカテゴリーウェイトのうち共分散s_{xy}が最大となるようなものを選べば良い**のです。

職種のカテゴリーウェイトをx_i、喫煙習慣のカテゴリーウェイトをy_iとすれば、標準化の条件は、

$\bar{x}=0 \Rightarrow 11x_1+18x_2+51x_3+88x_4+25x_5=0$

$S_x^2=0 \Rightarrow 11x_1^2+18x_2^2+51x_3^2+88x_4^2+25x_5^2=1$

$\bar{y}=0 \Rightarrow 61y_1+45y_2+62y_3+25y_4=0$

$S_y^2=0 \Rightarrow 61y_1^2+45y_2^2+62y_3^2+25y_4^2=1$

このとき共分散

$$s_{xy}=4x_1y_1+2x_1y_2+\cdots\cdots+7x_5y_3+2x_5y_4$$

を最大化するようなx_i、y_iを選べば良いのです。上の数量化Ⅲ類の例では、2番目に大きい固有値に対応するカテゴリーウェイトしか求めなかったので結果は1次元でした。このコレスポンデンスの例では、2番目、3番目の固有値に対するカテゴリーウェイトも求めて第1成分、第2成分とします。実際、ソフトでは結果を座標平面にプロットして出力することが多いです。

職種(x_i)と喫煙習慣(y_i)のカテゴリーウェイトは次のようになります。

	上級 管理職	中間 管理職	中堅 社員	若手 社員	秘書
第1成分	−0.241	0.947	−1.393	0.853	−0.736
第2成分	1.935	2.431	0.108	−0.579	−0.787

	吸わない	少ない	中くらい	多い
第1成分	−1.438	0.363	0.717	1.075
第2成分	0.304	−1.410	−0.070	1.976

これを座標平面上に表すと次のようになります。

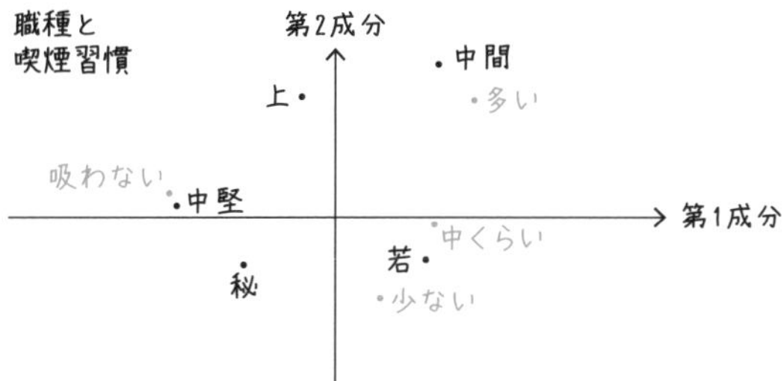

中間管理職は喫煙の習慣があり、中堅社員は喫煙の習慣はない傾向にあるといえます。なお、ソフトによっては、$s_x{}^2=1$、$s_y{}^2=1$の1の代わりに、固有値の平方根を用いている場合があり、これと異なる結果が出ることがあります。

難易度 ★★★★　実用 ★★★　試験 ★★

08 因子分析

心理学、マーケティングなどで使われます。

Point

変量を（因子の1次式）+（独自因子）で表す

各成分x_jが標準化されているp次元の変量（x_1, x_2, ……, x_p）について、i番目のデータを（x_{1i}, x_{2i}, ……, x_{pi}）とする。定数a_1、b_1、……、a_p、b_pと2次元の変量（f_1, f_2）、p個の1次元の変量e_1、e_2、……、e_pを用意して、

$$x_{1i} = a_1 f_{1i} + b_1 f_{2i} + e_{1i}$$

$$x_{2i} = a_2 f_{1i} + b_2 f_{2i} + e_{2i}$$

……

$$x_{pi} = a_p f_{1i} + b_p f_{2i} + e_{pi}$$

と表すことを**因子分析（2因子モデル）**という。

ここで、f_1、f_2は標準化されていて、

$$E[f_1] = 0 \quad V[f_1] = 1 \quad E[f_2] = 0 \quad V[f_2] = 1 \quad \cdots\cdots ①$$

また、（f_1, f_2）、e_1、e_2、……、e_pには、

$$\left.\begin{array}{l} \mathrm{Cov}[f_1, e_1] = 0、\mathrm{Cov}[f_1, e_2] = 0、\cdots\cdots、\mathrm{Cov}[f_1, e_p] = 0 \\ \mathrm{Cov}[f_2, e_1] = 0、\mathrm{Cov}[f_2, e_2] = 0、\cdots\cdots、\mathrm{Cov}[f_2, e_p] = 0 \\ E[e_i] = 0、\mathrm{Cov}[e_i, e_j] = 0 (i \neq j)、V(e_i) = 1 \end{array}\right\} \cdots\cdots ②$$

が成り立つように選んである。

- **因子負荷量**（factor loading）：a_1、b_1、……、a_p、b_p
- **共通因子**（common factor）：f_1、f_2
- **独自因子**：e_1、e_2、……、e_p
- i番目のデータの**因子得点**（factor score）：（f_{1i}, f_{2i}）

$\mathrm{Cov}[f_1, f_2] = 0$のときは**直交モデル**、$\mathrm{Cov}[f_1, f_2] \neq 0$のときは**斜交モデル**という。

因子分析の使い方

4科目のテストのデータを2因子で説明するモデルで因子分析を説明します($p=4$の場合に当たります)。国語、算数、理科、社会の4科目のテストを実施して、国語の点数をx_1、算数の点数をx_2、理科の点数をx_3、社会の点数をx_4とします。これに対し共通因子を2つf_1、f_2、独自因子を4つe_1、e_2、e_3、e_4と用意し、

$$x_1 = a_1 f_1 + b_1 f_2 + e_1$$
$$x_2 = a_2 f_1 + b_2 f_2 + e_2$$
$$x_3 = a_3 f_1 + b_3 f_2 + e_3$$
$$x_4 = a_4 f_1 + b_4 f_2 + e_4$$

と置きます。ここでPointの①、②を満たすように、与えられたデータを用いて、定数a_1、b_1、……、b_4を求めるのが因子分析です。観測変数を、(因子の1次式)+(独自因子)で表した式を**測定方程式**といいます。観測変数と因子の関係を模式的に書いたものを**パス図**といいます。データと①、②の条件から定数a_1、b_1、……、b_4が求まり、次のようになったとします。

$$x_1 = 0.8f_1 + 0.2f_2 + e_1$$
$$x_2 = 0.5f_1 + 0.9f_2 + e_2$$
$$x_3 = 0.2f_1 + 0.8f_2 + e_3$$
$$x_4 = 0.9f_1 + 0.1f_2 + e_4$$

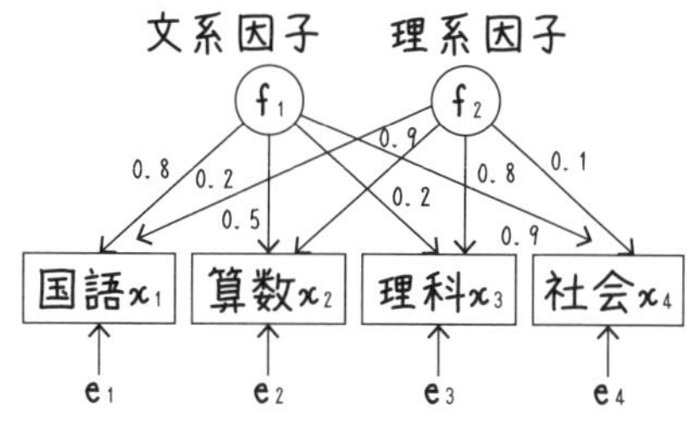

因子負荷量(0.8から0.1までの8個)の様子(f_1について、文系科目の因子負荷量は大きく、理系科目の因子負荷量は小さい)からf_1を文系因子、f_2を理系因子と名づけたら良いでしょう。(x_1, x_2, x_3, x_4)の観測値に対して、文系、理系の因子得点(f_1, f_2)と、各科目の独自因子(e_1, e_2, e_3, e_4)が決まります。

この例では共通因子をf_1、f_2の2つにしましたが、3個以上にしても同様に因子分析をすることができます。

Business 海外ブランドを因子分析する

下の表は、有名海外ブランドについて、「人気度」から「広告が魅力的」など9項目について454人に○、×アンケートをした調査データです。Pointで$p=9$の場合に当たります。

ブランド名	人気度	認知度	所有率	高級感	誇らしさ	品質の信頼性	センスのよさ	親しみやすさ	広告が魅力的
シャネル	159	377	209	318	136	150	123	36	86
エルメス	145	327	136	245	104	154	127	27	41
ティファニー	145	327	136	182	86	136	136	77	59
ルイ・ヴィトン	136	359	186	177	77	186	82	109	18
グッチ	123	350	154	163	73	141	114	68	32
ラルフローレン	114	295	200	54	27	114	91	154	36
カルティエ	109	291	109	232	95	150	95	14	23
フェラガモ	109	286	68	159	64	109	77	32	18
プラダ	104	245	45	104	50	77	82	59	18
C・クライン	100	263	123	32	23	64	118	132	54
ベネトン	86	327	241	18	5	54	59	227	95

出所：『日経流通新聞』1996年8月31日付、上田太一郎〔1998〕『データマイニング事例集』共立出版

2因子分析をすると、因子負荷量a_1、b_1、……、a_9、b_9は下左表のようになります。各データの共通因子f_1、f_2に対する因子得点は右表のようになります。

	因子負荷量	
	a_i	b_i
人気度	.812	.360
認知度	.466	.801
所有率	−.170	.955
高級感	.990	.102
誇らしさ	.994	.095
品質の信頼性	.774	.242
センスのよさ	.556	.062
親しみやすさ	−.866	.488
広告が魅力的	−.133	.691

ブランド名	f_1	f_2
シャネル	1.810	1.057
エルメス	0.953	−0.202
ティファニー	0.433	0.199
ルイ・ヴィトン	0.298	0.874
グッチ	0.168	−0.015
ラルフローレン	0.996	0.560
カルティエ	0.697	−0.847
フェラガモ	0.101	−1.352
プラダ	0.567	−1.497
C・クライン	−1.207	−0.385
ベネトン	−1.489	1.607

第1因子は、人気度、高級感、誇らしさ、品質の信頼性、センスのよさの因子負荷量が大きいですから「エレガンス」、第2因子は、認知度、所有率、親しみ、広告の因子負荷量が大きいですから、「ファミリア」とでも名づけたらいかがでしょう。みなさんのセンスにお任せいたします。

因子負荷量は1通りではない

変量（f_1, f_2）が$V[f_1]=1$、$V[f_2]=1$、$\mathrm{Cov}[f_1,\ f_2]=0$を満たすとき、（$f'_1$, f'_2）を

$$\begin{pmatrix} f'_1 \\ f'_2 \end{pmatrix} = \begin{pmatrix} \cos\theta & -\sin\theta \\ \sin\theta & \cos\theta \end{pmatrix} \begin{pmatrix} f_1 \\ f_2 \end{pmatrix}$$

で定めると、$V[f'_1]=1$、$V[f'_2]=1$、$\mathrm{Cov}[f'_1,\ f'_2]=0$が成り立ちます。その他の因子分析の条件も満たすので、因子分析の条件を満たす（f_1, f_2）が1つでもあれば、解は無数にあることになります。なお、3因子以上のモデルの場合でも、共通因子ベクトルに回転行列を掛けると、その結果は因子分析の条件を満たします。

ですから、**因子分析は恣意的な表現をすることが可能です**。もともと因子分析は心理学方面で使われてきました。はじめに仮説を立て、それに合うような共通因子を見つけるわけです。

解が無数にあるくらいですから、共通因子を見つける方法も何通りもあります。

主成分因子分析法では、$\boldsymbol{a}=(a_1,\ \cdots\cdots,\ a_p)$、$\boldsymbol{b}=(b_1,\ \cdots\cdots,\ b_p)$を、主成分分析の第1主成分、第2主成分に取ります。このとき、$\mathrm{Cov}(e_i,\ e_j)=0$という条件が犠牲になります。

因子分析の解が1つ見つかったとき、回転した因子負荷量の中から「因子負荷量の2乗の分散」を最大化する回転を**バリマックス回転**（varimax rotation）といいます。

なお、前述のブランド調査では回転はしていません。

★

★★★★★

★★★★★

共分散構造分析

共分散構造分析は、自分で構造モデルを設計して分析します。

Point

「パス図をカスタマイズした因子分析」＋「回帰分析」

共分散構造分析（covariance structure analysis）

観測変数、潜在変数、誤差変数についての構造モデルを、観測変数の共分散から定める手法。**構造方程式モデル**（structural equation model）ともいう。

パス図を設計する

共分散構造分析でははじめにパス図を設定します。いわば分析の設計図です。

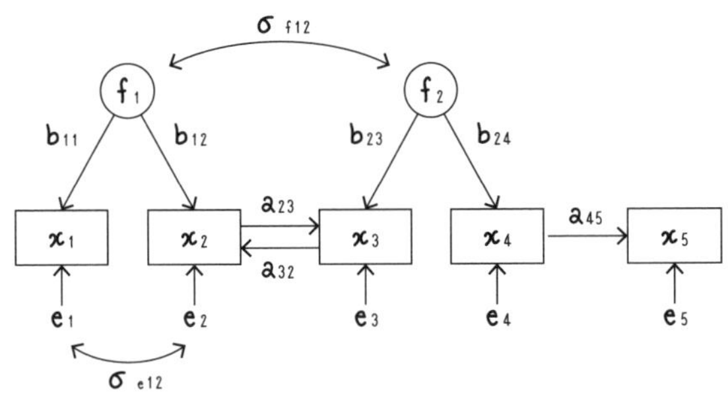

上のパス図を式にすると、

$$
\begin{aligned}
x_1 &= b_{11}f_1 + e_1\\
x_2 &= b_{12}f_1 + a_{32}x_3 + e_2\\
x_3 &= b_{23}f_2 + a_{23}x_2 + e_3\\
x_4 &= b_{24}f_2 + e_4\\
x_5 &= a_{45}x_4 + e_5
\end{aligned}
$$

$$\mathrm{Cov}[f_1,\ f_2] = \sigma_{f12} \qquad \mathrm{Cov}[e_1,\ e_2] = \sigma_{e12}{}^{※} \quad \cdots\cdots ①$$

となります。このように、パス図の→は係数を、↔は共分散、相関係数を表しています。

観測できる変数を**観測変数**（x_i）、因子分析で共通因子と呼んでいたものを**潜在変数**（f_i）、独自因子と呼んでいたものを**誤差変数**（e_i）といいます。

観測変数x_iを潜在変数f_iを用いて表した式（x_1からx_4まで）を測定方程式、観測変数どうしの関係を表した式（x_5）を**構造方程式**といいます。測定方程式は因子分析、構造方程式は回帰分析をしていると見なせますから、共分散構造分析は「回帰分析と因子分析を合わせた分析方法」であると標語的に表現されます。

f_2からx_1、x_2にパスがなくても良いし、x_2とx_3に1次の関係があっても良いし、潜在変数どうし、誤差変数どうしに相関関係があっても良い、というように**分析者が自由度を持ってモデルを構築できるところが共分散構造分析の利点です**。

観測データ$x = (x_1,\ x_2,\ x_3,\ x_4,\ x_5)$は、各成分の期待値が0になるように中心化（$x_i$に対して$x_i - \bar{x}$で置き換える）されているものとします。$x$から、

未知数 $\begin{cases} 係数 b_{11}、b_{12}、b_{23}、b_{24}、a_{23}、a_{32}、a_{45} \\ 共分散 \sigma_{f12}、\sigma_{e12} \quad 誤差変数 e_1、e_2、e_3、e_4、e_5 の分散 \end{cases}$

を決めるのが目標です。

Business 共分散構造分析で適材適所に配置しよう

人事部長のF氏は、チームワークと専門的スキルを両方とも生かす組織作りに頭を悩ませていました。ある調査の共分散構造分析の結果を使って、各人の協調性、年齢、専門知識、積極性のアンケートから、チームワークと専門的スキルを割り出し、人材の配置を行った結果、最適な組織を作ることができました。

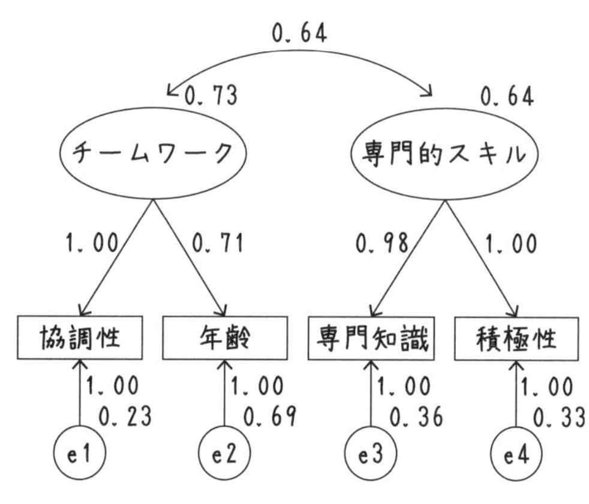

Chapter 10 多変量解析

※誤差変数どうしに相関を仮定する立場とそうでない立場があります。

難易度 ★　実用 ★★★★　試験 ★★

階層的クラスター分析

クラスター分析の距離の計算の仕方、グループの結合基準を選んで分析します。

Point

近いものをひとまとめにしていく

階層的クラスター分析（hierarchical cluster analysis）※

多変量の標本の個体間に距離を設定して、それをもとにグループ（クラスター）を作ること。結果は**デンドログラム**（dendrogram）にまとめられる。

デンドログラムを描く

個体1~5までについて、2個体間の距離を計算したところ、右の表のようになりました。これをもとに、クラスター分析をしてみます。クラスターの作り方には**最短距離法**、**最長距離法**、**群平均法**などがあります。

	1	2	3	4	5
1	–				
2	3	–			
3	5	4	–		
4	9	8	5	–	
5	8	6	6	2	–

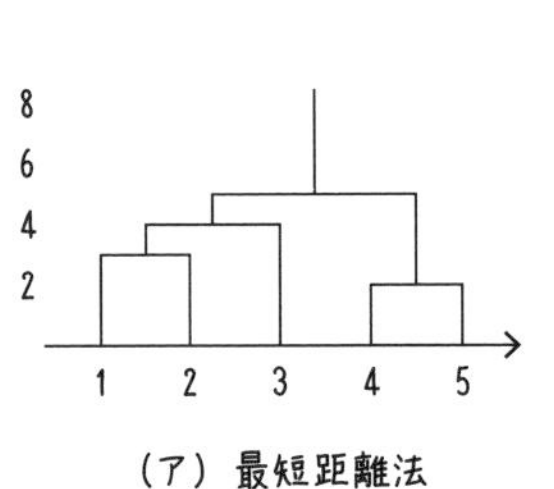

（ア）最短距離法

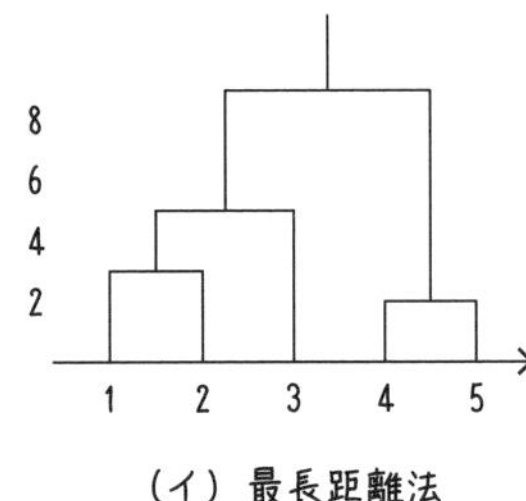

（イ）最長距離法

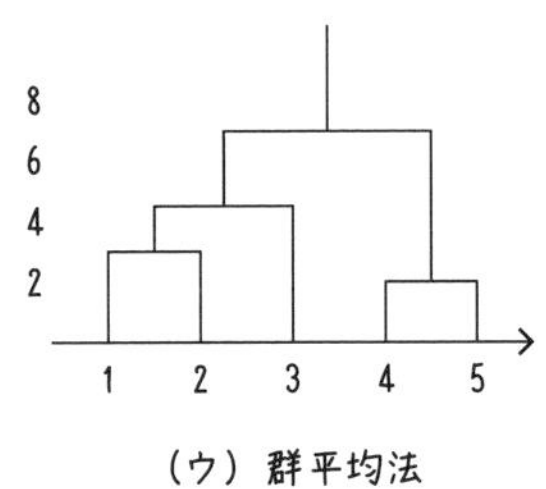

（ウ）群平均法

（ア）（イ）（ウ）のどのデンドログラムも、4と5は距離2のレベルで、1と2は距離3のレベルでクラスターになります。2つの個体からなるクラスターに関し

※非階層的クラスター分析には、k平均法があります。

ては、3種類のどの方法でも同じ距離レベルでまとまります。2つのクラスター間（一方は個体でも良い）を1つのクラスターにまとめるときは、3種類の方法によって違いが出てきます。

(1, 2) と3が合わさって1つのクラスターになるところに着目してみましょう。1と3の距離は5、2と3の距離は4です。最短距離法では、(1, 2) と3の個体間の距離の最短は4なので、4のレベルで (1, 2) と3が1つのクラスターになりますが、最長距離法では、最長距離が5なので、5のレベルで (1, 2) と3が1つのクラスターになります。群平均法では $(4+5) \div 2 = 4.5$ のレベルで合わさります。群平均法で、(1, 2, 3) と (4, 5) が合わさるのは、4と1、4と2、4と3、5と1、5と2、5と3の距離の平均、$(9+8+5+8+6+6) \div 6 = 7$ から、距離7のレベルです。

デンドログラムが右図のようになると、クラスターを作れていません。このような状態は**鎖効果**と呼ばれます。クラスターを作るときに分散が一番小さくなるものから結合していくという**ウォード法**は、鎖効果の回避に有効であるといわれています。

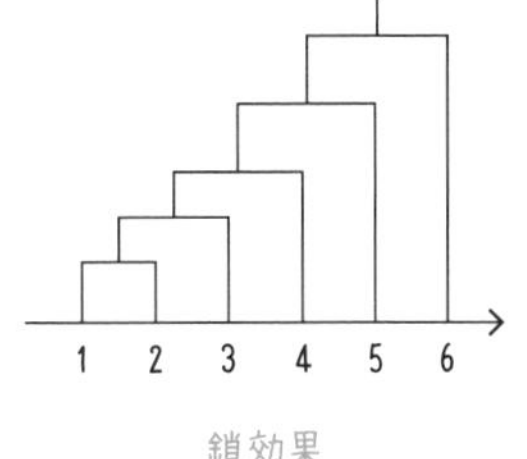

鎖効果

2個体 $(x_1, x_2, \cdots\cdots, x_k)$ と $(y_1, y_2, \cdots\cdots, y_k)$ との距離の計算の仕方は、

$$\textbf{ミンコフスキー距離} \quad d = \left(\sum_{i=1}^{k} |x_i - y_i|^p \right)^{\frac{1}{p}}$$

や、**ユークリッド距離**（上の式で $p=2$ のとき）、**マンハッタン距離**（上の式で $p=1$ のとき）、**マハラノビス距離**（05節）など種々あります。クラスター分析は、グループの個数、グループの作り方、距離の計算法を選んで分析する自由度のある探索的な分析法です。

Business 似たものどうしに分けて仕事を与える

人事部長のH氏は、新入社員の6人の性格テストの結果をクラスター分析してみました。A～C、D～Fときれいにクラスターができました。2つのグループを企画に割り当てるか、営業に割り当てるか検討中です。

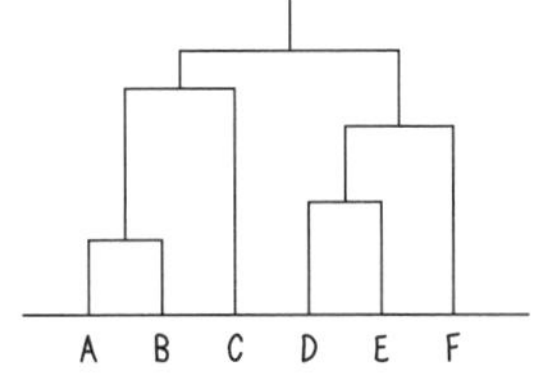

難易度 ★　実用 ★★★★★　試験 ★★★★★

11 多次元尺度構成法（MDS）

主に心理学や社会科学で使われる手法です。

Point

なるべく低い次元で距離関係をほぼ実現したい

多次元尺度構成法（multi-dimensional scaling；MDS）

個体iと個体jに対して値s_{ij}が与えられているとき、個体を座標空間にプロットしてs_{ij}を2点間の距離として実現し、個体どうしの位置関係を表現すること。

個体間の非類似度を簡潔に表す多次元尺度構成法

A、B、C、Dについて、個体どうしが似ていないときは大きい数値、似ているときは小さい数値となる**非類似度**が下左表のように与えられているものとします。

	A	B	C	D
A	–			
B	4	–		
C	3	5	–	
D	7	6	5	–

非類似度s_{ij}の表

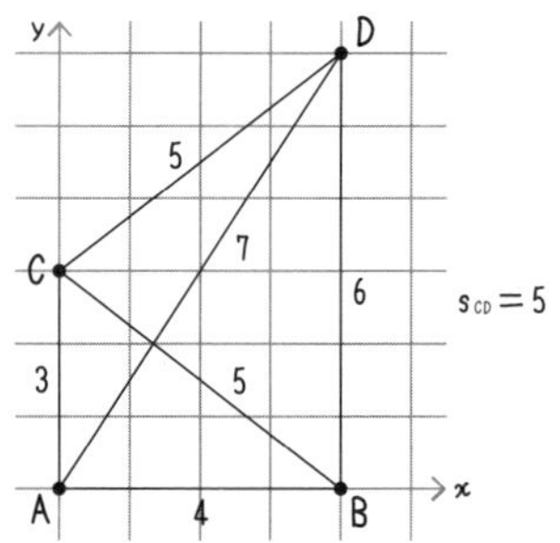

このとき、A、B、C、Dを座標平面にA(0, 0)、B(4, 0)、C(0, 3)、D(4, 6)とプロットすると、個体間の非類似度と個体間の距離がほぼ一致します。AとDだけは、非類似度は7に対して、距離は$\sqrt{52}=7.2$で少しずれますが、他では一致しています。上のA、B、C、Dの非類似度は2次元でほぼ表現できました。この場合、3次元にすればAとDまで正確に実現できますが、**なるべく低い次元であ**

る程度正確に表現することに価値があります。

MDSには、大きく分けて**計量MDS**（metric MDS）と**非計量MDS**（nonmetric MDS）の2つがあります※。

計量MDSでは主に距離や時間などの量的データを、非計量MDSでは主に順序尺度で計測された親近性や非類似度を扱います。

どちらのMDSでも、個体iと個体jに関して与えられたs_{ij}を、座標空間にプロットした個体iと個体jの間の距離d_{ij}として実現することには変わりません。

計量MDSの場合、次元にこだわらなければ、線形代数で知られている**ヤング-ハウスホルダーの定理**で使われる手法を用いて、s_{ij}を距離d_{ij}としてほぼ実現する座標空間での表現を求めることができます。低次元で表現しようとするときは、**適合度**（主成分分析の寄与率に相当）を見ながら次元を選ぶことになります。

非計量MDSの場合は、s_{ij}の順序関係をできるだけ保つようなd_{ij}の実現を目指します。その際、s_{ij}の順序を完全に保存する$f(d_{ij})$（**ディスパリティ**と呼ばれ、$s_{ij} < s_{kl} \Leftrightarrow f(d_{ij}) < f(d_{kl})$ を満たす）を介在させます。$f(d_{ij})$ とd_{ij}に対して定められる**ストレス**と呼ばれる指標S（次の式）が最小となるような座標空間での表現を、最急降下法などのアルゴリズムで探します。

$$S = \sqrt{\frac{\sum_{i<j} (d_{ij} - f(d_{ij}))^2}{\sum_{i<j} d_{ij}^2}}$$

ざっくり、計量MDSはs_{ij}の“距離”としての性質を、非計量MDSはs_{ij}の順序関係を保存した座標空間での表現を目指しているといえます。

Business 多次元尺度構成法で新しいブランドポジションを探す

飲料会社の企画課長のJ氏は、緑茶、コーヒー、紅茶、ミネラルウォーターの4つに関して、緑茶が買えないときは何を買うか、コーヒーを買えないときは何を買うか、……という、飲料の類似性に関するアンケートを取りました。このようなアンケートをまとめる場合、類似性があるときは距離を小さく、類似性がないときは距離を大きく表現すると良いので、多次元尺度構成法が役に立ちます。

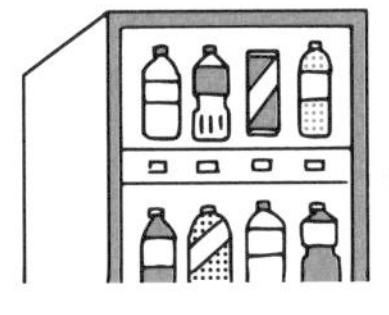

※数量化Ⅳ類を準計量的多次元尺度構成法とする見方もあります。

ポジショニングマップを作るには

多変量解析にはいろいろな分析法があって、何を使えば良いのかわからないという方も多いと思います。特に、主成分分析、因子分析、数量化III類、コレスポンデンス分析、多次元尺度構成法は、どれも多次元のデータを低い次元に縮約する分析法です。因子分析、多次元尺度構成法はその中でもいくつかの選択肢があり一筋縄ではいきません。

主成分分析、数量化III類、コレスポンデンス分析は座標変換を用いて、因子分析は因子を設定することで、多次元尺度構成法は座標間の距離に着目して、高次元のデータを低い次元に縮約します。このように着眼点は違いこそすれ、2次元に縮約するとすれば、どれも座標平面で結果を表現することになります。ですから結果だけ見ると、何で分析したのかわかりません。

商品のマーケティングに携わる方であれば、下図のようなポジショニングマップをご存じでしょう。結論的なことをいえば、商品のアンケート結果（クロス集計表）からポジショニングマップを作るときは、上に掲げたどの分析法を使っても構いません。どの分析法が一番信頼に足るかという質問は愚問です。いろいろな分析法があって良いのです。個人的には、数学的に結果が一意に定まる主成分分析・コレスポンデンス分析が好みです。

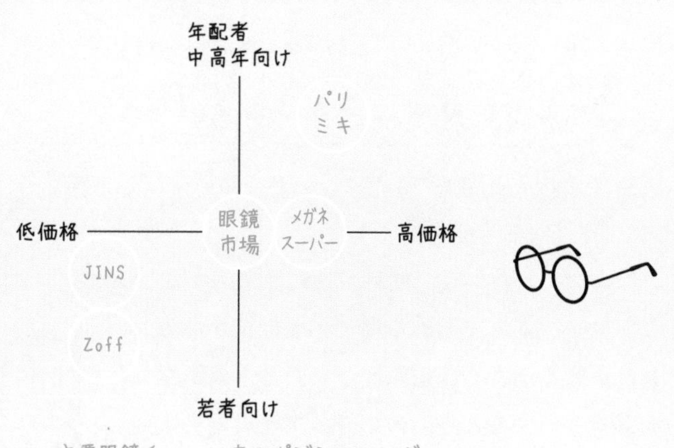

主要眼鏡チェーン店のポジショニング

Chapter

11

ベイズ統計

私たちの思考法に近いベイズ統計

今日、ベイズ統計は生活の至るところで使われています。たとえば、スパムメールを除くためのフィルターやWindowsのヘルプ、外国語の翻訳、音声認識など枚挙にいとまがありません。昨今、目覚ましい発展を遂げている機械学習や人工知能の中にもベイズ統計の理論が浸透しています。

歴史的には、牧師であったベイズ（1701－1761）が、**原因の確率**（結果からA、Bのどちらが原因であるかの割合を計算したもの。**逆確率**ともいいます）の問題を考える過程で、条件付き確率に関する定理の着想を得たことからはじまりました。その後、数学者ラプラスが「確率の哲学的試論」の中でこの着想を公式化し誰もが応用できるように理論的に整備したことで、数学以外の分野でもベイズ統計的な考えで計算をする人が出てきました。

ベイズ統計は今日的で斬新なイメージがあるかもしれませんが、その根底にある思考法は、私たちが普段から行っている自然なものです。

ベイズ統計では、未知の分布に対してとりあえず確率分布（**事前分布**という）を設定します（等確率であったり、自信があればヤマをかけてみたり）。この確率は03章の分数で計算される**頻度主義的確率**（起こる場合の数 ÷ 全体の場合の数）ではなく**主観確率**（思い込みを数式で表したもの）です。このままでは単なる思い込みですが、ベイズの定理を用いてデータの実測値を反映し、確率分布を書き換えます（**ベイズ更新**といいます）。書き換えた分布を**事後分布**といいます。はじめ設定した事前分布はあてずっぽうで実際の確率分布とはずれた分布であっても、ベイズ更新を繰り返していくと、事後分布は安定していき事後確率の値は一定の値に近づいていきます。

少ない情報で判断をしなければならないとき、ベイズ統計はその真価を発揮します。たとえば、小学校の先生であるAさんの性格を把握したいとき、「小学校の先生」が共通で持っていそうな性格をあらかじめ想定します。先入観といっても良いでしょう。しかし、実際にAさんとお付き合いしていく中で、Aさんの性格が詳しくわかっていきます。はじめ持っていた「小学校の先生」の性格を修正し、Aさんの実際の性格を把握していくわけです。

ベイズ統計が学問的に認められるまで

実用的なベイズ統計ですが、アカデミズムの世界で認められるまでには遠回りをしなければなりませんでした。カール・ピアソンやケインズはベイズ統計に疑義を持ちながらもその効用を認め渋々容認しましたが、**頻度確率しか認めないフィッシャー、ネイマンが主観確率を用いることを厳しく批判した**ことにより、1930年代にはベイズ統計はいったん廃れていきました。

それでも、貧弱なデータしかない段階で素早く意思決定をしなければならない現場では、ベイズ統計の考え方は根強く使われ続けたのです。たとえば、数学者であるベルトランが率いるフランス軍では、効率良く的に命中させるためにベイズ統計の計算をして大砲を打っていました。また、アメリカの電話会社AT＆Tではエンジニアのモリーナがベイズ統計の考え方を用いて費用対効果の高い電話システムを構築しました。また、データの蓄積がなかったアメリカ労働局の統計学者はベイズ統計を用いて労災保険の保険料を決めました。特にベイズ統計の利用で有名な成果は、第2次世界大戦中、イギリスのアラン・チューリングがドイツのUボートを沈めるために**暗号エニグマを解いた**ことです。こうして多くの応用がありながらも、依然として学問的には日陰の存在でした。

1950年代には、チューリングの弟子であるグッドが『確率と証拠の重みづけ』(1950) を、サヴェージが『統計学の基礎』(1954) を出版し、ベイズ統計は学問的にも認められていくようになっていきました。サヴェージは本の中で主観確率を公理として論じ、ベイズ統計を数学的に理論づけました。

ベイズ統計は、保険料の設定、暗号解読以外にもその応用の範囲を広げていきました。安全保障の分野では、アメリカのクレイとマダスキーがベイズ統計を用いて核兵器事故が起こる確率を計算しました。実際に起こったことがない確率を計算するのですから、頻度主義では太刀打ちできません。ベイズ統計の独壇場です。

現代の統計学でベイズ統計は欠かすことができません。

難易度 ★　実用 ★★　試験 ★★★

条件付き確率

ベイズ統計理解の最初の一歩は、条件付き確率からです。

Point

全事象を条件で狭めたときの確率

●条件付き確率（conditional probability）：

事象A、Bについて、Bが起こるもとでAが起こる確率。$P(A \mid B)$で表す。なお、高校の教科書では、$\mathrm{P}(A \mid B)$を$P_B(A)$で表す。これは、

$$P(A \mid B) = \frac{P(A \cap B)}{P(B)} \quad \cdots\cdots ①$$

と計算する。AとBの対等性を用いて、分子を書き換えて、

$$P(A \mid B) = \frac{P(B \mid A)P(A)}{P(B)} \quad \cdots\cdots ②$$

が成り立つ。

ベン図で理解する条件付き確率

$P(A \mid B)$は、ベン図でいえば、青線部（B）を1としたときの網目部（$A \cap B$）の割合です。すなわち、$P(B)$を1にしたときの$P(A \cap B)$の割合になっています。普通の確率では全事象Ωを1として確率を計算しますが、条件付き確率$P(A \mid B)$では、Bをいわば“全事象”として確率を計算するわけです。

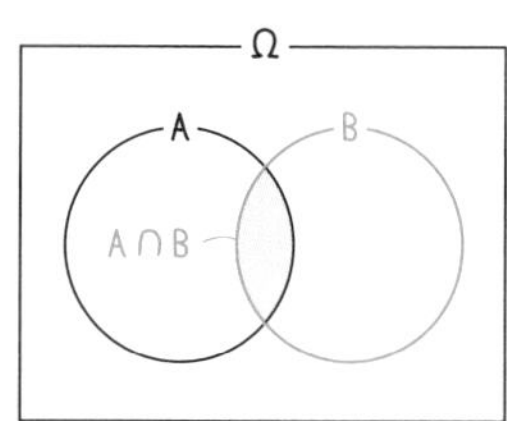

[条件付き確率の別の計算方法]

①より、$P(A \mid B)P(B) = P(A \cap B)$です。$A$、$B$は対等なので左辺で入れ替えると、$P(B \mid A)P(A) = P(A \cap B)$。これを①の分子に代入すると②が導けます。

Business 通勤方法の条件付き確率を求める

男女合わせて40人の部署で通勤方法についてのアンケートを取りました。

この40人からくじ引きで1人を選んだときのことを考えます。

	男性	女性	計
徒歩	8	3	11
バス	17	12	29
計	25	15	40

選ばれた人が徒歩通勤である確率は、表側の計の欄を見て$\frac{11}{40}$であることがわかります。ここで、もしも選ばれた人が男性であるという情報が得られた場合は徒歩通勤である確率をどう見積もったら良いでしょうか。選ばれた人が男性であるということがわかっているのですから、表頭の男性の欄を見て確率は$\frac{8}{25}$であるとすれば良いのです。これは、選ばれた人が男性であるという条件のもとでの徒歩通勤の確率、すなわち**条件付き確率**です。

条件をつけることによって、確率を計算するときの分母が小さくなったことに注目しましょう。条件付き確率は、部分事象を全事象とみなして計算する確率であるということができます。

選ばれた人が、徒歩通勤である事象をA、男性である事象をBとすると、

$$P(A)=\frac{11}{40}、P(B)=\frac{25}{40}、P(A\cap B)=\frac{8}{40}$$

選ばれた人が男性であるという条件のもとで、選ばれた人が徒歩通勤である条件付き確率は、BのもとでのAである条件付き確率であり、$P(A\mid B)$と表されます。Pointの公式を用いて計算すると、

$$P(A\mid B)=\frac{P(A\cap B)}{P(B)}=\frac{8}{40}\Big/\frac{25}{40}=\frac{8}{25}$$

となり、確かに表から求めた条件付き確率と一致します。

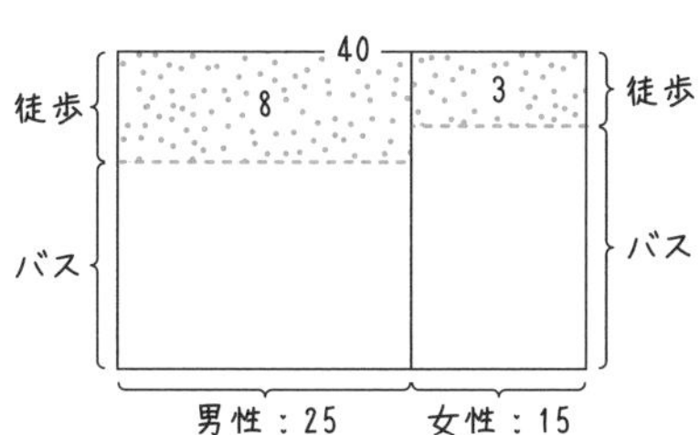

難易度 ★　実用 ★★★★★　試験 ★

02 ナイーブベイズ分類

話のネタです。簡単ですから、知らない人に教えてあげましょう。

Point

独立であるとして仮定して単純化

ナイーブベイズ分類（naïve Bayes classifier）

確率変数$X=(X_1, X_2, \cdots, X_n)$，$Y$に対して、

条件付き確率$P(X_1=x_1, X_2=x_2, \cdots, X_n=x_n \mid Y=y)$を、

$X_1, X_2, \cdots\cdots, X_n$が独立であると仮定して、

$$P(X_1=x_1 \mid Y=y)P(X_2=x_2 \mid Y=y)\cdots P(X_n=x_n \mid Y=y)$$

と計算してYのカテゴリーを判定すること。

条件付き確率の場合でも独立であれば積で表すことができる

確率変数X_1、X_2が独立であるとき、

$$P(X_1=x_1, X=x_2)=P(X_1=x_1)P(X=x_2)$$

が成り立ちました。これは条件付き確率の場合でも同様です。確率変数X_1、X_2がYの条件のもと独立であれば、

$$P(X_1=x_1, X=x_2 \mid Y=y)=P(X_1=x_1 \mid Y=y)P(X=x_2 \mid Y=y)$$

となります。

Business 迷惑メールを振り分ける簡単な方法とは？

迷惑メールに悩まされている人も多いと思います。迷惑メールをシャットアウトするフィルターの仕組みを、条件付き確率を用いて説明してみます。

迷惑メールにありそうな単語の集合を

{快感，お得，やり○○，……}

とします。

確率変数X_iはメールの中にi番目の単語があるとき1、ないときに0、確率変数Yはメールが迷惑メールであるとき1、そうでないとき0であるとします。

すると、迷惑メールの中にi番目の単語が入っている確率は、
$P(X_i=1 \mid Y=1)$ と表されます。

あなたがもらったメールの中に迷惑単語の集合のi番目の単語（当選）、j番目の単語（万円）、k番目の単語（確認）が入っていました。どう判断すれば良いでしょうか。

迷惑メールの中に「当選」、「万円」、「確認」が入っている確率
$P(X_i=1,\ X_j=1,\ X_k=1 \mid Y=1)P(Y=1)$と迷惑メール以外にこれらの単語が入っている確率$P(X_i=1,\ X_j=1,\ X_k=1 \mid Y=0)P(Y=0)$を計算して、前者の確率のほうが高ければ迷惑メールであると判断し、低ければ迷惑メールでないと判断することにしましょう。

$P(X_i=1,\ X_j=1,\ X_k=1 \mid Y=1)$は**条件付き確率ですから、前節の公式によれば分数で計算しなければなりません**。データから計算するにしても、計算が煩雑になるのです（単語の数が多くなると）。そこで、$X_1,\ X_2,\ \cdots\cdots,\ X_n$が独立であるとして、

$$P(X_i=1,\ X_j=1,\ X_k=1 \mid Y=1)$$
$$=P(X_i=1 \mid Y=1)P(X_j=1 \mid Y=1)P(X_k=1 \mid Y=1)$$

と計算します。

$P(X_i=1,\ X_j=1,\ X_k=1 \mid Y=1)$をまじめに計算すると煩雑な場合でも、上の式で計算するのであれば、$P(X_i=1 \mid Y=1)$は迷惑メールの中のi番目の単語の出現率を調べれば良いだけですから簡単なのです。単語の数が多い場合でも、上の式の積は簡単に計算できます。

ナイーブ（naïve）とは、この場合、「素朴な」「単純な」といった意味合いです。**本来であれば煩雑な条件付き確率を簡略化して計算しているわけです。**

まあ、これくらいの簡単な仕組みなので、迷惑メールでないのに迷惑メールに判定してしまうこともあるわけですが……。

難易度 ★　実用 ★★　試験 ★★★

03 ベイズの定理

ベイズ統計学の根本原理となる定理です。暗記ではなく、導出できるようにしておきたいです。

Point

条件付き確率の定義式を進めた式

事象A、Bについて、

$$P(A \mid B)=\frac{P(B \mid A)P(A)}{P(B \mid A)P(A)+P(B \mid \overline{A})P(\overline{A})}$$

となる。これをベイズの定理（Bayes' theorem）という。

ベン図で理解するベイズの定理が成り立つ理由

$P(B)$を右図のように網目部と太線部の2つに分けて計算します。

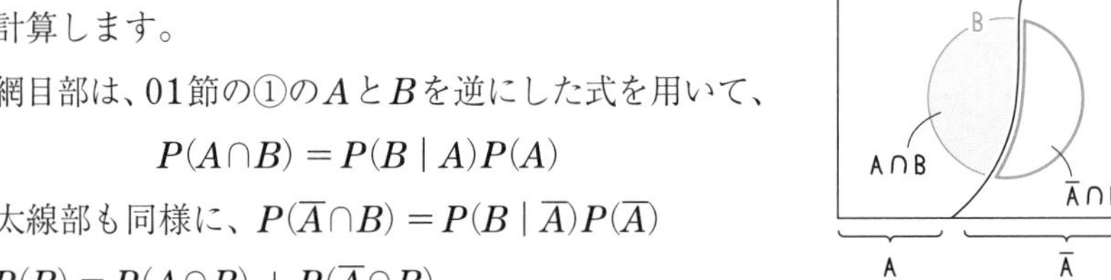

網目部は、01節の①のAとBを逆にした式を用いて、

$$P(A\cap B)=P(B \mid A)P(A)$$

太線部も同様に、$P(\overline{A}\cap B)=P(B \mid \overline{A})P(\overline{A})$

$$\begin{aligned}P(B)&=P(A\cap B)+P(\overline{A}\cap B)\\&=P(B \mid A)P(A)+P(B \mid \overline{A})P(\overline{A})\end{aligned}$$

よって、$P(A \mid B)=\dfrac{P(B \mid A)P(A)}{P(B)}=\dfrac{P(B \mid A)P(A)}{P(B \mid A)P(A)+P(B \mid \overline{A})P(\overline{A})}$

全事象ΩがA_1、A_2、A_3に分かれている場合は、

$$P(A_2 \mid B)=\frac{P(B \mid A_2)P(A_2)}{\sum_{i=1}^{3}P(B \mid A_i)P(A_i)}$$

と表されます。

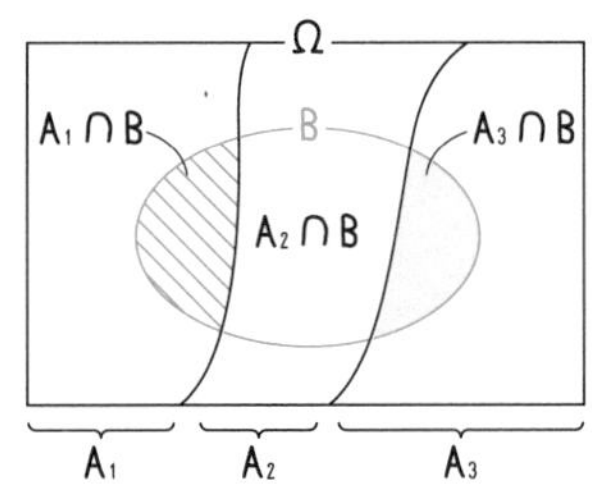

Business 病気の検査で陽性が出たときの心構えを持つ

病気の検査で陽性が出れば、もう自分はその病気に罹患(りかん)してしまったのだと悲観的になる人が多いかもしれません。ちょっと待ってください。次の問題を解いてみましょう。

問題　1,000人に5人の割合で罹患している病気がある。この病気の検査で、罹患している人が陽性と判定される確率は90％、罹患していない人が陽性と判定される確率は8％であるという。この検査で陽性と判定された人がこの病気に罹患している確率を求めよ。

罹患している人を「病気」、罹患していない人を「健康」と表すことにします。漢字を用いて問題文の条件を整理すると、

$P(\text{病})=0.005$、$P(\text{陽}\mid\text{病})=0.9$、$P(\text{陽}\mid\text{健})=0.08$

ベイズの定理で（$A\to$病、$\overline{A}\to$健、$B\to$陽）として、

$$P(\text{病}\mid\text{陽})=\frac{P(\text{陽}\mid\text{病})P(\text{病})}{P(\text{陽}\mid\text{病})P(\text{病})+P(\text{陽}\mid\text{健})P(\text{健})}\quad\leftarrow\quad\frac{P(B\mid A)P(A)}{P(B\mid A)P(A)+P(B\mid\overline{A})P(\overline{A})}$$

$$=\frac{0.9\times0.005}{0.9\times0.005+0.08\times(1-0.005)}=\frac{90\times5}{90\times5+8\times995}=0.053$$

つまり、この病気の検査の場合、陽性と判定されても実際に罹患している確率は約5％であるということです。ですから、病気の検査で陽性が出たとしても悲観するにはおよばないのです。

なお、疫学では、P(陽｜病）は感度や検出率、P(陰｜健）は特異度、P(病｜陽）は陽性的中率や適合率と名づけられています。

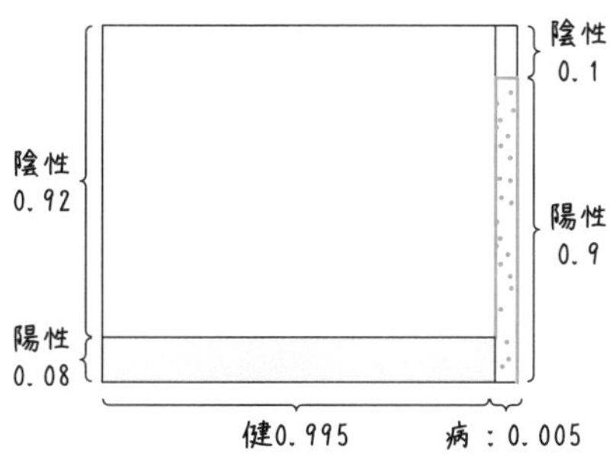

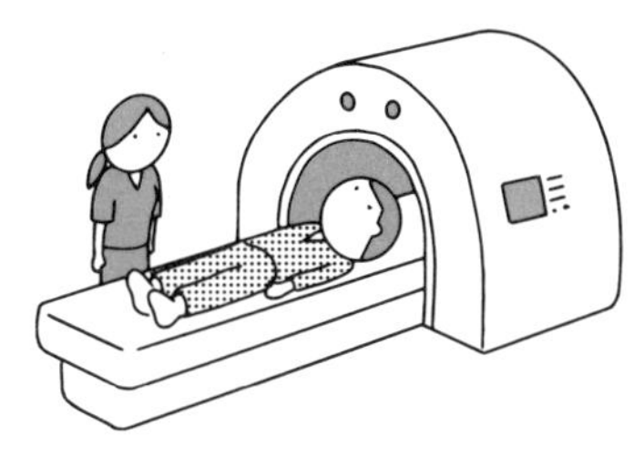

★★★ 実用 ★★★★★

★★★

ベイズ更新（離散版）

一見単なる条件付き確率の式ですが、ベイズ統計学の基本式であり、その思想が込められている式です。

Point

条件付き確率の式を読み替えよう

条件付き確率の式

$$P(H \mid D) = \frac{P(D \mid H)P(H)}{P(D)} \quad (H：原因、D：データ)$$

あてずっぽうで答えた確率も主観確率

Pointの式は、条件付き確率の式で、AをH（原因）、BをD（データ）にしたものです。Hは仮説（hypothesis）の頭文字です。Hを原因と説明することも多いですが、Hを**「確率を与える仕組み」**と思っておくと良いです。

ここで$P(H)$が表しているのは主観確率です。**主観確率**とは、03章で紹介した頻度主義の確率（以下、頻度確率という）とは違います。**頻度確率**は、（起こる出来事の場合の数）÷（全体の場合の数）という式で計算しました。たとえば、1組のトランプ52枚の中から1枚のカードを取り出すとき、ハートのカードが出る確率は13÷52＝0.25と計算できました。これが頻度確率です。

一方、主観確率は、主観的に考えている確率、平たくいうと、そう思い込んでいる確率、勝手に予想している確率です。トランプの例で話してみましょう。

3組のトランプカード（52×3＝156枚）を誤って混ぜてしまったとします。カードをそろえることなく、とりあえず52枚ずつ箱にしまいました。このうちの1箱について考えます。この1箱の中から1枚取り出すとき、ハートのカードの出る確率はいくらでしょうか。箱の中のカードの状態がわからないので決められませんね。しかし、ハートのカードを引く確率が52分の15であるとしよう、と勝手に思うのが主観確率です。確率の値は特に52分の15でなくとも、52分の18でも、2分の1（出るor出ない）でも構いません。0から1の間の値であれば何でも良いのです。

1箱の中のカードを全部調べなければ、ハートの出る確率なんてわかるわけはないじゃないかと考えるのは、頻度確率に縛られている考え方です。**主観確率は自由に確率の値を決めて良いのです。**

主観確率は主観的な確率ですから、同じ事象の確率であっても人それぞれ異なった値を持って構いません。Aさんはハートのカードの出る確率を52分の12であると主観確率を設定しました。Bさんはハートのカードの出る確率を0.8と設定しました。こういうことで一向に構わないわけです。

ただこの状況で、ハートの出る確率を0.75より大きい値で主観確率を設定するのはセンスがない人です。思うのは勝手ですが、少し考えればわかるように実際にはありえませんから。

さて、こんな主観確率は何の役に立つのだろうと思う人も多いでしょう。いってみればあてずっぽうな確率なわけですから。主観確率はそのままでは役に立ちません。この主観確率とデータの情報を混ぜ合わせることではじめて役に立つようになるのです。そのための手法が**ベイズ更新**（Bayesian updating）と呼ばれる計算です。

Pointの計算式中の$P(H)$は、はじめにモデルに対して割り当てた主観確率で、**事前確率**（prior probability）と呼ばれます。これに対し、$P(H \mid D)$はD（データ）の情報を反映した後の確率ですから、**事後確率**（posterior probability）と呼ばれます。

Business 新人ホテルマンはベイズ更新でミスをフォローできるか？

問題　新人ホテルマンのK君はフロントを担当している。ある4人連れのお客様について、男女構成を宿泊表に記載せず部屋に通してしまった。そこで、部屋まで行ってノックしたところ中から男性の声で返事があった。

4人は男女混合グループであることはわかっているものとする。すなわち、「男性1、女性3」か、「男性2、女性2」か、「男性3、女性1」のどれかである。ベイズ更新によってそれぞれの男女構成の確率を求めよ。

部屋の中の男女構成（確率を与える仕組み）は、次のH_1、H_2、H_3の3通りです。

H_1：男性1、女性3　　H_2：男性2、女性2　　H_3：男性3、女性1

ここでH_1、H_2、H_3の確率分布を設定しましょう。特に情報がないので、

$$P(H_1)=\frac{1}{3} \qquad P(H_2)=\frac{1}{3} \qquad P(H_3)=\frac{1}{3}$$

と置きます。これを**理由不十分の原則**（principle of insufficient reason）といいます。これが男女構成に関する**事前の確率分布**（**事前分布**）です。

もしもK君が、「男性が3人いる可能性は低いなあ」と思えば、H_3を3分の1よりも小さくして構いません。そのように事前に主観を交えて確率を与えて良いところがベイズ統計の真骨頂ですが、ここでは第三者として理由不十分の原則に従ってH_1、H_2、H_3を等確率で置きましょう。さて、問題を解いていきます。

このとき、「返事をした声が男性」という条件（$D=$ データ）のもとでの条件付き確率$P(H_1 \mid D)$、$P(H_2 \mid D)$、$P(H_3 \mid D)$を求めよという問題です。これらが男女構成に関する**事後の確率分布**（**事後分布**）です。

$$\begin{aligned}P(D)&=P(D \mid H_1)P(H_1)+P(D \mid H_2)P(H_2)+P(D \mid H_3)P(H_3)\\&=\frac{1}{4}\times\frac{1}{3}+\frac{2}{4}\times\frac{1}{3}+\frac{3}{4}\times\frac{1}{3}=\frac{1}{2}\end{aligned}$$

これを用いて、

$$P(H_1 \mid D)=\frac{P(D \mid H_1)P(H_1)}{P(D)}=\left(\frac{1}{4}\times\frac{1}{3}\right)\Big/\frac{1}{2}=\frac{1}{6}$$

$$P(H_2 \mid D) = \frac{P(D \mid H_2)P(H_2)}{P(D)} = \left(\frac{2}{4} \times \frac{1}{3}\right) \Big/ \frac{1}{2} = \frac{2}{6}$$

$$P(H_3 \mid D) = \frac{P(D \mid H_3)P(H_3)}{P(D)} = \left(\frac{3}{4} \times \frac{1}{3}\right) \Big/ \frac{1}{2} = \frac{3}{6}$$

つまり、H_1、H_2、H_3に割り当てられた確率$\frac{1}{3}$、$\frac{1}{3}$、$\frac{1}{3}$（事前分布）がD（返事をした声が男性）という情報によって$\frac{1}{6}$、$\frac{2}{6}$、$\frac{3}{6}$（事後分布）に更新されたというわけです。

しばらく経ってからもう一度部屋に行ってノックしたら、今度は返事をしたのが女性でした。
問題に続いてベイズ更新してみましょう。問題の結果を用いて、事前分布を、

$$P(H_1) = \frac{1}{6} \qquad P(H_2) = \frac{2}{6} \qquad P(H_3) = \frac{3}{6}$$

とします。今度のDは返事をしたのが女性であるという条件を表すことにします。

$$P(D) = P(D \mid H_1)P(H_1) + P(D \mid H_2)P(H_2) + P(D \mid H_3)P(H_3)$$

$$= \frac{3}{4} \times \frac{1}{6} + \frac{2}{4} \times \frac{2}{6} + \frac{1}{4} \times \frac{3}{6} = \frac{10}{24}$$

これを用いて、

$$P(H_1 \mid D) = \frac{P(D \mid H_1)\mathrm{P}(H_1)}{P(D)} = \left(\frac{3}{4} \times \frac{1}{6}\right) \Big/ \frac{10}{24} = \frac{3}{10}$$

$$P(H_2 \mid D) = \frac{P(D \mid H_2)P(H_2)}{P(D)} = \left(\frac{2}{4} \times \frac{2}{6}\right) \Big/ \frac{10}{24} = \frac{4}{10}$$

$$P(H_3 \mid D) = \frac{P(D \mid H_2)\mathrm{P}(H_2)}{P(D)} = \left(\frac{1}{4} \times \frac{3}{6}\right) \Big/ \frac{10}{24} = \frac{3}{10}$$

今度は、H_1、H_2、H_3に割り当てられた確率が$\frac{1}{6}$、$\frac{2}{6}$、$\frac{3}{6}$（事前分布）から$\frac{3}{10}$、$\frac{4}{10}$、$\frac{3}{10}$（事後分布）に更新されたというわけです。

ここまで「1回目は男性、2回目は女性」でベイズ更新しましたが、「1回目が女性、2回目が男性」の場合でも事後分布は同じ結果になります。**一般に、返事をした性別の順序によらず（人数だけで）事後分布が決まる**ことが証明できます。

難易度 ★★★　実用 ★★★★★　試験 ★

モンティ・ホール問題

条件付き確率の応用として、とても有名な話のネタです。結論だけでなく、深く理解しておきたいところです。

Point

実は司会者の箱の開け方の基準による

あるTV番組では次のようなアトラクションがある。

X、Y、Z、3つの箱の中（中は見えない）のどれか1つに賞品が入っている。ステージに上がった人は、3つの箱のうち1つを選んで、中に賞品が入っていれば賞品をもらうことができる。

あなたはステージに上がって、Xの箱を選んだ。どの箱に賞品が入っているのかを知っている司会者は、あなたが選んだ箱以外を1つ開ける。たとえばZを開けた。すると、箱は空であった。

このとき、あなたには選んだ箱を変える選択権が与えられている。はじめに選んだXのままでも良いし、まだ空けられていないYを選び直しても良い。

賞品をゲットする確率を上げるためには、あなたはどうするべきか。

モンティ・ホール問題のよくある解法

賞品が入っているのはXかYのどちらかの箱になるので、**賞品が当たる確率はどちらも2分の1であると考えるのは、誰もが陥りがちな間違い**です。

「司会者はあなたが選んだ箱以外の、賞品の入っていない箱（ここではY、Z）のどちらか一方を必ず開ける（入っていない箱が1つしかなければそれを開ける）」という仮定のもとで解いてみます。賞品が入っている箱を正解ということにします。司会者がZを開ける事象は、次の排反な事象A、Bの和事象です。

A：Xが正解で、Zを開ける　　$P(A)=\frac{1}{3}\times\frac{1}{2}=\frac{1}{6}$

B：Yが正解で、Zを開ける　　$P(B)=\frac{1}{3}\times 1=\frac{1}{3}$

よって、Zが開けられた条件のもとでY、Xが正解になる条件付き確率は、

$$P(\mathrm{Y}=\text{正解}\mid \mathrm{Z}=\text{開き})=\frac{P(\mathrm{Y}=\text{正解、}\mathrm{Z}=\text{開き})}{P(\mathrm{Z}=\text{開き})}=\frac{P(B)}{P(A\cup B)}=\frac{\frac{1}{3}}{\frac{1}{6}+\frac{1}{3}}=\frac{2}{3}$$

$$P(\mathrm{X}=\text{正解}\mid \mathrm{Z}=\text{開き})=1-P(\mathrm{Y}=\text{正解}\mid \mathrm{Z}=\text{開き})=\frac{1}{3}$$

であり、$P(\mathrm{Y}=\text{正解}\mid \mathrm{Z}=\text{開き})>P(\mathrm{X}=\text{正解}\mid \mathrm{Z}=\text{開き})$なので**選び直してYを選んだほうが当たる確率が高くなります**。

実際はその解法が正しいとも限らない

「司会者はあなたが選んだ箱（X）以外のどちらか一方（YまたはZ）を無作為に選んで空ける」という仮定のもとで解いてみましょう。この場合、司会者が賞品の入っている箱を開けてしまうこともあります。演出の観点からはシラけるかもしれませんが……。

司会者がZを開けて外れである事象は、次の排反な事象A、Bの和事象です。

A：Xが正解で、Zを選ぶ　　$P(A)=\frac{1}{3}\times\frac{1}{2}=\frac{1}{6}$

B：Yが正解で、Zを選ぶ　　$P(B)=\frac{1}{3}\times\frac{1}{2}=\frac{1}{6}$

よって、Zが開けられたという条件のもとでYが正解という条件付き確率は、

$$P(\mathrm{Y}=\text{正解}\mid \mathrm{Z}=\text{開き})=\frac{P(\mathrm{Y}=\text{正解、}\mathrm{Z}=\text{開き})}{P(\mathrm{Z}=\text{開き})}=\frac{P(B)}{P(A\cup B)}=\frac{\frac{1}{6}}{\frac{1}{6}+\frac{1}{6}}=\frac{1}{2}$$

ですから、そのままでも、選び直しても、当たる確率は同じです。

つまり、**モンティ・ホール問題**（Monty Hall problem）は、司会者が開ける箱の選び方の基準によって、異なる回答になるのです。司会者しか開ける箱の選び方の基準を知らないのであれば、Yの箱に賞品がある確率を計算することはできません。有名な問題ですが、実はセンシティブな問題なのです。

実用 ★★★★★

ベイズ更新（連続版）

ベイズ推定の根幹の式です。問題を読んで確実に固めておきましょう。

データを反映して分布を更新する

$$\underbrace{\pi(\theta \mid D)}_{\text{事後分布}} \propto \underbrace{f(D \mid \theta)}_{\text{尤度}}\underbrace{\pi(\theta)}_{\text{事前分布}}$$

∝は「比例する」という記号

（posterior distribution）　（prior distribution）

離散型の条件付き確率の公式から連続型を求める

04節のベイズ更新の式で、H（原因。確率を与える仕組み）を確率モデルのパラメータθに変え、Pのうち、パラメータθの確率分布をπに、事象Dが起こる確率をfに置き換えると下の真ん中の式になります。データを得たあとは$f(D)$が一定なので、右の比例式になります。

$$P(H \mid D)=\frac{P(D \mid H)P(H)}{P(D)} \rightarrow \pi(\theta \mid D)=\frac{f(D \mid \theta)\pi(\theta)}{f(D)} \rightarrow \pi(\theta \mid D)\propto f(D \mid \theta)\pi(\theta)$$

本章04節では、事象Dが起こったことにより、確率を与える仕組みH_1、H_2、…、H_nについての確率分布（事前分布）$P(H_1)$、…、$P(H_n)$を更新し、事後分布$P(H_1 \mid D)$、……、$P(H_n \mid D)$にしました。

一方、この節のベイズ更新（パラメータの確率分布）でも、事象Dが起こったことにより、確率を与える仕組みθについての確率分布（事前分布）$\pi(\theta)$を更新し、事後分布$\pi(\theta \mid D)$とします。

この更新には、θが定めるモデルにおいてDが起こる確率$f(D \mid \theta)$を用います。$f(D \mid \theta)$を尤度（likelihood）といいます。

Business ベイズ更新で自己認識を新たにして成長する新人営業マン

問題　新人営業マンのA君はクロージングの成功確率θに関して、確率密度関数が$\pi(\theta)=2\theta(0\leqq\theta\leqq1)$であると思っていた。クロージングを2回して、1回目は成功、2回目は失敗した。θの事後分布を求めよ。

確率モデルはベルヌーイ分布$Be(\theta)$で、パラメータθの事前分布は、

$\pi(\theta)=2\theta(0\leqq\theta\leqq1)$です。

Dを「1回目が成功、2回目が失敗する事象」とすると、尤度は$f(D\mid\theta)=\theta(1-\theta)$

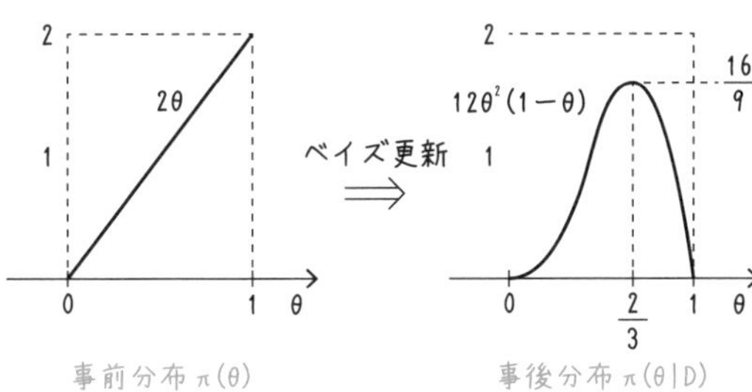

θの事後分布$\pi(\theta\mid D)$は、Pointの公式を用いて、

$$\pi(\theta\mid D)\propto f(D\mid\theta)\pi(\theta)=\theta(1-\theta)\cdot2\theta=2\theta^2(1-\theta)\qquad(0\leqq\theta\leqq1)$$

と、$\theta^2(1-\theta)$に比例します。そこで、$\pi(\theta\mid D)=k\theta^2(1-\theta)$　(kは定数）と置きます。右辺は確率密度関数なので、

$$\int_0^1 k\theta^2(1-\theta)d\theta=\left[k\left(\frac{1}{3}\theta^3-\frac{1}{4}\theta^4\right)\right]_0^1=k\left(\frac{1}{3}-\frac{1}{4}\right)=\frac{k}{12}$$

が1でなくてはいけません。$k=12$です。

Dを反映させることで、事前分布$\pi(\theta)=2\theta$　$(0\leqq\theta\leqq1)$が、

事後分布$\pi(\theta\mid D)=12\theta^2(1-\theta)$　$(0\leqq\theta\leqq1)$に更新されました。

事後分布の確率密度を最大にするθを求めてみましょう。事後分布をθで微分して、$\dfrac{d}{d\theta}\pi(\theta\mid D)=12\theta(2-3\theta)$となります。$\theta=\dfrac{2}{3}$のとき、$\pi(\theta\mid D)$の値が最大になります。

$\theta=\dfrac{2}{3}$を推定値として取ることを、**最大事後確率（maximum a posteriori：MAP）推定**といいます。事前分布を定数として取れば、MAP推定の値は最尤法の推定値と一致します。MAP推定は、いわば“事前分布繰り込み最尤推定”であるといえます。

難易度 ★★★　実用 ★★★★★　試験 ★

07 共役事前分布

統計検定を受ける人は、確率モデルの分布と共役事前分布の対応を覚えましょう。

Point

式で計算できる事後分布

共役事前分布（conjugate prior distribution）

与えられた尤度に対して、事前分布と事後分布が同じ分布族に属するような事前分布。自然共役事前分布（natural conjugate prior distribution）を縮めた言い方。

Business 共役事前分布でベイズ更新して目標を定める中堅営業マン

与えられた尤度関数に対して、事前分布をうまく選ぶと、ベイズ更新を簡単に式で表現できる場合があります。**確率モデルがベルヌーイ分布のときの共役事前分布を紹介します。**共役事前分布はベータ分布になります。

[参考：ベータ分布 $Beta(\alpha,\ \beta)$]

確率密度関数は、$f(x)=\dfrac{x^{\alpha-1}(1-x)^{\beta-1}}{B(\alpha,\beta)}$（$\alpha$、$\beta$は正、$B(\alpha$、$\beta)$ はベータ関数）

問題　中堅営業マンのT君はクロージングで成功する確率θがベータ分布$Be(2,\ 5)$に従うと思っていた。7回のクロージングで、3回連続で成功し、次に4回連続で失敗した。成功確率θの分布をどう思い直せば良いか。

3回成功したあと、4回失敗する事象をDとすると、確率$P(D\mid\theta)$は、$\theta^3(1-\theta)^4$です。すなわち、尤度は$f(D\mid\theta)=\theta^3(1-\theta)^4$となります。

一方、θの事前分布$\pi(\theta)$はベータ分布$Beta(2,\ 5)$に従いますから、

$$\pi(\theta)=c\theta^{2-1}(1-\theta)^{5-1}\qquad c=\frac{1}{B(2,\ 5)}$$

これらをベイズ更新の式に代入すると

$$\pi(\theta \mid D) \propto f(D \mid \theta)\pi(\theta) = \theta^3(1-\theta)^4 \times c\theta^{2-1}(1-\theta)^{5-1}$$
$$= c\theta^{3+2-1}(1-\theta)^{4+5-1}$$

よって、$\pi(\theta \mid D) = d\theta^{3+2-1}(1-\theta)^{4+5-1}$と置けます。

この式が確率密度関数になるように（(0, 1) で積分して1になるように）全確率の条件dを決めましょう。式の形からベータ分布$Beta(3+2,\ 4+5)$になることがわかるので、$d = \dfrac{1}{B(5,\ 9)}$となります。

θの分布を$Beta(5,\ 9)$と思い直せば良いことがわかりました。

この問題でdを簡単に求めることができたのは、確率モデルのベルヌーイ分布に対して、**事前分布をベータ分布に設定した**からです。式の形が似ていたので、事後分布を簡単に求めることができました。共役事前分布を取ると、ベイズ更新を繰り返しても分布のパラメータを変えるだけで済むので便利です。

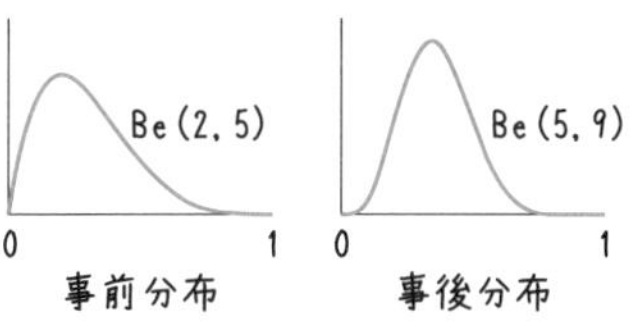

確率モデルの形と共役事前分布を表にする

確率モデルの確率分布を定めると、尤度の形が決まります。それに対して共役事前分布を選んだとき、事後分布がどう更新されるかを表にまとめると次のようになります。なお、任意の確率分布について、常に共役事前分布があるとは限りません。

確率モデル	尤度	事前分布	事後分布
$Beta(\theta)$	$\theta^a(1-\theta)^{n-a}$	$Beta(\alpha,\ \beta)$	$Beta(\alpha+a,\ \beta+n-a)$
$Po(\theta)$	$\displaystyle\prod_{i=1}^{n}\frac{e^{-\theta}\theta^{x_i}}{x_i!}$	$Ga(\alpha,\ \lambda)$	$Ga(\alpha+\displaystyle\prod_{i=1}^{n}x_i,\ \lambda+n)$
$N(\mu,\ \sigma^2)$ σ^2は既知	$\displaystyle\prod_{i=1}^{n}\frac{1}{\sqrt{2\pi}\sigma}e^{-\frac{(x_i-\mu)^2}{2\sigma^2}}$	μについて $N(\mu_0,\ {\sigma_0}^2)$	$N\left(\dfrac{\frac{\mu_0}{{\sigma_0}^2}+\frac{n\bar{x}}{\sigma^2}}{\frac{1}{{\sigma_0}^2}+\frac{n}{\sigma^2}},\ \dfrac{1}{\frac{1}{{\sigma_0}^2}+\frac{n}{\sigma^2}}\right)$

※Gaはガンマ分布。

難易度 ★★★　実用 ★★★★★　試験 ★

08 カルバック-ライブラー情報量

次節のAICの前に押さえておきたい概念です。

Point

真のモデルからどれだけ離れているかがわかる

離散版

全事象Ωを排反に分割する事象A_i（$i=1$, ……, n）の確率が$P(A_i)=p_i$であるとする。これらを$P(A_i)=q_i$と予想するとき、

$$D(\boldsymbol{p},\ \boldsymbol{q})=\sum_{i=1}^{n}p_i\log\frac{p_i}{q_i}$$

を、$\boldsymbol{q}=(q_1,\ \cdots\cdots,\ q_n)$に対する$\boldsymbol{p}=(p_1,\ \cdots\cdots,\ p_n)$の**カルバック－ライブラー情報量**（Kullback-Leibler divergence：**KL情報量**）という。

任意の$\boldsymbol{p}$、$\boldsymbol{q}$に対して、$D(\boldsymbol{p},\ \boldsymbol{q})\geqq 0$が成り立つ。$D(\boldsymbol{p},\ \boldsymbol{q})=0$のときは、$\boldsymbol{p}=\boldsymbol{q}$となる。

連続版

確率変数Xの確率密度関数を$f(x)$とする。Xの確率密度関数を$g(x)$と予想するとき、

$$D(f,\ g)=\int f(x)\log\frac{f(x)}{g(x)}dx$$

を$g(x)$に対する$f(x)$のカルバック－ライブラー情報量という。

任意の$f(x)$、$g(x)$に対して、$D(f,\ g)\geqq 0$が成り立つ。$D(f,\ g)=0$のときは、$f(x)=g(x)$となる。

エントロピーとの関連性

Pointの設定で、$\boldsymbol{p}$に対して、$H(\boldsymbol{p})$を、$H(\boldsymbol{p})=-\sum_{i=1}^{n}p_i\log p_i$と定めたとき、$H(\boldsymbol{p})$ を$\boldsymbol{p}$の**エントロピー**あるいは**情報量**といい、不確かさの尺度を表します。$\boldsymbol{p}_1=\left(\frac{1}{2},\ \frac{1}{2}\right)$、$\boldsymbol{p}_2=\left(\frac{1}{4},\ \frac{1}{4},\ \frac{1}{4},\ \frac{1}{4}\right)$と置くと、$H(\boldsymbol{p}_1)<H(\boldsymbol{p}_2)$です。**1を小割**

にしたほうが不確かさは増します。もともとエントロピーは、分子の乱雑さを表す統計力学の用語ですが、これを情報理論に援用したわけです。

$$D(\boldsymbol{p},\ \boldsymbol{q})=\sum_{i=1}^{n}p_i\log\frac{p_i}{q_i}=-\sum_{i=1}^{n}p_i\log q_i-\left(-\sum_{i=1}^{n}p_i\log p_i\right)$$

ですから、$D(\boldsymbol{p},\ \boldsymbol{q})$は**相対エントロピー**と呼ばれます。

カルバック - ライブラー情報量の課題

$\boldsymbol{p}$、$f(x)$を真のモデル、$\boldsymbol{q}$、$g(x)$を予想モデルとした場合、KL情報量$D(\boldsymbol{p},\ \boldsymbol{q})$、$D(f,\ g)$は、$\boldsymbol{q}$、$g(x)$がどれだけ真のモデルに近いかを表しています。しかし、現場では真のモデルがわかっていることは少ないですから課題が残ります。この課題を克服するのが、次節で紹介するAICです。

Business カルバック - ライブラー情報量で予想モデルを選ぼう

真の確率分布$\boldsymbol{p}$に対して、確率分布の予想モデルが$\boldsymbol{q}_{\mathrm{A}}$、$\boldsymbol{q}_{\mathrm{B}}$と2つあるとします。$D(\boldsymbol{p},\ \boldsymbol{q}_{\mathrm{A}})>D(\boldsymbol{p},\ \boldsymbol{q}_{\mathrm{B}})$であれば、予想モデル$\boldsymbol{q}_{\mathrm{B}}$のほうが$\boldsymbol{p}$に近いといえます。このように**カルバック - ライブラー情報量**は、予想モデルの優劣の判定に使うことができる量の1つです。

問題　プロジェクトXの真の成功確率が0.6であるとする。A君はこの確率を0.7と予想し、B君はこの確率を0.5と予想した。どちらの予想のほうが真の確率に近いモデルであるか、カルバック - ライブラー情報量を計算することで判定せよ。

成功する事象をL_1、失敗する事象をL_2とすると、L_1、L_2に関する真の確率分布は、$\boldsymbol{p}=(p_1,\ p_2)=(0.6,\ 0.4)$となります。これを、A君は$\boldsymbol{q}_{\mathrm{A}}=(q_{\mathrm{A1}},\ q_{\mathrm{A2}})=(0.7,\ 0.3)$、B君は$\boldsymbol{q}_{\mathrm{B}}=(q_{\mathrm{B1}},\ q_{\mathrm{B2}})=(0.5,\ 0.5)$と予想しました。

$$D(\boldsymbol{p},\boldsymbol{q}_{\mathrm{A}})=\sum_{i=1}^{2}p_i\log\frac{p_i}{q_{\mathrm{A}i}}=p_1\log\frac{p_1}{q_{\mathrm{A1}}}+p_2\log\frac{p_2}{q_{\mathrm{A2}}}=0.6\log\frac{0.6}{0.7}+0.4\log\frac{0.4}{0.3}=0.0226$$

$$D(\boldsymbol{p},\boldsymbol{q}_{\mathrm{B}})=\sum_{i=1}^{2}p_1\log\frac{p_i}{q_{\mathrm{B}i}}=p_1\log\frac{p_1}{q_{\mathrm{B1}}}+p_2\log\frac{p_2}{q_{\mathrm{B2}}}=0.6\log\frac{0.6}{0.5}+0.4\log\frac{0.4}{0.5}=0.0201$$

↑自然対数で計算

よって、B君のほうが真のモデルに近いです。

難易度 ★★★　実用 ★★★★★　試験 ★

09 AIC（赤池情報量規準）

現場では非常によく使われています。意味まで知っておきたい手法です。

Point

最良の確率モデルを選ぶときの基準の1つ

AIC（Akaike information criterion）

パラメータ$\boldsymbol{\theta}=(\theta_1, \cdots\cdots, \theta_k)$で決まる確率関数$f(x \mid \boldsymbol{\theta})$を持つ確率変数$X$がある。$X$の実現値が$x_1$、$x_2$、……、$x_n$であるとき、

$$-2\sum_{i=1}^{n}\log f(x_i \mid \hat{\boldsymbol{\theta}})+2k \quad \text{（対数の底は}e\text{）}$$

$-2\times$（対数尤度の最大値）$+2\times$（自由なパラメータの個数）

となる評価指標。ここで$\hat{\boldsymbol{\theta}}$は$\boldsymbol{\theta}$の最尤推定量である。

良いモデルを見つけるのに役立つAIC

任意の$n+1$個の点（x座標は異なる）をxy平面上に取ったとき、これらの点を通るn次多項式関数が必ず存在します（係数を決める連立1次方程式を解けば良い）。このように多項式の次数（**パラメータ**）を多くすれば、正確に記述する多項式（**モデル**）を得ることができるわけです。

ところで、良い確率モデルとは何でしょうか。多項式関数の例のように、パラメータの数を多くしていけば、得られたデータをいくらでも正確に表すことができます。しかし、そうして得られたモデルは新規のデータに対応できず、予想には使えないものとなってしまいます（オーバーフィッティング）。ちょうど良い塩梅のモデルを見つけるときの指標として役に立つのがAICです。

対数尤度が大きいときAICは小さく、パラメータの個数が少ないときAICは小さくなります。**AICが小さいほうが良いモデル**です。

Business パラメータが多いからといって、いいモデルとは限らない

正四面体のサイコロ（目は1から4）を60回投げて次のようになったとします。

目	1	2	3	4
回数	10	18	13	19

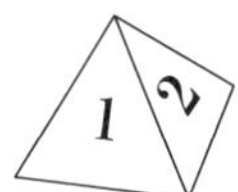

jの目が出る確率をパラメータθ_jとして、$\boldsymbol{\theta}=(\theta_1,\ \theta_2,\ \theta_3,\ \theta_4)$と置きます。

i回目に出たサイコロの目を確率変数X_iと置くと、確率質量関数$f(x_i \mid \boldsymbol{\theta})$は、$x_i=j$のとき$f(x_i \mid \boldsymbol{\theta})=\theta_j$となります。$j$の目が出る回数の実現値を$n_j$、また$n=n_1+n_2+n_3+n_4$と置きます。このとき、

$$\sum_{i=1}^{n}\log f(x_i \mid \boldsymbol{\theta})=n_1\log\theta_1+n_2\log\theta_2+n_3\log\theta_3+n_4\log\theta_4$$

です。ここで2つのモデルM1, M2を想定してみましょう。

M1　$\theta_1=\theta_3=\theta$、$\theta_2=\theta_4=\dfrac{1}{2}-\theta$　(パラメータは1個)

M2　θ_1、θ_2、θ_3を自由に動かす。$\theta_4=1-\theta_1-\theta_2-\theta_3$　(パラメータは3個)

これら2つのモデルについて上の実現値のときのAICを計算してみます。

M1のとき、$L(\boldsymbol{\theta})=\prod_{i=1}^{n}f(x_i \mid \boldsymbol{\theta})=\theta_1^{\ n_1}\theta_2^{\ n_2}\theta_3^{\ n_3}\theta_4^{\ n_4}=\theta^{n_1+n_3}\left(\dfrac{1}{2}-\theta\right)^{n_2+n_4}$であり、

$\dfrac{dL}{d\theta}=\theta^{n_1+n_3-1}\left(\dfrac{1}{2}-\theta\right)^{n_2+n_4-1}\left\{-n\theta+\dfrac{1}{2}(n_1+n_3)\right\}$となるので、

θ_1、θ_3の最尤推定量は、$\hat{\theta}_1=\hat{\theta}_3=\dfrac{1}{2}\times\dfrac{n_1+n_3}{n}=\dfrac{1}{2}\times\dfrac{10+13}{60}=\dfrac{23}{120}$

θ_2、θ_4の最尤推定量は、$\hat{\theta}_2=\hat{\theta}_4=\dfrac{1}{2}-\dfrac{23}{120}=\dfrac{37}{120}$

$$\begin{aligned}\mathrm{AIC(M1)}&=-2\sum_{i=1}^{n}\log f(x_i \mid \hat{\boldsymbol{\theta}})+2\times(\text{パラメータの個数})\\&=-2\left(10\log\frac{23}{120}+18\log\frac{37}{120}+13\log\frac{23}{120}+19\log\frac{37}{120}\right)+2\times1=165.1\end{aligned}$$

M2のとき、$L(\boldsymbol{\theta})=\prod_{i=1}^{n}f(x_i \mid \boldsymbol{\theta})=\theta_1^{\ n_1}\theta_2^{\ n_2}\theta_3^{\ n_3}\theta_4^{\ n_4}=\theta_1^{\ n_1}\theta_2^{\ n_2}\theta_3^{\ n_3}(1-\theta_1-\theta_2-\theta_3)^{n_4}$

であり、$\dfrac{\partial L}{\partial\theta_1}=0$、$\dfrac{\partial L}{\partial\theta_2}=0$、$\dfrac{\partial L}{\partial\theta_3}=0$より、$\theta_1$、$\theta_2$、$\theta_3$の最尤推定量は、

$\hat{\theta}_1=\dfrac{10}{60}$、$\hat{\theta}_2=\dfrac{18}{60}$、$\hat{\theta}_3=\dfrac{13}{60}$、$\left(\hat{\theta}_4=1-\hat{\theta}_1-\hat{\theta}_2-\hat{\theta}_3=\dfrac{19}{60}\right)$

$$\begin{aligned}\mathrm{AIC(M2)}&=-2\sum_{i=1}^{n}\log f(x_i \mid \hat{\boldsymbol{\theta}})+2\times(\text{パラメータの個数})\\&=-2\left(10\log\frac{10}{60}+18\log\frac{18}{60}+13\log\frac{13}{60}+19\log\frac{19}{60}\right)+2\times3=168.6\end{aligned}$$

AICの値が小さいほうが良いモデルなので、M1、M2の順に良いモデルです。

パラメータの個数を増やしたほうが良いモデルになるとは限らないのです。

難易度 ★★★　実用 ★★★★★　試験 ★

10 モンテカルロ積分

MCMC（Markov chain Monte Carlo）法の後半のMCに関するテクニックです。

Point

$g(\theta_i)$の単純平均でも$g(\theta)$の期待値が計算できる

θの確率密度関数を$p(\theta)$とする。θの標本$\{\theta_1, \theta_2, \cdots\cdots, \theta_N\}$と、$\theta$の関数$g(\theta)$に対して、

$$r=\frac{1}{N}\sum_{i=1}^{n}g(\theta_i)$$

と置く。これを**モンテカルロ積分**（Monte Carlo integration）という。Nを大きくするとrは、

$$E[g(\theta)]=\int_{-\infty}^{\infty}g(\theta)p(\theta)d\theta$$

に近づく。

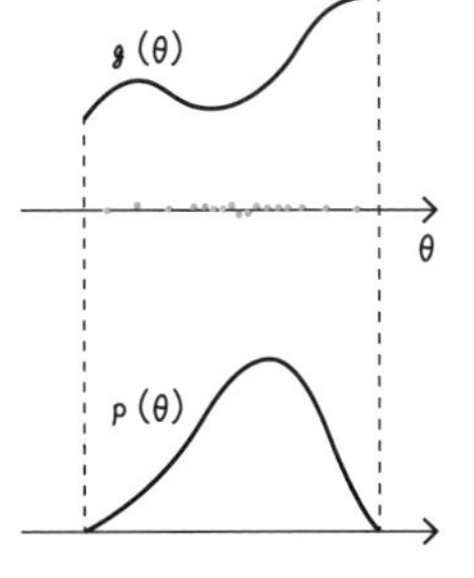

モンテカルロ法で面積を求める

座標平面上に右図のような領域R（網目部）を設定します。Rの面積Sを**モンテカルロ法**で求めてみましょう。

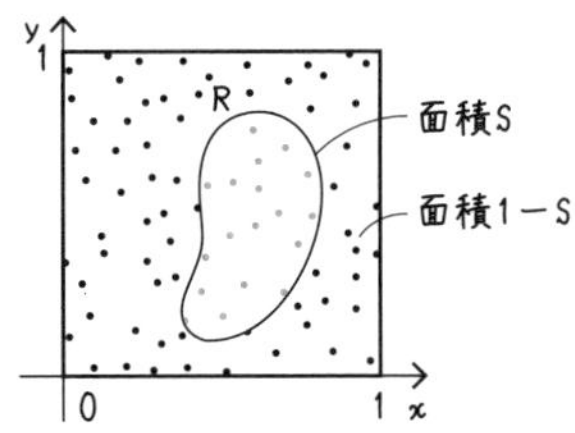

0から1までの乱数を2回（xとyとする）発生させ、

$0 \leqq x \leqq 1$、$0 \leqq y \leqq 1$（右図の太線の正方形）の中に点を取ることをN回繰り返します。これは、「X、Yが一様分布$U(0, 1)$に従うときに、(X, Y)についてサイズNのサンプルを取った」と言い換えても良いです。

N個の点のうち、Rに含まれる点（青点）の個数をI、Rに含まれない点（黒点）の個数をEとします。Nを大きくしていくと、$I:E$の比は$S:1-S$に近づいていくことが感覚的にわかるでしょう。$I:N$は、$S:1$に近づいていきます。つまり、Nを大きくしていくと$\dfrac{I}{N}$はSに近づいていくのです。こうしてモンテカルロ法で

Sのおよその値を求めることができます。確率的な乱数を用いるので、カジノがある都市の名前からモンテカルロ法と名づけられました。

モンテカルロ積分が成り立つ理由

高校数学では定積分を、

$$\int_a^b f(x)dx = \lim_{n\to\infty}\frac{1}{n}\sum_{i=1}^{n} f(x_i) \quad \cdots\cdots①$$

と計算して良いことを学んだと思います。ここでx_1、x_2、……、x_nは、$[a,\ b]$をn等分する点でした。

rも似た形をしているので、rは$\int_{-\infty}^{\infty} g(\theta)d\theta$に近づくのではないかと思った人がいるかもしれません。しかし、θ_1、θ_2、……、θ_Nは$p(\theta)$に従う母集団から抽出した標本ですから、確率の高いところでは密度が濃く、確率が低いところでは密度が薄くなっています。θ_1、θ_2、……、θ_Nは均等に分布するわけではないのです。θ_iを用いているところが、①の式との違いです。

N個のうち区間$[s,\ t]$に入っている個数をI個とすると、Nが大きくなるとき、大数の法則により$\dfrac{I}{N}$は$P(s \leqq \theta \leqq t)$に近づきます。それで、$N$が大きくなるとき、$r$は$g(\theta)$に$p(\theta)$を掛けた$g(\theta)p(\theta)$の積分に近づいていくのです。

この例はθが1次元ですが、θが高次元になると$p(\theta)$の分布を実現するような標本の取り方、すなわち乱数を発生させることが難しくなるのです。そこをクリアするために工夫したものが、次節のMCMC（ギブス法、メトロポリス－ヘイスティングス法など）です。

Business ベイズ統計の計算を担うMCMC

ベイズ更新で事前分布から事後分布を求めるには、積分計算をすることになります。しかし、統計モデルに対して定義通りに計算することは困難なのです。そこで、モンテカルロ積分（MC）を用いることになります。さらに乱数を発生させるところは、**マルコフ連鎖**（MC：Markov chain）という、確率的に次の数を選ぶ方法を用いて効率的に計算します。これらを合わせた手法を**MCMC**といいます。MCMCには、ギブス法、メトロポリス法など数多くの計算手法が開発されています。ベイズ統計の計算の現場ではすべてこのMCMCが使われています。

難易度 ★★★　実用 ★★★★★　試験 ★

11 ギブスサンプリング

MCMC（Markov chain Monte Carlo）法の1つです。

Point

周辺確率を使ってランダムウォーク

パラメータx、yに関して、同時確率密度関数$h(x,\ y)$、xの周辺確率密度関数$h(x \mid y)$、yの周辺確率密度関数$h(y \mid x)$ が与えられているものとする。また、$h(x \mid y)$、$h(y \mid x)$は標本を容易に作れるものとする。

● **ギブスサンプリング**（Gibbs sampling）：上記の条件のとき、次のアルゴリズムによって$h(x,\ y)$ の標本を作る方法。

(1) $(x_1,\ y_1)$を適当に取る。$i=1$と置く。

(2) $h(x \mid y_i)$を用いて確率的にx_{i+1}を取る。

(3) $h(y \mid x_{i+1})$を用いて確率的にy_{i+1}を取る。

(4) iを1増やす。

(5) (2) へ戻る。

ギブスサンプリングのイメージ

Pointのアルゴリズム自体はベイズ統計でなくとも使えるものです。

ベイズ統計では$h(x,\ y)$を事後分布とします。上のアルゴリズムで$(x,\ y)$の標本を作ったあと、その標本をもとにモンテカルロ積分を用いてx、yの平均・分散・分布などをベイズ推定します。

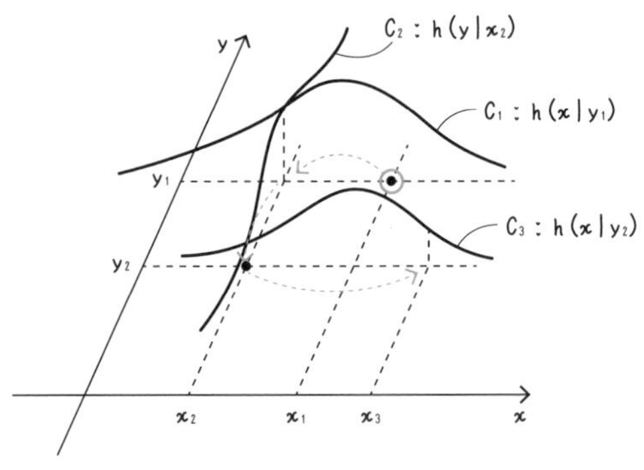

ギブスサンプリングのアルゴリズムをイメージ化すると上の図のようになります。

図の曲線C_1は、周辺確率密度関数$h(x \mid y_1)$のグラフになっています。これを用いて確率的にx_2を取ります。次に、曲線C_2が表す周辺確率密度関数$h(y \mid x_2)$を用いてy_2を取ります。このようにして順繰りに$(x,\ y)$の標本を取り出していくのです。

「$h(x \mid y_i)$を用いて確率的にx_{i+1}を取る」のですから、y_iに対してx_{i+1}が一意に定まるわけではありません。$x_{i+1}=1$のこともあるかもしれないし、$x_{i+1}=2$のこともあるかもしれないということです。周辺確率を使ってランダムウォークしているイメージです。

ただ、$h(x \mid y_i)$を用いて何回もxを取れば、$h(x \mid y_i)$が大きいところでは高密度で、小さいところでは低密度でxが取られ、$h(x,\ y)$の分布に沿った標本を作ることができるわけです。

このようなことは$h(x,\ y)$の関数の型によって容易である場合もありますが、困難な場合もあります。「$h(x \mid y)$、$h(y \mid x)$ の標本が容易に作れる」と断っているように、**容易な場合に限ってギブス法は有効**です。

Business データが高次元のときにギブスサンプリングが活躍する

図が描けるようにPointでは2次元の場合で説明しましたが、もちろんk次元に拡張可能です。次元が大きいとき（k次元とする）は、k個の乱数を発生させてサンプルを作ろうとすると、計算量が大きくなってしまいます。そこで、効率よく標本を作るために用いるのがギブスサンプリングなのです。

$(\theta_1,\ \theta_2,\ \cdots\cdots,\ \theta_k)$ に対して、標本を取りやすい周辺確率密度関数

$$\left.\begin{array}{l} h(\theta_1 \mid \theta_2,\ \theta_3,\ \cdots\cdots,\ \theta_k) \\ h(\theta_2 \mid \theta_1,\ \theta_3,\ \cdots\cdots,\ \theta_k) \\ \quad\cdots\cdots \\ h(\theta_k \mid \theta_1,\ \theta_2,\ \cdots\cdots,\ \theta_{k-1}) \end{array}\right\} \cdots\cdots☆$$

を用いて、順繰りにθ_1、θ_2、……、θ_kの標本を取り出していけば良いのです。

$(\theta_1,\ \theta_2,\ \cdots\cdots,\ \theta_k)$ に対して☆の式が与えられているとき、**完全条件付き分布が与えられている**といいます。完全条件付き分布が与えられているとき、ギブスサンプリングが使えます。

難易度 ★★★　実用 ★★★★★　試験 ★

12 メトロポリス‐ヘイスティングス法

MCMCの1例です。ここからの発展もあるので押さえておきたいです。

Point

$f(x)$を用いてランダムウォーク

● **メトロポリス‐ヘイスティングス法**（Metropolis-Hastings methods※）：確率密度関数$f(x)$について、次のMHアルゴリズムで$f(x)$の標本を作る方法。

(1) x_0を適当に取る。$i=0$と置く。

(2) 確率的にaを取る。

(3) $U(0,\ 1)$の標本uと$\min\left(1,\ \dfrac{f(a)}{f(x_i)}\right)$を比べて、

$$u<\min\left(1,\ \frac{f(a)}{f(x_i)}\right)\text{であれば、}x_{i+1}=a$$

$$u\geqq\min\left(1,\ \frac{f(a)}{f(x_i)}\right)\text{であれば、}x_{i+1}=x_i$$

(4) iを1増やす。

(5) (2) に戻る。

なぜ簡単に$f(x)$の標本を作ることができるのか？

(3) は、x_iに対するx_{i+1}の取り方を、

(i) $f(a)>f(x_i)$であれば、常に$x_{i+1}=a$とし、

(ii) $f(a)\leqq f(x_i)$であれば、確率$\dfrac{f(a)}{f(x_i)}$で、$x_{i+1}=a$

確率$1-\dfrac{f(a)}{f(x_i)}$で、$x_{i+1}=x_i$

とするということです。確率的に選択するところで$U(0,\ 1)$ の乱数を用いているわけです。

こうすると、$f(x)$が大きいところでは標本は高密度に、小さいところでは低密

※samplingやalgorithmが続く場合もあります。

度になります。

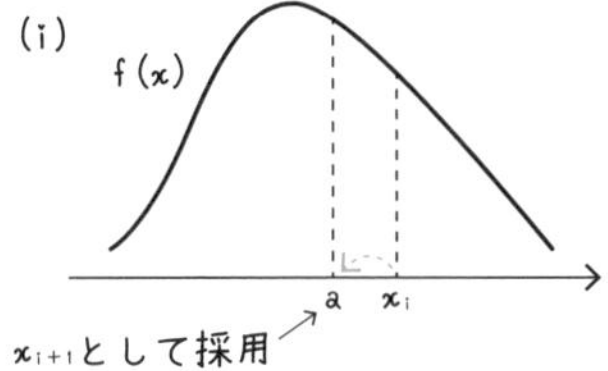

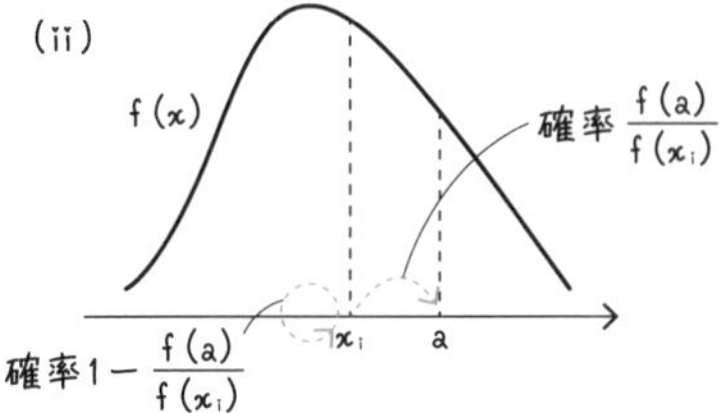

$K(x,\ y)=\min\left(1,\ \dfrac{f(y)}{f(x)}\right)$と置くと、$K(x,\ y)$は$x$から$y$への推移確率を表す密度関数になっています。

$$K(x,\ y)f(x)=K(y,\ x)f(y)$$ $f(x)>f(y)$として確かめよ。

が成り立ちます。$K(x,\ y)$はマルコフ連鎖の確率推移行列に相当しますから、この式が成り立つことは上のアルゴリズムで定常状態が得られることを示唆しています。実際、このMHアルゴリズムで$f(x)$の分布を実現する標本を得ることができます。**なお、xが1次元の場合で説明しましたが、多次元でも同様に考えます。**

aの取り方にも工夫すべきところがある

aの取り方にはいくつか方法があります。

(1) ランダムウォークアルゴリズム

aを$N(x_i,\ \sigma^2)$の標本として取ります。σ^2が小さいとaの採用確率は高くなりますが、xが全体に行き渡るのに時間がかかります。σ^2が大きいとxを全体から取ることができますが、採用確率が小さくなります。実装ではσ^2のちょうど良い値を探すことが重要になります。

(2) 独立連鎖アルゴリズム

x_iの値とは関係なくある確率分布の標本として取ります。

(3) ギブスサンプリングの利用

$f(x)$が多次元の確率密度関数の場合、xのi番目の成分だけギブス法を用いるなど、使えるところではギブス法を混ぜて使います。

MH法では$f(a)\leqq f(x_i)$の場合、せっかく作ったaを採用しない場合がありますから計算効率が悪いのです。そこでギブス法を混ぜるわけです。

Chapter 11 ベイズ統計

難易度 ★★★　実用 ★★★★★　試験 ★

13 ベイジアンネットワーク

条件付き確率の応用問題です。ネットワークの推定が実践での課題です。

Point

条件付き確率の積

0と1の値を持つ確率変数$\boldsymbol{X}=(X_1, X_2, \cdots\cdots, X_n)$について、グラフ$G$に従って条件付き確率$C$が与えられているとき、$(\boldsymbol{X}, G, C)$を**ベイジアンネットワーク**（Bayesian network）という。$\boldsymbol{X}$の同時確率質量関数は、

$$P(\boldsymbol{X})=\prod_{i=1}^{n} P(X_i \mid pa(X_i))$$

で表される。$pa(X_i)$はX_iの親ノードの集合を表す。

昏睡状態で頭痛があるとき転移性癌である確率は?

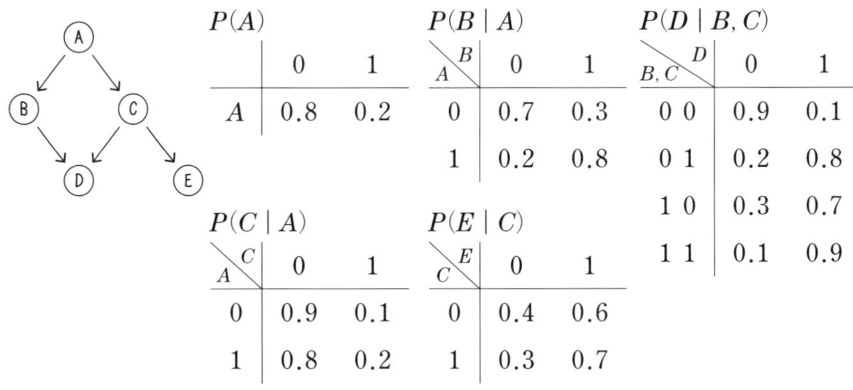

$P(A)$

	0	1
A	0.8	0.2

$P(B \mid A)$

A \ B	0	1
0	0.7	0.3
1	0.2	0.8

$P(D \mid B, C)$

B, C \ D	0	1
0 0	0.9	0.1
0 1	0.2	0.8
1 0	0.3	0.7
1 1	0.1	0.9

$P(C \mid A)$

A \ C	0	1
0	0.9	0.1
1	0.8	0.2

$P(E \mid C)$

C \ E	0	1
0	0.4	0.6
1	0.3	0.7

上図のような事象と矢印を組み合わせた図を離散数学の分野では**グラフ**といいます。○つきの文字は事象を表し、○、○、…を**ノード**といいます。上図でDに矢印を出しているB、CはDの**親ノード**、CはAから矢印を受けているのでAの**子ノード**といいます。各ノードには、親ノードについての条件付き確率が設定さ

れています。わかりやすくするため、事象Aについての確率変数もAで表すことにします。

A：転移性癌　ある（$A=1$）、ない（$A=0$）

B：血液中カルシウム増加　増加（$B=1$）、減少（$B=0$）

C：脳腫瘍　ある（$C=1$）、ない（$C=0$）

D：昏睡状態　ある（$D=1$）、ない（$D=0$）

E：頭痛がある　ある（$E=1$）、ない（$E=0$）

A、B、C、D、Eの同時確率は、Pointの式を用いて、

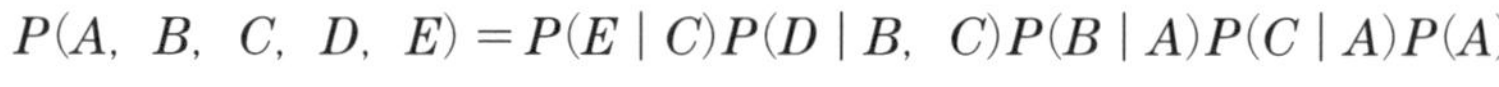

$$P(A,\ B,\ C,\ D,\ E)=P(E\mid C)P(D\mid B,\ C)P(B\mid A)P(C\mid A)P(A)$$

と計算できます。具体的な確率は、条件付き確率の表から値を拾って、

$$\begin{aligned}&P(A=1,\ B=0,\ C=0,\ D=1,\ E=1)\\&=P(E=1\mid C=0)P(D=1\mid B=0,\ C=0)P(B=0\mid A=1)\\&\qquad P(C=0\mid A=1)P(A=1)\\&=0.6\times 0.1\times 0.2\times 0.8\times 0.2=0.00192\end{aligned}$$

となります。$P(A=1,\ D=1,\ E=1)$を求めるには、B、Cの0、1のパターン4通りを足して周辺化します。

$$\begin{aligned}&P(A=1,\ D=1,\ E=1)\\&=P(A=1, B=0, C=0, D=1, E=1)+P(A=1, B=0, C=1, D=1, E=1)\\&\quad+P(A=1, B=1, C=0, D=1, E=1)+P(A=1, B=1, C=1, D=1, E=1)\\&=0.08032\end{aligned}$$

$$P(A=0,\ D=1,\ E=1)=0.16744$$

です。これから、昏睡状態($D=1$)で、頭痛がある($E=1$)条件のもとで、転移性癌である（$A=1$）確率は、次のようになります。

$$P(A=1\mid D=1,\ E=1)=\frac{0.08032}{0.08032+0.16744}=0.324$$

Business 機械学習や人工知能のモデルになる

データから事象の裏にあるベイジアンネットワークを推測して因果関係を探ることができます。また、ベイジアンネットワークは機械学習や人工知能のモデルにもなっています。

Column

機械翻訳の仕組み

初期の機械翻訳では、文章を品詞分解して、文法法則を当てはめて、対訳を作り出していました。ちょうど私たちが語学学習でたどったような方法です。しかし、現在の機械翻訳では、私たちが知っているような文法法則は重要ではありません。文法を知らない機械がどうやって翻訳をしているのか、不思議に思えます。

現在の機械翻訳では、文章の中での単語と単語のつながりに着目します。自然な文章において、たとえば「sweet」という単語の次にはどの単語が来ることが多いかを考えるわけです。「do」が続く確率は低く、「cake」が続く確率は高いことはすぐに想像がつくでしょう。実際の機械翻訳では、単語ごとにその前後にどんな単語が連なるかという出現確率を、非常に多くの例文をもとに割り出し、行列で表現しておきます。また、文章を品詞分解する代わりに、単語と単語のつながりから単語の互換性を多元的に評価し、単語ごとにベクトルで表現しておきます。これらをもとに機械翻訳が行われます。

翻訳（ここでは、和文英訳とする）とは、日本語の文章の集合 $\{x_1,\ x_2,\ \cdots\}$ と英語の文章の集合 $\{y_1,\ y_2,\ \cdots\cdots\}$ に対応をつけることです。そのために、日本語の文章を表す確率変数をX、英語の文章を表す確率変数をYとします。日本語の文章x_iの翻訳をするには、条件付き確率$P(Y=y_j \mid X=x_i)$ の値が一番大きくなるようなy_jを選ぶのです。この条件付き確率は、出現確率を表す行列や単語の特徴を表すベクトルをもとに乗法公式を用いて計算します。つまり、ベイズ統計を用いて機械翻訳がなされているということです。

言語学者であるノーム・チョムスキーは、赤ちゃんが短期間に言語を獲得することができる理由として、人間は生まれながらにして「普遍文法」を持っているからだとしました。品詞・句の構造規則をもとにしたチョムスキー流の機械翻訳よりも、単語のつながりに着目したベイズ流の機械翻訳のほうが質の高い翻訳ができるようになった現在から振り返ってみれば、「普遍文法」とは脳のニューラルネットワークのことであったといえるかもしれません。

Appendix

1　標準正規分布表（上側確率）

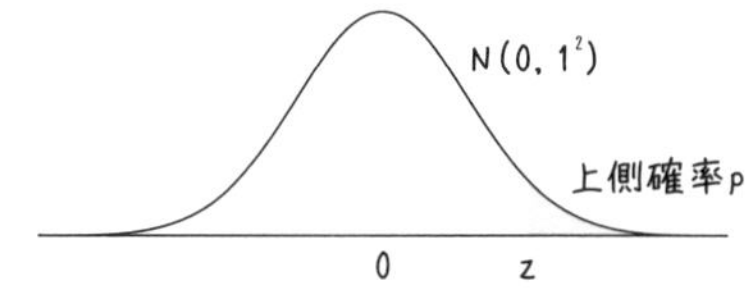

z	0.00	0.01	0.02	0.03	0.04	0.05	0.06	0.07	0.08	0.09
0.0	0.5000	0.4960	0.4920	0.4880	0.4840	0.4801	0.4761	0.4721	0.4681	0.4641
0.1	0.4602	0.4562	0.4522	0.4483	0.4443	0.4404	0.4364	0.4325	0.4286	0.4247
0.2	0.4207	0.4168	0.4129	0.4090	0.4052	0.4013	0.3974	0.3936	0.3897	0.3859
0.3	0.3821	0.3783	0.3745	0.3707	0.3669	0.3632	0.3594	0.3557	0.3520	0.3483
0.4	0.3446	0.3409	0.3372	0.3336	0.3300	0.3264	0.3228	0.3192	0.3156	0.3121
0.5	0.3085	0.3050	0.3015	0.2981	0.2946	0.2912	0.2877	0.2843	0.2810	0.2776
0.6	0.2743	0.2709	0.2676	0.2643	0.2611	0.2578	0.2546	0.2514	0.2483	0.2451
0.7	0.2420	0.2389	0.2358	0.2327	0.2296	0.2266	0.2236	0.2206	0.2177	0.2148
0.8	0.2119	0.2090	0.2061	0.2033	0.2005	0.1977	0.1949	0.1922	0.1894	0.1867
0.9	0.1841	0.1814	0.1788	0.1762	0.1736	0.1711	0.1685	0.1660	0.1635	0.1611
1.0	0.1587	0.1562	0.1539	0.1515	0.1492	0.1469	0.1446	0.1423	0.1401	0.1379
1.1	0.1357	0.1335	0.1314	0.1292	0.1271	0.1251	0.1230	0.1210	0.1190	0.1170
1.2	0.1151	0.1131	0.1112	0.1093	0.1075	0.1056	0.1038	0.1020	0.1003	0.0985
1.3	0.0968	0.0951	0.0934	0.0918	0.0901	0.0885	0.0869	0.0853	0.0838	0.0823
1.4	0.0808	0.0793	0.0778	0.0764	0.0749	0.0735	0.0721	0.0708	0.0694	0.0681
1.5	0.0668	0.0655	0.0643	0.0630	0.0618	0.0606	0.0594	0.0582	0.0571	0.0559
1.6	0.0548	0.0537	0.0526	0.0516	0.0505	0.0495	0.0485	0.0475	0.0465	0.0455
1.7	0.0446	0.0436	0.0427	0.0418	0.0409	0.0401	0.0392	0.0384	0.0375	0.0367
1.8	0.0359	0.0351	0.0344	0.0336	0.0329	0.0322	0.0314	0.0307	0.0301	0.0294
1.9	0.0287	0.0281	0.0274	0.0268	0.0262	0.0256	0.0250	0.0244	0.0239	0.0233
2.0	0.0228	0.0222	0.0217	0.0212	0.0207	0.0202	0.0197	0.0192	0.0188	0.0183
2.1	0.0179	0.0174	0.0170	0.0166	0.0162	0.0158	0.0154	0.0150	0.0146	0.0143
2.2	0.0139	0.0136	0.0132	0.0129	0.0125	0.0122	0.0119	0.0116	0.0113	0.0110
2.3	0.0107	0.0104	0.0102	0.0099	0.0096	0.0094	0.0091	0.0089	0.0087	0.0084
2.4	0.0082	0.0080	0.0078	0.0075	0.0073	0.0071	0.0069	0.0068	0.0066	0.0064
2.5	0.0062	0.0060	0.0059	0.0057	0.0055	0.0054	0.0052	0.0051	0.0049	0.0048
2.6	0.0047	0.0045	0.0044	0.0043	0.0041	0.0040	0.0039	0.0038	0.0037	0.0036
2.7	0.0035	0.0034	0.0033	0.0032	0.0031	0.0030	0.0029	0.0028	0.0027	0.0026
2.8	0.0026	0.0025	0.0024	0.0023	0.0023	0.0022	0.0021	0.0021	0.0020	0.0019
2.9	0.0019	0.0018	0.0018	0.0017	0.0016	0.0016	0.0015	0.0015	0.0014	0.0014
3.0	0.0013	0.0013	0.0013	0.0012	0.0012	0.0011	0.0011	0.0011	0.0010	0.0010

2　t 分布表（上側2.5％点、5％点）

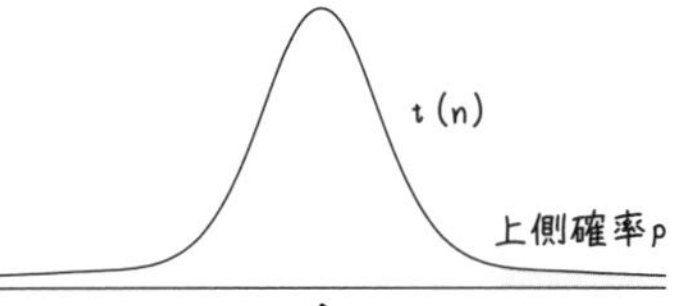

n \ p	0.050	0.025
1	6.314	12.706
2	2.920	4.303
3	2.353	3.182
4	2.132	2.776
5	2.015	2.571
6	1.943	2.447
7	1.895	2.365
8	1.860	2.306
9	1.833	2.262
10	1.812	2.228
11	1.796	2.201
12	1.782	2.179
13	1.771	2.160
14	1.761	2.145
15	1.753	2.131
16	1.746	2.120
17	1.740	2.110
18	1.734	2.101
19	1.729	2.093
20	1.725	2.086
21	1.721	2.080
22	1.717	2.074
23	1.714	2.069
24	1.711	2.064
25	1.708	2.060
26	1.706	2.056
27	1.703	2.052
28	1.701	2.048
29	1.699	2.045
30	1.697	2.042
31	1.696	2.040
32	1.694	2.037
33	1.692	2.035
34	1.691	2.032
35	1.690	2.030
36	1.688	2.028
37	1.687	2.026
38	1.686	2.024
39	1.685	2.023
40	1.684	2.021

3　χ^2 分布表（上側97.5％点、5％点、2.5％点）

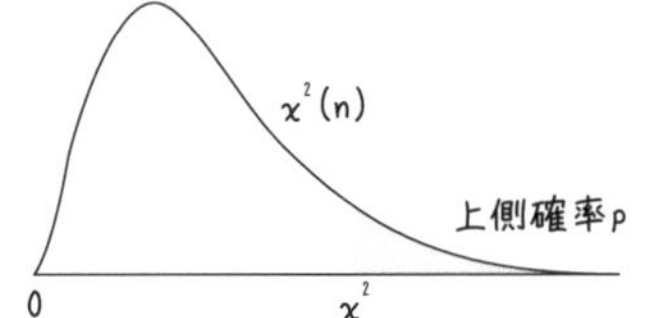

n \ p	0.975	0.050	0.025
1	0.001	3.841	5.024
2	0.051	5.991	7.378
3	0.216	7.815	9.348
4	0.484	9.488	11.143
5	0.831	11.070	12.833
6	1.237	12.592	14.449
7	1.690	14.067	16.013
8	2.180	15.507	17.535
9	2.700	16.919	19.023
10	3.247	18.307	20.483
11	3.816	19.675	21.920
12	4.404	21.026	23.337
13	5.009	22.362	24.736
14	5.629	23.685	26.119
15	6.262	24.996	27.488
16	6.908	26.296	28.845
17	7.564	27.587	30.191
18	8.231	28.869	31.526
19	8.907	30.144	32.852
20	9.591	31.410	34.170
22	10.982	33.924	36.781
24	12.401	36.415	39.364
26	13.844	38.885	41.923
28	15.308	41.337	44.461
30	16.791	43.773	46.979
40	24.433	55.758	59.342
50	32.357	67.505	71.420
60	40.482	79.082	83.298
70	48.758	90.531	95.023
80	57.153	101.879	106.629
90	65.647	113.145	118.136
100	74.222	124.342	129.561
110	82.867	135.480	140.917
120	91.573	146.567	152.211

4　*F*分布表（上側5％点）

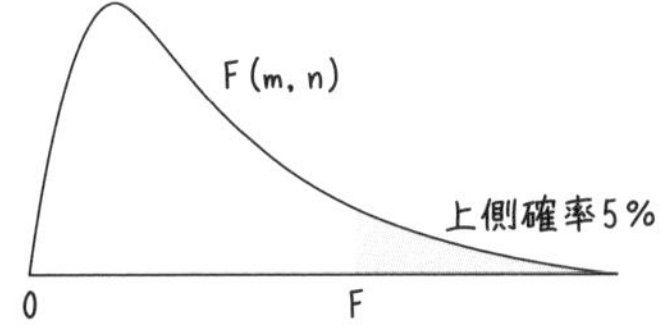

n＼m	1	2	3	4	5	6	7	8	9	10	15	20
2	18.51	19.00	19.16	19.25	19.30	19.33	19.35	19.37	19.38	19.40	19.43	19.45
3	10.13	9.55	9.28	9.12	9.01	8.94	8.89	8.85	8.81	8.79	8.70	8.66
4	7.71	6.94	6.59	6.39	6.26	6.16	6.09	6.04	6.00	5.96	5.86	5.80
5	6.61	5.79	5.41	5.19	5.05	4.95	4.88	4.82	4.77	4.74	4.62	4.56
6	5.99	5.14	4.76	4.53	4.39	4.28	4.21	4.15	4.10	4.06	3.94	3.87
7	5.59	4.74	4.35	4.12	3.97	3.87	3.79	3.73	3.68	3.64	3.51	3.44
8	5.32	4.46	4.07	3.84	3.69	3.58	3.50	3.44	3.39	3.35	3.22	3.15
9	5.12	4.26	3.86	3.63	3.48	3.37	3.29	3.23	3.18	3.14	3.01	2.94
10	4.96	4.10	3.71	3.48	3.33	3.22	3.14	3.07	3.02	2.98	2.85	2.77
11	4.84	3.98	3.59	3.36	3.20	3.09	3.01	2.95	2.90	2.85	2.72	2.65
12	4.75	3.89	3.49	3.26	3.11	3.00	2.91	2.85	2.80	2.75	2.62	2.54
13	4.67	3.81	3.41	3.18	3.03	2.92	2.83	2.77	2.71	2.67	2.53	2.46
14	4.60	3.74	3.34	3.11	2.96	2.85	2.76	2.70	2.65	2.60	2.46	2.39
15	4.54	3.68	3.29	3.06	2.90	2.79	2.71	2.64	2.59	2.54	2.40	2.33
16	4.49	3.63	3.24	3.01	2.85	2.74	2.66	2.59	2.54	2.49	2.35	2.28
17	4.45	3.59	3.20	2.96	2.81	2.70	2.61	2.55	2.49	2.45	2.31	2.23
18	4.41	3.55	3.16	2.93	2.77	2.66	2.58	2.51	2.46	2.41	2.27	2.19
19	4.38	3.52	3.13	2.90	2.74	2.63	2.54	2.48	2.42	2.38	2.23	2.16
20	4.35	3.49	3.10	2.87	2.71	2.60	2.51	2.45	2.39	2.35	2.20	2.12
22	4.30	3.44	3.05	2.82	2.66	2.55	2.46	2.40	2.34	2.30	2.15	2.07
24	4.26	3.40	3.01	2.78	2.62	2.51	2.42	2.36	2.30	2.25	2.11	2.03
26	4.23	3.37	2.98	2.74	2.59	2.47	2.39	2.32	2.27	2.22	2.07	1.99
28	4.20	3.34	2.95	2.71	2.56	2.45	2.36	2.29	2.24	2.19	2.04	1.96
30	4.17	3.32	2.92	2.69	2.53	2.42	2.33	2.27	2.21	2.16	2.01	1.93
32	4.15	3.29	2.90	2.67	2.51	2.40	2.31	2.24	2.19	2.14	1.99	1.91
34	4.13	3.28	2.88	2.65	2.49	2.38	2.29	2.23	2.17	2.12	1.97	1.89
36	4.11	3.26	2.87	2.63	2.48	2.36	2.28	2.21	2.15	2.11	1.95	1.87
38	4.10	3.24	2.85	2.62	2.46	2.35	2.26	2.19	2.14	2.09	1.94	1.85
40	4.08	3.23	2.84	2.61	2.45	2.34	2.25	2.18	2.12	2.08	1.92	1.84
42	4.07	3.22	2.83	2.59	2.44	2.32	2.24	2.17	2.11	2.06	1.91	1.83
44	4.06	3.21	2.82	2.58	2.43	2.31	2.23	2.16	2.10	2.05	1.90	1.81
46	4.05	3.20	2.81	2.57	2.42	2.30	2.22	2.15	2.09	2.04	1.89	1.80
48	4.04	3.19	2.80	2.57	2.41	2.29	2.21	2.14	2.08	2.03	1.88	1.79
50	4.03	3.18	2.79	2.56	2.40	2.29	2.20	2.13	2.07	2.03	1.87	1.78
60	4.00	3.15	2.76	2.53	2.37	2.25	2.17	2.10	2.04	1.99	1.84	1.75
70	3.98	3.13	2.74	2.50	2.35	2.23	2.14	2.07	2.02	1.97	1.81	1.72
80	3.96	3.11	2.72	2.49	2.33	2.21	2.13	2.06	2.00	1.95	1.79	1.70
90	3.95	3.10	2.71	2.47	2.32	2.20	2.11	2.04	1.99	1.94	1.78	1.69
100	3.94	3.09	2.70	2.46	2.31	2.19	2.10	2.03	1.97	1.93	1.77	1.68

（著者作表）

5　F分布表（上側2.5％点）

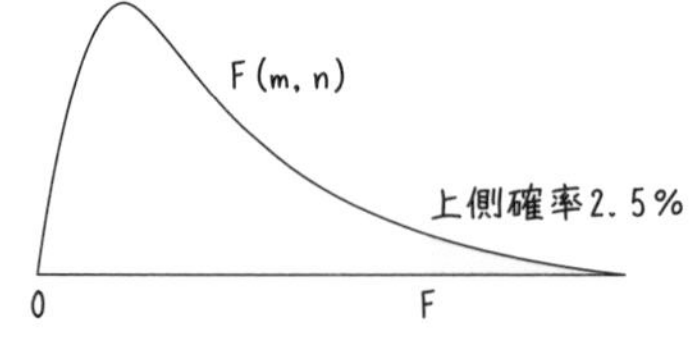

n＼m	1	2	3	4	5	6	7	8	9	10	15	20
2	38.51	39.00	39.17	39.25	39.30	39.33	39.36	39.37	39.39	39.40	39.43	39.45
3	17.44	16.04	15.44	15.10	14.88	14.73	14.62	14.54	14.47	14.42	14.25	14.17
4	12.22	10.65	9.98	9.60	9.36	9.20	9.07	8.98	8.90	8.84	8.66	8.56
5	10.01	8.43	7.76	7.39	7.15	6.98	6.85	6.76	6.68	6.62	6.43	6.33
6	8.81	7.26	6.60	6.23	5.99	5.82	5.70	5.60	5.52	5.46	5.27	5.17
7	8.07	6.54	5.89	5.52	5.29	5.12	4.99	4.90	4.82	4.76	4.57	4.47
8	7.57	6.06	5.42	5.05	4.82	4.65	4.53	4.43	4.36	4.30	4.10	4.00
9	7.21	5.71	5.08	4.72	4.48	4.32	4.20	4.10	4.03	3.96	3.77	3.67
10	6.94	5.46	4.83	4.47	4.24	4.07	3.95	3.85	3.78	3.72	3.52	3.42
11	6.72	5.26	4.63	4.28	4.04	3.88	3.76	3.66	3.59	3.53	3.33	3.23
12	6.55	5.10	4.47	4.12	3.89	3.73	3.61	3.51	3.44	3.37	3.18	3.07
13	6.41	4.97	4.35	4.00	3.77	3.60	3.48	3.39	3.31	3.25	3.05	2.95
14	6.30	4.86	4.24	3.89	3.66	3.50	3.38	3.29	3.21	3.15	2.95	2.84
15	6.20	4.77	4.15	3.80	3.58	3.41	3.29	3.20	3.12	3.06	2.86	2.76
16	6.12	4.69	4.08	3.73	3.50	3.34	3.22	3.12	3.05	2.99	2.79	2.68
17	6.04	4.62	4.01	3.66	3.44	3.28	3.16	3.06	2.98	2.92	2.72	2.62
18	5.98	4.56	3.95	3.61	3.38	3.22	3.10	3.01	2.93	2.87	2.67	2.56
19	5.92	4.51	3.90	3.56	33.3	3.17	3.05	2.96	2.88	2.82	2.62	2.51
20	5.87	4.46	3.86	3.51	3.29	3.13	3.01	2.91	2.84	2.77	2.57	2.46
22	5.77	4.38	3.78	3.44	3.22	3.05	2.93	2.84	2.76	2.70	2.50	2.39
24	5.72	4.32	3.72	3.38	3.15	2.99	2.87	2.78	2.70	2.64	2.44	2.33
26	5.66	4.27	3.67	33.3	3.10	2.94	2.82	2.73	2.65	2.59	2.39	2.28
28	5.61	4.22	3.63	3.29	3.06	2.90	2.78	2.69	2.61	2.55	2.34	2.23
30	5.57	4.18	3.59	3.25	3.03	2.87	2.75	2.65	2.57	2.51	2.31	2.20
32	5.53	4.15	3.56	3.22	3.00	2.84	2.71	2.62	2.54	2.48	2.28	2.16
34	5.50	4.12	3.53	3.19	2.97	2.81	2.69	2.59	2.52	2.45	2.25	2.13
36	5.47	4.09	3.50	3.17	2.94	2.78	2.66	2.57	2.49	2.43	2.22	2.11
38	5.45	4.07	3.48	3.15	2.92	2.76	2.64	2.55	2.47	2.41	2.20	2.09
40	5.42	4.05	3.46	3.13	2.90	2.74	2.62	2.53	2.45	2.39	2.18	2.07
42	5.40	4.03	3.45	3.11	2.89	2.73	2.61	2.51	2.43	2.37	2.16	2.05
44	5.39	4.02	3.43	3.09	2.87	2.71	2.59	2.50	2.42	2.36	2.15	2.03
46	5.37	4.00	3.42	3.08	2.86	2.70	2.58	2.48	2.41	2.34	2.13	2.02
48	5.35	3.99	3.40	3.07	2.84	2.69	2.56	2.47	2.39	2.33	2.12	2.01
50	5.34	3.97	3.39	3.05	2.83	2.67	2.55	2.46	2.38	2.32	2.11	1.99
60	5.29	3.93	3.34	3.01	2.79	2.63	2.51	2.41	2.33	2.27	2.06	1.94
70	5.25	3.89	3.31	2.97	2.75	2.59	2.47	2.38	2.30	2.24	2.03	1.91
80	5.22	3.86	3.28	2.95	2.73	2.57	2.45	2.35	2.28	2.21	2.00	1.88
90	5.20	3.84	3.26	2.93	2.71	2.55	2.43	2.34	2.26	2.19	1.98	1.86
100	5.18	3.83	3.25	2.92	2.70	2.54	2.42	2.32	2.24	2.18	1.97	1.85

6　マン‐ホイットニーのU検定表（片側確率2.5％点）

k \ l	4	5	6	7	8	9	10	11	12	13	14	15	16	17	18	19	20
2	–	–	–	–	0	0	0	0	1	1	1	1	1	2	2	2	2
3	–	0	1	1	2	2	3	3	4	4	5	5	6	6	7	7	8
4	0	1	2	3	4	4	5	6	7	8	9	10	11	11	12	13	14
5		2	3	5	6	7	8	9	11	12	13	14	15	17	18	19	20
6			5	6	8	10	11	13	14	16	17	19	21	22	24	25	27
7				8	10	12	14	16	18	20	22	24	26	28	30	32	34
8					13	15	17	19	22	24	26	29	31	34	36	38	41
9						17	20	23	26	28	31	34	37	39	42	45	48
10							23	26	29	33	36	39	42	45	48	52	55
11								30	33	37	40	44	47	51	55	58	62
12									37	41	45	49	53	57	61	65	69
13										45	50	54	59	63	67	72	76
14											55	59	64	69	74	78	83
15												64	70	75	80	85	90
16													75	81	86	92	98
17														87	93	99	105
18															99	106	112
19																113	119
20																	127

7　ウィルコクソンの符号付き順位検定表（片側2.5％点、5％点）

n ＼ p	0.050	0.025
5	0	–
6	2	0
7	3	2
8	5	3
9	8	5
10	10	8
11	13	10
12	17	13
13	21	17
14	25	21
15	30	25
16	35	29
17	41	34
18	47	40
19	53	46
20	60	52
21	67	58
22	75	65
23	83	73
24	91	81
25	100	89

8　フリードマン検定表（片側5％点）

3群

n	
3	6.00
4	6.50
5	6.40
6	7.00
7	7.14
8	6.25
9	6.22
∞	5.99

4群

n	
2	6.00
3	7.40
4	8.70
5	7.80
∞	7.81

9　クラスカル-ウォリス検定表（片側5％点）

3群

n	n_1	n_2	n_3	
7	2	2	3	4.714
8	2	2	4	5.333
	2	3	3	5.361
9	2	2	5	5.160
	2	3	4	5.444
	3	3	3	5.600
10	2	2	6	5.346
	2	3	5	5.251
	2	4	4	5.455
	3	3	4	5.791
11	2	2	7	5.143
	2	3	6	5.349
	2	4	5	5.273
	3	3	5	5.649
	3	4	4	5.599
12	2	2	8	5.356
	2	3	7	5.357
	2	4	6	5.340
	2	5	5	5.339
	3	3	6	5.615
	3	4	5	5.656
	4	4	4	5.692
13	2	2	9	5.260
	2	3	8	5.316
	2	4	7	5.376
	2	5	6	5.339
	3	3	7	5.620
	3	4	6	5.610
	3	5	5	5.706
	4	4	5	5.657
14	2	2	10	5.120
	2	3	9	5.340
	2	4	8	5.393
	2	5	7	5.393
	2	6	6	5.410
	3	3	8	5.617
	3	4	7	5.623
	3	5	6	5.602
	4	4	6	5.681
	4	5	5	5.657

3群の続き

n	n_1	n_2	n_3	
15	2	2	11	5.164
	2	3	10	5.362
	2	4	9	5.400
	2	5	8	5.415
	2	6	7	5.357
	3	3	9	5.589
	3	4	8	5.623
	3	5	7	5.607
	3	6	6	5.625
	4	4	7	5.650
	4	5	6	5.661
	5	5	5	5.780

4群

n	n_1	n_2	n_3	n_4	
8	2	2	2	2	6.167
9	2	2	2	3	6.333
10	2	2	2	4	6.546
	2	2	3	3	6.527
11	2	2	2	5	6.564
	2	2	3	4	6.621
	2	3	3	3	6.727
12	2	2	2	6	6.539
	2	2	3	5	6.664
	2	2	4	4	6.731
	2	3	3	4	6.795
	3	3	3	3	7.000
13	2	2	2	7	6.565
	2	2	3	6	6.703
	2	2	4	5	6.725
	2	3	3	5	6.822
	2	3	4	4	6.874
	3	3	3	4	6.984
14	2	2	2	8	6.571
	2	2	3	7	6.718
	2	2	4	6	6.743
	2	2	5	5	6.777
	2	3	3	6	6.876
	2	3	4	5	6.926
	2	4	4	4	6.957
	3	3	3	5	7.019
	3	3	4	4	7.038

10　スチューデント化された範囲の分布の表（上側5％点）

$q(k, \phi_e, 0.05)$の値

ϕe ＼ k	2	3	4	5	6	7	8	9
2	6.085	8.331	9.798	10.881	11.734	12.434	13.027	13.538
3	4.501	5.910	6.825	7.502	8.037	8.478	8.852	9.177
4	3.927	5.040	5.757	6.287	6.706	7.053	7.347	7.602
5	3.635	4.602	5.218	5.673	6.033	6.330	6.582	6.801
6	3.460	4.339	4.896	5.305	5.629	5.895	6.122	6.319
7	3.344	4.165	4.681	5.060	5.359	5.605	5.814	5.995
8	3.261	4.041	4.529	4.886	5.167	5.399	5.596	5.766
9	3.199	3.948	4.415	4.755	5.023	5.244	5.432	5.594
10	3.151	3.877	4.327	4.654	4.912	5.124	5.304	5.460
11	3.113	3.820	4.256	4.574	4.823	5.028	5.202	5.353
12	3.081	3.773	4.199	4.508	4.750	4.949	5.118	5.265
13	3.055	3.734	4.151	4.453	4.690	4.884	5.049	5.192
14	3.033	3.701	4.111	4.407	4.639	4.829	4.990	5.130
15	3.014	3.673	4.076	4.367	4.595	4.782	4.940	5.077
16	2.998	3.649	4.046	4.333	4.557	4.741	4.896	5.031
17	2.984	3.628	4.020	4.303	4.524	4.705	4.858	4.991
18	2.971	3.609	3.997	4.276	4.494	4.673	4.824	4.955
19	2.960	3.593	3.977	4.253	4.468	4.645	4.794	4.924
20	2.950	3.578	3.958	4.232	4.445	4.620	4.768	4.895
21	2.941	3.565	3.942	4.213	4.424	4.597	4.743	4.870
22	2.933	3.553	3.927	4.196	4.405	4.577	4.722	4.847
23	2.926	3.542	3.914	4.180	4.388	4.558	4.702	4.826
24	2.919	3.532	3.901	4.166	4.373	4.541	4.684	4.807
25	2.913	3.523	3.890	4.153	4.358	4.526	4.667	4.789
26	2.907	3.514	3.880	4.141	4.345	4.511	4.652	4.773
27	2.902	3.506	3.870	4.130	4.333	4.498	4.638	4.758
28	2.897	3.499	3.861	4.120	4.322	4.486	4.625	4.745
29	2.892	3.493	3.853	4.111	4.311	4.475	4.613	4.732
30	2.888	3.487	3.845	4.102	4.301	4.464	4.601	4.720
31	2.884	3.481	3.838	4.094	4.292	4.454	4.591	4.709
32	2.881	3.475	3.832	4.086	4284	4.445	4.581	4.698
33	2.877	3.470	3.825	4.079	4.276	4.436	4.572	4.689
34	2.874	3.465	3.820	4.072	4.268	4.428	4.563	4.680
35	2.871	3.461	3.814	4.066	4.261	4.421	4.555	4.671
36	2.868	3.457	3.809	4.060	4.255	4.414	4.547	4.663
37	2.865	3.453	3.804	4.054	4.249	4.407	4.540	4.655
38	2.863	3.449	3.799	4.049	4.243	4.400	4.533	4.648
39	2.861	3.445	3.795	4.044	4.237	4.394	4.527	4.641
40	2.858	3.442	3.791	4.039	4.232	4.388	4.521	4.634
41	2.856	3.439	3.787	4.035	4.227	4.383	4.515	4.628
42	2.854	3.436	3.783	4.030	4.222	4.378	4.509	4.622
43	2.852	3.433	3.779	4.026	4.217	4.373	4.504	4.617
44	2.850	3.430	3.776	4.022	4.213	4.368	4.499	4.611
45	2.848	3.428	3.773	4.018	4.209	4.364	4.494	4.606
46	2.847	3.425	3.770	4.015	4.205	4.359	4.489	4.601
47	2.845	3.423	3.767	4.011	4.201	4.355	4.485	4.597
48	2.844	3.420	3.764	4.008	4.197	4.351	4.481	4.592
49	2.842	3.418	3.761	4.005	4.194	4.347	4.477	4.588
50	2.841	3.416	3.758	4.002	4.190	4.344	4.473	4.584
60	2.829	3.399	3.737	3.977	4.163	4.314	4.441	4.550
80	2.814	3.377	3.711	3.947	4.129	4.278	4.402	4.509
100	2.806	3.365	3.695	3.929	4.109	4.256	4.379	4.484
120	2.800	3.356	3.685	3.917	4.096	4.241	4.363	4.468
240	2.786	3.335	3.659	3.887	4.063	4.205	4.324	4.427
360	2.781	3.328	3.650	3.877	4.052	4.193	4.312	4.413
∞	2.772	3.314	3.633	3.858	4.030	4.170	4.286	4.387

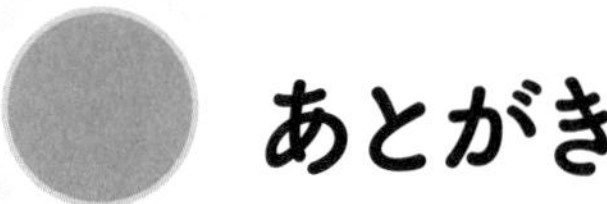

あとがき

本書では、下学上達の書を目指す編集方針により、生活に密着した統計学の応用例を数多く入れるようにしました。これにより難度の高い事項でも統計学を身近に感じてもらえることでしょう。

しかし、これは法華経の化城喩品の喩えと同じで、遠いゴールを目指す者が中途で挫折することのないよう甘い幻影を見せているだけの方便です。数式のないBusiness欄の応用例だけを読んで満足してしまわないようにお願いしたいと思います。

統計学の実力を向上していくためには、理論の理解と計算力をバランスよく増強させていくことが必要です。理論の理解と計算力はいわば車の両輪で、片方だけでは統計学を究めていくことはできません。そして、理論の理解のためには数式リテラシーが不可欠です。もしもあなたが数学に不案内であるというのであれば、数式に抵抗感をなくしてから、この本をしっかり読んでほしいと思います。

なお、この本では理論しか扱っていませんから、計算力の増強の方はご自身で他書に当たり実際に統計ソフトに触れることで補ってください。

あなたが統計学を現実社会に応用することによって、豊かで幸せな生活を送られていくことを願っております。

本書制作にあたっては、大久保遥氏（翔泳社）、桜井昌夫氏、関谷健太氏（明昌堂）にひとかたならぬご尽力をいただきました。また、矢実貴志氏、濱野賢一朗氏、佐々木和美氏、松村貴裕氏、小山拓輝氏には本書の内容に関して貴重なご意見をいただきました。心よりお礼申し上げます。また、本書執筆の機会を与えていただきました、翔泳社の長谷川和俊氏、大人のための数学教室の堀口智之氏、東京出版社主の黒木美左雄氏に感謝いたします。

2020年7月　石井俊全

索引

さ行

た行

な行

は行

ま行

や行

ら行

わ行

著者プロフィール

石井 俊全（いしい・としあき）

1965年東京生まれ。東京大学建築学科卒、東京工業大学数学科修士課程卒。「大人のための数学教室 和」講師。
主な著書に、『算数だけで統計学！』『まずはこの一冊から 意味がわかる統計学』『まずはこの一冊から 意味がわかる多変量解析』（以上、ベレ出版）、『1冊でマスター 大学の統計学』『1冊でマスター 大学の微分積分』『1冊でマスター 大学の線形代数』（以上、技術評論社）、『これだけ！線形代数』（秀和システム）などがある。

装丁・本文デザイン	吉村 朋子
カバー・本文イラスト	大野 文彰
DTP	株式会社 明昌堂
校閲	佐々木 和美、松村 貴裕、小山 拓輝、濱野 賢一朗、 矢実 貴志

統計学大百科事典
仕事で使う公式・定理・ルール113

2020年7月8日 初版第1刷発行

著 者	石井 俊全
発行人	佐々木 幹夫
発行所	株式会社 翔泳社（https://www.shoeisha.co.jp）
印刷・製本	日経印刷 株式会社

ISBN978-4-7981-6280-5 Printed in Japan